国家出版基金项目
NATIONAL PUBLICATION FOUNDATION

"十三五"国家重点出版物出版规划项目

中国生态环境演变与评估

珠三角区域城市化过程
及其生态环境效应

肖荣波　李智山　吴志峰　吴昌广　易　雯　著

科学出版社
龍門書局
北京

内 容 简 介

本书以遥感解译为主要技术手段，结合地面调查、长时间监测及相关统计资料数据等，在珠三角区域和重点城市（广州、深圳、佛山、东莞）两个尺度，研究1980～2010年珠三角和重点城市建成区生态系统变化，并对城市扩张、生态质量、环境质量、资源效率、生态环境胁迫等方面进行综合评估。拓展研究了珠江口海岸带湿地系统变化、典型小流域水环境演变、土壤环境质量变化、广深港城市化比较研究等内容。

本书可供生态学、环境科学、城市规划和管理等相关专业领域的科研和管理人员参考阅读。

图书在版编目(CIP)数据

珠三角区域城市化过程及其生态环境效应/肖荣波等著. —北京：科学出版社　龙门书局，2017.5

（中国生态环境演变与评估）

"十三五"国家重点出版物出版规划项目　国家出版基金项目

ISBN 978-7-03-051706-7

Ⅰ. ①珠… Ⅱ. ①肖… Ⅲ. ①珠江三角洲–城市环境–生态环境–环境效应–研究 Ⅳ. ①X321.265

中国版本图书馆CIP数据核字（2017）第023618号

责任编辑：李　敏　张　菊　王　倩/责任校对：张凤琴
责任印制：肖　兴/封面设计：黄华斌

科学出版社　龙门书局 出版

北京东黄城根北街16号
邮政编码：100717
http://www.sciencep.com

中国科学院印刷厂 印刷

科学出版社发行　各地新华书店经销

*

2017年5月第 一 版　开本：787×1092　1/16
2017年5月第一次印刷　印张：20 1/2
字数：600 000

定价：238.00元

（如有印装质量问题，我社负责调换）

总　序

　　我国国土辽阔，地形复杂，生物多样性丰富，拥有森林、草地、湿地、荒漠、海洋、农田和城市等各类生态系统，为中华民族繁衍、华夏文明昌盛与传承提供了支撑。但长期的开发历史、巨大的人口压力和脆弱的生态环境条件，导致我国生态系统退化严重，生态服务功能下降，生态安全受到严重威胁。尤其 2000 年以来，我国经济与城镇化快速的发展、高强度的资源开发、严重的自然灾害等给生态环境带来前所未有的冲击：2010 年提前 10 年实现 GDP 比 2000 年翻两番的目标；实施了三峡工程、青藏铁路、南水北调等一大批大型建设工程；发生了南方冰雪冻害、汶川大地震、西南大旱、玉树地震、南方洪涝、松花江洪水、舟曲特大山洪泥石流等一系列重大自然灾害事件，对我国生态系统造成巨大的影响。同时，2000 年以来，我国生态保护与建设力度加大，规模巨大，先后启动了天然林保护、退耕还林还草、退田还湖等一系列生态保护与建设工程。进入 21 世纪以来，我国生态环境状况与趋势如何以及生态安全面临怎样的挑战，是建设生态文明与经济社会发展所迫切需要明确的重要科学问题。经国务院批准，环境保护部、中国科学院于 2012 年 1 月联合启动了"全国生态环境十年变化（2000—2010 年）调查评估"工作，旨在全面认识我国生态环境状况，揭示我国生态系统格局、生态系统质量、生态系统服务功能、生态环境问题及其变化趋势和原因，研究提出新时期我国生态环境保护的对策，为我国生态文明建设与生态保护工作提供系统、可靠的科学依据。简言之，就是"摸清家底，发现问题，找出原因，提出对策"。

　　"全国生态环境十年变化（2000—2010 年）调查评估"工作历时 3 年，经过 139 个单位、3000 余名专业科技人员的共同努力，取得了丰硕成果：建立了"天地一体化"生态系统调查技术体系，获取了高精度的全国生态系统类型数据；建立了基于遥感数据的生态系统分类体系，为全国和区域生态系统评估奠定了基础；构建了生态系统"格局-质量-功能-问题-胁迫"评估框架与技术体系，推动了我国区域生态系统评估工作；揭示了全国生态环境十年变化时空特征，为我国生态保护与建设提供了科学支撑。项目成果已应用于国家与地方生态文明建设规划、全国生态功能区划修编、重点生态功能区调整、国家生态保护红线框架规划，以及国家与地方生态保护、城市与区域发展规划和生态保护政策的制定，并为国家与各地区社会经济发展"十三五"规划、京津冀交通一体化发展生态保护规划、京津冀协同发展生态环境保护规划等重要区域发展规划提供了重要技术支撑。此外，项目建立的多尺度大规模生态环境遥感调查技术体系等成果，直接推动了国家级和省级自然保护区人类活动监管、生物多样性保护优先区监管、全国生态资产核算、矿产资源开发监管、海岸带变化遥感监测等十余项新型遥感监测业务的发展，显著提升了我国生态环境保护管理决策的能力和水平。

《中国生态环境演变与评估》丛书系统地展示了"全国生态环境十年变化（2000—2010年）调查评估"的主要成果，包括：全国生态系统格局、生态系统服务功能、生态环境问题特征及其变化，以及长江、黄河、海河、辽河、珠江等重点流域，国家生态屏障区，典型城市群，五大经济区等主要区域的生态环境状况及变化评估。丛书的出版，将为全面认识国家和典型区域的生态环境现状及其变化趋势、推动我国生态文明建设提供科学支撑。

因丛书覆盖面广、涉及学科领域多，加上作者水平有限等原因，丛书中可能存在许多不足和谬误，敬请读者批评指正。

《中国生态环境演变与评估》丛书编委会

2016 年 9 月

前　言

改革开放以来，珠三角区域经济社会迅速发展，现已成为我国经济规模最大、城市化水平最高的地区之一，在我国城市化进程中具有典型的代表性，其快速城市化也引起生态环境发生剧烈的变化，因此，研究珠三角城市化过程及其生态环境效应具有重要意义。

2012 年，环境保护部与中国科学院联合启动了"全国生态环境十年变化（2000—2010 年）调查评估"，在城市化专题设置了"珠三角城市群生态环境十年变化调查与评估（课题编号：STSN-12-03）"。在中国科学院生态环境研究中心的支持下，由广东省环境科学研究院牵头，联合广州大学、中国科学院深圳先进技术研究院、华中农业大学、香港中文大学、广州草木蕃环境科技有限公司等单位共同完成。

本书是"珠三角城市群生态环境十年变化调查与评估"课题的成果总结和拓展提炼。以遥感解译为主要技术手段，结合地面调查、长时间监测及相关统计资料数据等，在珠三角区域和重点城市（广州、深圳、佛山、东莞）两个尺度，研究 1980 ~ 2010 年珠三角区域和重点城市建成区生态系统变化，并对城市扩张、生态质量、环境质量、资源效率、生态环境胁迫等方面进行综合评估。同时，拓展研究了珠江口海岸带湿地系统变化，典型小流域水环境演变，土壤环境质量变化，广州、深圳、香港城市化比较研究等内容。本书揭示了珠三角地区生态系统格局与构成、生态环境质量、生态环境胁迫特征及其变化趋势，明确了珠三角城市化过程中所面临的重大生态环境问题，提出了区域生态安全格局，成果可为珠三角生态环境管理与可持续发展提供科学支撑。

全书共分 12 章：第 1 章由吴昌广、肖荣波、李智山、修晨、常春英撰写；第 2 章由肖荣波、李智山、龚建周撰写；第 3 章由肖荣波、吴志峰、李智山、郭冠华撰写；第 4 章由肖荣波、吴志峰、李智山、姜春撰写；第 5 章由易雯、梁鸿、常春英、李智山、潘晓峰、刘奕慧、李海啸撰写；第 6 章由肖荣波、郭冠华、李智山撰写；第 7、第 8 章由肖荣波、吴志峰、李智山、王刚撰写；第 9 章由吴志峰、王珏撰写；第 10 章由吴昌广、戴群撰写；第 11 章由庄长伟、李智山、修晨、冯志新撰写；第 12 章由肖荣波、庄长伟、易雯、常春英、李智山、吴俭撰写。全书由肖荣波、李智山统稿。

本书在撰写过程中得到广东省环境保护厅、广东省环境科学研究院领导的高度重视与支持，得到国家自然科学基金（31470703，41601616）、广东省应用型科技研发专项项目（2016B020240008）的支持，在此一并表示感谢。

　　由于作者研究领域和学识的限制，书中难免有不足之处，敬请读者不吝批评、赐教。

目　　录

第1章 城市化及其生态环境响应

本章辨识了城市化和生态环境的基本概念，综述了二者的相互关系，概述了珠三角城市化历程，指出研究的意义、目标、研究区范围、内容及研究框架，说明了本书评价指标体系，以及数据来源和处理方法。

1.1 城市化和生态环境的基本概念

1.1.1 城市化内涵

城市化一词由英文 urbanization 翻译而来，学术界对其已有多年的研究，但由于城市化研究的多学科性和城市化过程本身的复杂性，关于城市化，迄今没有一个统一的定义，不同的学科依据各自角度有不同的理解（刘耀彬等，2005）。经济学认为，城市化是农村自然经济不断向城市社会化大生产转化，是第二、第三产业不断集聚发展的过程；人口学认为，城市化是农村人口不断向城市转移的过程，最终导致非农业人口占总人口比例不断上升；地理学认为，城市化是农村景观转变为城市景观的过程，主要表现为城镇数目的增加和城镇地域范围的不断扩张；社会学则更加注重人类生活方式、生活品质的变化，认为城市化是人们生活方式从乡村型向城市型发展、转变的过程。在城市化推进过程中，城市空间不断向外扩张，人口大量聚集，经济迅速增长，居民生活方式发生改变。

可以看出，城市化是一个具有丰富内涵的概念，属于社会经济活动方式的综合转化过程，包括产业升级、人口流动、空间转变、生活方式变化等内容。因此，仅从其中一个方面均无法准确反映城市化的本质，必须从多维角度来认识城市化的内涵。为了全面、完整地测定区域城市化水平的发展状况，我国学者从人口、经济、空间、生活方式 4 个维度，构建了城市化水平的综合评价指标体系，包括人口城市化、经济城市化、土地城市化、社会城市化，如表 1-1 所示（陈明星等，2009；张同升等，2002；欧向军等，2008）。其中，人口城市化是核心，经济城市化是基础，土地城市化是保障，社会城市化是最终目标。

表 1-1 城市化水平综合评价指标体系

分类	评价指标
人口城市化	城镇人口规模（万人）；城镇人口占总人口比例（%）；第二、第三产业就业人口（万人）；建成区人口（万人）；建成区人口密度（人/km²）
经济城市化	人均国内生产总值（GDP）（元/人）；人均工业总产值（元/人）；GDP 密度（万元/km²）；第二、第三产业产值占 GDP 比例（%）；第二、第三产业 GDP 密度（万元/km²）

分类	评价指标
土地城市化	建成区面积（km²）；建成区面积占土地面积比例（%）；人均建成区面积（m²/人）；人均公共绿地面积（m²/人）；人均道路铺设面积（m²/人）
社会城市化	城镇居民年人均可支配收入（元/人）；人均用电量（kWh/人）；万人拥有医生数（人/万人）；万人拥有医院床位数（张/万人）；万人拥有机动车数量（辆/万人）；万人口中大学生数（人/万人）；万人体育场馆数量（个/万人）；万人图书馆数量（个/万人）

1.1.2 生态环境内涵

"生态环境"一词是一个比较中国化的术语，在我国的使用可以追溯到 20 世纪 50 年代初期，最初是从俄文"·щщ"和英语"ecotope"翻译而来。在 1956 年出版的《俄英中植物地理学、植物生态学、地植物学名词》中有了汉英俄对照名词"生态环境-ecotope-·щщ"（中国科学院，1956）。但是否将"生态环境"这一概念列入生态学规范名词之中，学术界多年来（尤其 80 年代以来）一直存有较大的争议。钱正英院士、沈国舫院士、刘昌明院士认为"生态"是与生物有关的各种相互关系的总和，不是一个客体，而环境则是一个客体，把环境与生态叠加使用是不妥的，其指出"生态环境"的准确表达应当是"生态与环境"，并向中央提出建议逐步改正"生态环境建设"一词的提法（钱正英等，2005）。2005 年，国务院要求全国科学技术名词审定委员会对该名词组织讨论，提出意见。2005 年 5 月 17 日，全国科学技术名词审定委员会专门组织了研讨会，邀请生态学、环境科学的有关专家共同讨论"生态环境建设""生态环境"的内涵、用法和翻译等问题，但并未完全达成共识（阳含熙，2005；唐守正，2005；蒋有绪，2005；王如松，2005；王孟本，2006）。尽管"生态环境"一词在语法、内涵上的科学性仍有争议，但其已经成为我国使用频率最高的词语之一，并出现在许多政府文件甚至法律法规中，如我国现行《环境保护法》《水土保持法》《水污染防治法》《土地管理法》《海洋环境保护法》《大气污染防治法》《渔业法》《防沙治沙法》《水法》《农业法》《草原法》《农村土地承包法》等 10 余部国家法律中均提到了生态环境（王孟本，2003）。时至今日，"生态环境"这一术语基本脱离了原来的"母体"——"·щщ"和"ecotope"，我国学者目前已普遍将"生态环境"与"ecological environment"作为汉英、英汉双向对照名词（王如松，2005；张林波等，2006）。

杨士弘（1997）认为生态环境是指与生物体相互作用的资源环境或与生物体进行物质能量流动众因素的集合；王如松（2005）认为生态环境是包括人在内的生命有机体的环境，是生命有机体赖以生存、发展、繁衍、进化的各种生态因子和生态关系的总和。显然生态环境具有系统的特性，所以很多情况下，人们也将生态环境称为生态环境系统。根据系统的性质，生态环境也至少包括两个方面：一是人类与生物体赖以生活和生存的自然环境，包括大气、水、空气、土地、能源和资源；二是影响人类、生物的有利和不利的生态因子，包括生态结构和生态因子相互作用的关系和（刘耀彬等，2005）。此外，根据生态环境诸要素对城市化的不同作用，可将生态环境要素分为两类：大气、水、空气、土地与人们生活品质息息相关，称为生活类生态环境；能源和资源是支撑和推动经济发展的动力，称为发展类生态环境（刘耀彬等，2005）。

1.2　城市化与生态环境的相互关系

1.2.1　城市化对生态环境的促进与胁迫作用

城市化通过区域人口集聚、产业结构升级、生活方式优化等过程，对于缓解区域生态环境压力问题在一定程度上起到积极作用。一是城市非农产业的集聚效应，加速物质资本、人力资本和知识资本等要素积累，有利于对自然生态资源的高效配置和合理利用；二是城市居民生活区较乡村集中和密集，有利于对水、大气、固体废弃物等环境污染的集中治理；三是随着城市社会经济发展，会涌现出许多节能降耗的生态环保技术，在升级城市发展方式、改善生态环境的同时，也会逐渐向乡村地区输出，有利于优化配置农业生产资源，减少污染物排放；四是将一些生态脆弱区的农村人口向城市转移，有利于恢复乡村地区原有的生态面貌及功能，减少对自然生态系统的破坏。可以看出，这些正反馈作用能使城市化对生态环境的压力在一定程度上趋于减小。

同时，人类大规模、无节制的高速城市化又会造成一系列生态环境问题甚至生态灾难。主要表现在3个方面：①城市开发建设活动占用了大量的农田、林地、草地、湿地等生态用地，导致自然生态环境不断萎缩，从而严重威胁到区域的生物多样性，并直接或间接地改变原有的生物地球化学循环过程，引发城市热岛效应、暴雨内涝等生态环境问题；②居民消费水平的提高和消费结构的改变，使得人们对于自然资源的需求日益增加，资源开发的力度和速度不断提高，从而造成自然资源枯竭和生态环境破坏；③城市居民的生产生活向环境排放的废弃污染物数量和速度，超过生态环境接纳容量和分解消化速度时，造成大气污染、水污染、固体废弃物污染、噪声污染等环境污染问题日益加剧。

城市化对生态环境的胁迫效应具有两个明显特征：一是生态环境问题的综合性，王如松（1988）认为城市化引发的生态环境问题不仅在于对水、土地、大气、生物、能源资源等各种单因子的破坏，还表现在对城市的"流、网"或"序"的破坏并导致整个生态系统结构变异和功能丧失。二是生态环境问题的阶段性，Pearce 和 Turner（1990）根据城市发展的不同阶段（如起飞、膨胀、顶峰、下降和低谷等）分析了所出现的主要资源环境问题，由此提出了著名的城市发展阶段环境对策模型。Grossman 和 Krueger 利用计量经济学方法，以 42 个发达国家的数据进行实证，揭示随着城市经济水平的提高，城市生态环境质量呈现倒"U"形的演变规律，提出了著名的环境库兹涅茨曲线（environment Kuznets curve，EKC）假设。杨先明和黄宁（2004）根据环境库兹涅茨曲线，揭示了环境污染与经济增长之间存在"两难"与"双赢"的双重关系。在"两难"区间内，人们不得不以牺牲环境质量换取经济效益，或以经济效益为代价改善环境；在"双赢"区间内，人类的活动可以在改善环境质量的同时获得经济利润，即环境与经济协调发展。

1.2.2 生态环境对城市化的限制与约束作用

生态环境作为人类活动生存与发展的支撑，其禀赋与变化也必然对城市发展产生约束与限制作用。一方面，一个国家或地区城市规模的扩大和城市化水平的提高离不开生态环境的支撑，各类生态环境要素（水、土、气、生、能源）的数量、质量、组合方式，直接决定了城市的规模、空间形态、发展速度，优质的生态环境可加速城市化进程，反之则限制城市化发展（刘耀彬等，2005）。例如，区域内水资源、土地资源充沛，环境质量优良，建设条件优越，水陆交通便利，可降低城市开发建设成本，提高城市投资吸引力，增强城市竞争力。历史的宏观考察证明，温和的气候、有利的地形、肥沃的水土、丰富的物产及良好的山川河湖等自然环境是我国古代城市选址首先注重的因素（田银生，1999）。另一方面，城市化导致生态环境恶化，降低了资源环境的支撑能力，从而抑制了城市化的进一步发展。例如，我国南方部分城市因水污染造成的水质性缺水日趋严重，不断提高的用水价格增加了城市的生活、生产成本，阻碍了城市经济的发展，降低了城市竞争力，从而抑制城市化进程；工业生产、交通运输、居民生活造成的城市空气污染易引发人体呼吸系统和心血管系统疾病，增加慢性支气管炎、非致命性心脏病等病症的患病率和死亡率，并给社会带来巨大经济损失，已成为城市可持续发展的重要制约因素（Yorifuji et al.，2013）。我国每年因城市空气污染导致30多万早产儿死亡，引发的慢性阻塞性肺病导致130万人死亡（Zhang and Smith，2007）。陈仁杰等（2010）评价了大气PM_{10}（可吸入颗粒物）污染对我国113个主要城市的居民健康影响，估算健康经济损失为3414.03亿元。

可以看出，城市发展水平最终取决于城市所在位置与区域的生态环境演化进程和走向。生态环境为城市化提供了生产生活的物质基础，是城市发展不可或缺的基本条件。与此同时，生态环境利用自身调节功能，接纳、稀释、分解城市人类活动所产生的各类废弃污染物，保证了城市与生态环境这一地域系统的正常运转。但这种机制也是有一定限度的，一旦超过这一限度，系统平衡状态将被打破并发生不可逆的恶化。因此，将生态环境容量和承载力纳入区域城市化发展战略已经引起政府部门的广泛重视。例如，2005年，住房和城乡建设部下发了《关于加强城市总体规划修编和审批工作的通知》，要求各地在修编城市总体规划前，着眼城市的发展目标和发展可能，从土地、水、能源和环境等城市长远的发展保障出发，组织空间发展战略研究，前瞻性地研究城市的定位和空间布局等战略问题；客观分析资源条件和制约因素，着重研究城市的综合承载能力，解决好资源保护、生态建设、重大基础设施建设等城市发展的主要问题；2014年中共中央、国务院发布的《国家新型城镇化规划（2014—2020年）》，提出根据土地、水资源、大气环流特征和生态环境承载能力，优化城镇化空间布局和城镇规模结构；2015年《中共中央关于制定国民经济和社会发展第十三个五年规划的建议》明确提出，根据资源环境承载力调节城市规模，强化约束性指标管理，实行能源和水资源消耗、建设用地等总量及强度双控行动；

2015 年发布的《水污染防治行动计划》提出，按照"以水定城、以水定地、以水定人、以水定产"的原则，充分发挥水资源对城市化发展的约束引导作用。

1.2.3 城市化与生态环境耦合动态协调发展

城市化与生态环境之间客观上存在着极其复杂的交互耦合关系（刘艳艳和王少剑，2015），如图 1-1 所示。黄金川和方创琳（2003）指出：一方面，城市化通过人口增长、经济发展、能源消耗和交通扩张对生态环境产生胁迫；另一方面，生态环境又通过人口驱逐、资本排斥、资金争夺和政策干预对城市发展产生约束。我国生态学家王如松（1988）利用生态协调原理中的正负反馈和限制因子定律，认为区域内城市生长与生态环境之间存在着反馈和限制性机理，由此推导出了城市生长的一般性"S"形规律。由于受瓶颈的限制，城市生长与其生活水平的增长呈组合"S"形，即在城市化初期，城市化对生态环境的影响并不大，生态环境对城市化的约束作用几乎为零；随着城市化的推进，两方面的作用都不断增强，城市化对生态环境的胁迫作用一旦突破某一触发点之后，生态压力就开始

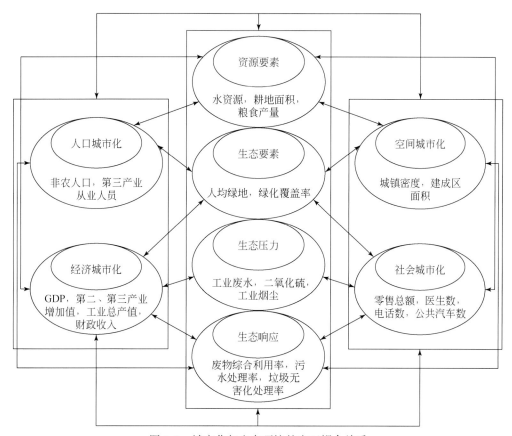

图 1-1　城市化与生态环境的交互耦合关系

资料来源：刘艳艳和王少剑，2015

显现并不断增大；当生态压力水平逐渐逼近并达到图 1-2 所示的拐点 A_1 时，出现第一次阈值，这时由于生态压力的作用，城市化和经济发展被迫调整减缓，人们对生态环境的投入不断加大，生态环境得到改善，城市化与生态环境之间的矛盾逐渐缓和；此后，由于生态压力对城市化的约束力减小，城市化又得以快速发展，生态压力又不断增大，直到出现第二次阈值 A_2，如此循环往复，二者之间的关系不断调整、磨合。

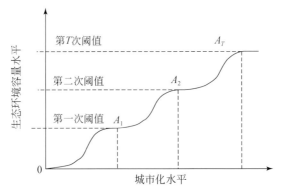

图 1-2　城市化与生态环境交互耦合的动态演进规律

资料来源：王如松，1988

可见，正是通过城市化与生态环境之间的交互胁迫与不断磨合，驱使着城市化与生态环境复合系统中资源要素向着优化配置的方向、经济结构向着不断高级合理的方向、城市化与生态环境的关系向着协调发展的方向不断演进，并最终推动整个城市化与生态环境复合系统从低级协调共生向高级协调耦合的形态演化（乔标等，2005）。因此，如何实现城市化与生态环境协调发展将是世界经济社会发展的核心议题，也是近年来国内城市化研究的热点命题，相关学者分别对珠三角地区、长三角地区、京津冀地区及三峡库区城市化与生态环境交互耦合关系进行实证研究（黄金川和方创琳，2003；王少剑等，2015；杨芳等，2015；刘艳艳和王少剑，2015）。

1.3　珠三角城市化历程概述

自改革开放以来，珠三角区域依托毗邻港澳优势，在国内率先推行经济体制改革，承接全球制造业与生产要素转移，珠三角区域多个城镇迅速崛起。随后城市化发展的 30 多年中，珠三角区域发展成为国内一流、城镇规模达世界级的城市群。珠三角区域城市化过程在城镇体系协调、城市经济发展、外资利用、城市现代化建设等方面都在全国范围内具有示范性作用，其发展历程大致包括以下四个阶段。

第一阶段：新中国成立后至改革开放之前，城市自发无序发展。

改革开放前，珠三角区域以农业经济发展为主，同时受国家计划经济体制的影响，工业发展水平不高且增速缓慢。这一时期，珠三角地区城市化发展极为缓慢，区域内仅有 32 个建制镇，除广州人口超过 100 万人，其他建制镇人口均低于 20 万人（叶玉瑶，2015）。

各城市自发无序发展，城镇规模小，城镇之间联系不紧密。

第二阶段：1979~1990 年，城市发展初期阶段。

十一届三中全会以后，广东成为全国"综合改革试验区"，深圳与珠海被设为特区，广州与其他 13 个沿海城市被批准为沿海开放城市。珠三角区域迎来发展生机，转为外向型经济，出现了乡镇企业大量崛起、农村剩余劳动力迁入的城市化现象。这一时期，珠三角区域的开放政策刺激香港制造业的转移，形成了"前店后厂"的地域劳动分工模式（许学强和李郇，2009），同时全球制造业也开始在珠三角地区投资建厂，集中在珠江口西岸与东岸区域。佛山顺德与南海、中山、东莞的乡镇企业发展迅猛，成为乡镇企业发展的楷模，号称珠三角"四小龙"。珠三角乡镇企业具有鲜明的劳动密集型特征，创造了大量的就业机会。珠三角本地大量农村剩余劳动力"洗脚上田"到城镇务工，但本地剩余劳动力并不能满足外资企业对劳动力需求，珠三角乡镇企业以较高的劳动报酬，吸引区外和省外大量的农村剩余劳动力人口迁入珠三角。

珠三角区域在 1979~1990 年出现了行政区划的调整，主要以新设市和撤县设市为主（表 1-2），逐渐形成了延续至今的地级以上城市行政边界（尹来盛和冯邦彦，2012）。这一时期珠三角城镇个数发生显著变化，深圳、珠海、中山、东莞等相继设市，城市个数由5 个增至 12 个。

表 1-2　珠三角主要行政区域调整（1979~1988 年）

年份	调整内容
1979	率先成立深圳和珠海两个地级省辖市
1980	成立深圳和珠海两个经济特区
1984	广州与其他 13 个沿海城市一道被批准为沿海开放城市
1988	将中山、东莞两个县级市升为地级市
1988	广州市把清远县和佛冈县划归新成立的清远市管辖，新丰县划归韶关市管辖，龙门县划归惠州地区管辖，同时撤销肇庆地区设立地级肇庆市，辖端州、鼎湖两区和高要、四会、广宁、怀集、封开、德庆、郁南、罗定、云浮、新兴 10 县
1988	撤销惠阳地区，改为地级惠州市

资料来源：尹来盛和冯邦彦，2012。

第三阶段：1990~2000 年，城市化水平迅速提升阶段。

进入 1990 年，全球产业分工进一步深化，"邓小平南方谈话"激发了珠三角新一轮跨越式发展，外资引进来源更为广泛。这一时期珠三角区域以"三来一补"、合作和合资经营等多种形式利用外资发展乡镇企业。这些企业多以外向型劳动密集型产业为主，对劳动力需求数量扩大，促进大批人口向珠三角区域聚集。由于外资扩大再生产的需求，同时为最大化降低土地经济成本，"三来一补"的企业倾向城市边沿的农村投资建厂房，工厂周边配套的基础设施相应建成。这些极大地改变了农村景观，形成"农村城镇化"现象（薛凤旋和杨春，1997），农业用地锐减。但为追求生产厂房快速建成投产，产业园区缺乏规划，土地利用效率低。

这一时期，珠三角城市化水平迅速提升，城镇人口比例由 1990 年的 32.61% 上升至 2000 年的 71.59%。建设用地因农村城镇化呈遍地开花分布，珠三角城市网络雏形开始形成。1994 年广东省委、省政府正式宣布建立珠江三角洲经济区，包括广州、深圳、珠海、东莞、中山、佛山、江门 7 市，珠三角区域的整体区域建设得到强化。经过近 20 年的发展，深圳由边陲小渔村发展为比肩广州的大城市，2000 年人口达到 201.94 万人，取代佛山成为珠三角的第二中心城市。

第四阶段：2000 ~ 2010 年，区域协调统筹化发展阶段。

2000 年以后，珠三角土地成本、劳动力人口优势逐步衰退，劳动密集型产业利润低的问题凸显，产业逐步由低端的劳动密集型制造业转向技术和资金密集型。这类产业对土地、配套服务等都有较高要求，城市取代农村成为产业的空间载体（罗彦等，2015）。珠三角土地资源的日益稀缺、生态环境问题不断暴露，迫使政府通过制度手段、政策调控等手段"规范"城市化，城镇空间拓展向政府主导的新方向转变（李志刚和李郇，2008）。资源约束倒逼环珠江口岸城市的产业重组与布局，2008 年开始，珠三角区域实行"双转移"，资源消耗大的产业转移至广东其他地区。各城市人口不断增长，佛山、东莞、中山、珠海人口规模也步入大城市行列，珠三角城市体系从广州、深圳双核心模式开始转向网络化发展。

珠三角进入全域城市化阶段，广东省与各城市加强区域统筹发展规划，从基础设施、产业发展、环保生态、公共服务等方面均强调区域协调与促进整体发展。2003 ~ 2004 年，广东省委、省政府组织编制了《珠三角城镇体系规划》《广东省工业九大产业发展规划（2005—2010 年）》《珠江三角洲城市化专题规划》，以及《珠江三角洲环境保护专题规划》等一批区域性规划，从统筹区域发展、加强城市间协作的角度，制定区域发展及环境保护方案。2008 年 12 月国家发展和改革委员会出台了《珠江三角洲地区改革发展规划纲要（2008—2020 年）》，广州、深圳、珠海、佛山、江门、东莞、中山、惠州和肇庆 9 市全部被纳入珠江三角洲范围。2009 年，广东省政府出台了《关于加快推进珠江三角洲区域经济一体化的指导意见》。

1.4　研　究　意　义

1.4.1　珠三角作为中国城市群发展的典型地位

改革开放开始后，珠三角凭借毗邻港澳的区位优势，成为国内引进外资最早、数量最多和最成功的地区之一（薛凤旋和杨春，1995），极大地推进区域城市化。进入 21 世纪以来，珠三角地区的经济保持较快增长的发展态势，经济实力雄厚。据《2012 广东统计年鉴》公布的数据，2011 年，珠江三角洲地区 9 个地级市的国内生产总值为 43 720.86 亿元，约占中国内地经济总量的 8.4%，是仅次于长三角、京津冀的中国内地第三大经济总量的城市化区域。

经过 30 多年的发展，珠三角已发展为我国外出务工人员聚集区之一。珠三角常住人口从 1982 年的 1867.75 万人增至 2010 年的 5616.38 万人。至 2010 年，除珠海外，珠三角其他城市已成为常住人口达 300 万人的特大城市，珠三角平均各市人口已超过 600 万人。其中广州、深圳、东莞和佛山四市聚集了珠三角 65% 以上的人口（图 1-3）。

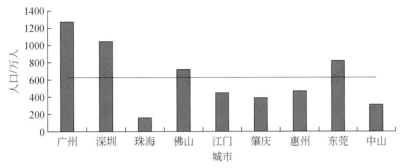

图 1-3　2010 年珠三角各市常住人口

同时，珠三角区域存在着双轨城市化机制（沈建法等，2006），一种为以国家政策主导，中心城市"自上而下"城市化，另一种为县镇借助多种投资主体，"自下而上"自发性的城市化。双轨城市化模式下，珠三角城镇扩张同时存在着集聚与分散，城镇在空间上紧密相邻（王开泳和陈田，2009），逐步形成现今网络化城镇格局。

珠三角区域作为我国快速城市化典型区域之一，其城市化发展过程在我国城市群发展中具有鲜明的典型性。一方面，珠三角区域是我国改革开放"先行一步"的地区，其城镇化过程是改革开放以后中国城镇化的缩影与典范（许学强和李郇，2009）。另一方面，因毗邻港澳的地缘关系，珠三角区域城镇化过程具有一定的特殊性。2000 年后，全球经济一体化与国际产业转移给珠三角区域带来新机遇，区域基础设施建设推动新的重点发展区域，珠三角城镇空间演变迎来新动力，这些值得进一步思考与研究。

因此，通过研究珠三角区域的城市化水平、城镇空间演化过程与格局，总结发展模式与机制，将有助于科学指导珠三角城市化发展方向，其结论也为我国其他城市化区域研究提供借鉴。

1.4.2　珠三角快速城市化面临严重的生态环境问题

1.4.2.1　生态用地锐减，影响区域生态安全格局

改革开放以来，珠三角区域城市建设用地快速扩张，导致生态用地锐减和破碎化，影响区域生态安全。珠三角乡镇为发展经济，一直以土地成本低廉作为招商引资的优势，城镇用地增长迅速。以 1996～2006 年为例，珠三角建制镇用地从 1996 年的 580.50km² 增加到 2006 年的 1118.19km²，面积扩大了近一倍，占新增建设用地总量的 23%（叶玉瑶等，2011）。珠三角城镇用地大量侵占了农田、湿地、森林等生态用地，其中以耕地所占比例最高（邓世文等，1999），城镇间生态屏障面积缩小、破碎化。珠三角区域交通干道稠密，

公路沿线区域受人工干扰的影响，斑块密度增加、平均面积减少、形状复杂化，景观破碎化加剧，其中广州、珠海、佛山等城市的景观破碎度更高（蔡雪娇等，2012）。高杨等（2010）发现，珠三角区域 9 市因景观破碎化而使得生态安全值降低。生态用地的破碎化影响生态过程的整体性与联通性。

1.4.2.2 区域资源负荷重，环境问题突出

珠三角地区工业分布密集，为广东省污染排放物最多的区域。以 2008 年为例，珠三角贡献了广东省 SO_2 排放总量的 62.3%、工业氮氧化物排放的 68.20%，废水排放总量的 72.21%。尽管近年来污染减排成效显著，但"微容量、重负荷"的问题依然突出。珠三角污染物的集中排放导致大气、水、土壤环境问题突出。

大气复合型污染突出。珠三角城市连片发展，受大气环流及大气化学的双重作用，城市间大气污染相互影响明显，相邻城市大气污染过程呈现明显的同步性。以 2008 年为例，珠三角城市总体空气质量尚好，SO_2、NO_2、PM_{10} 等各常规空气指标污染物年平均浓度均符合国家二级标准要求，但日均浓度均存在不同程度的超标现象。PM_{10} 是该地区首要空气污染物，部分城市某些时段 PM_{10} 超标严重。珠三角为酸雨高发地带，酸雨频率居高不下。近年来逐步形成以广州、佛山为中心的酸雨高发地带，酸度水平（pH）稳定在 4～6。

水环境质量形势严峻。广东省Ⅳ类、Ⅴ类水地表水环境功能区划大部分位于珠三角。近年虽然部分河段的状况有所改善，但受污染的河长、径流量仍呈增长趋势。珠三角水环境污染态势已经从点状向带状、面状转变。污染负荷高度集中在城市河段，珠三角中心市区河段已严重污染（曾侠等，2004），河涌黑臭现象突出，治理难度加大。

土壤环境质量不容乐观。珠三角部分地区土壤重金属背景值高、活性强、潜在污染风险大，是土壤重金属污染敏感区域（杨元根等，2000；Wilson et al.，2004）。随着珠三角重污染工矿企业污染物排放、农业源污染等造成土壤污染的持续累积，土壤环境状况总体不容乐观。据媒体报道全国土壤环境质量普查点中，珠三角重金属总体超标率高达 40%，尤其是采矿区、重污染企业、畜禽养殖场等地点的超标情况更为严重。珠三角土壤的镉、汞、砷、铜、镍等重金属污染问题比较突出（刘英对，1999；胡振宇，2004；陈玉娟等，2005）。

1.4.2.3 植被生态质量总体不高，城市热岛效应突出

区域内森林分布不均，除少数的自然保护区保留有较好天然林，如肇庆鼎湖山国家级自然保护区、惠州象头山国家级自然保护区、江门古兜山省级自然保护区等，珠三角地区人工植被比例大。人工植被建设过程中，由于较少考虑物种多样性和外来种的影响，城市植被物种单一。某些区域盲目地在丘陵山地上种植大面积的速生人工林，如桉树，致使天然林的比例不断减少。人工植被代替天然植被后，植被群落结构不合理，生态质量总体不高。

城市的土地利用及频繁的人类活动也影响了城市地区的局地天气与气候，城市热岛是城市对气温影响最突出的特征（周淑贞和炯束，1994）。曾侠等（2004）发现，随着珠三角城市化进程的加快，城市热岛强度逐年提升，热岛强度与各地的经济活动密切相关。土

地覆被变化对热岛效应影响较大，珠三角区域城市用地的扩展提高了地表温度（钱乐祥和丁圣彦，2005）。另外，随着城市边界间的建设用地交错连接，城市间原本具有降温效应的生态用地消失，区域热岛效应增强。窦浩洋等（2010）则发现珠三角热岛呈"六区两带"的空间分布格局，夏季热岛强度出现昼强夜弱现象。

1.4.2.4 珠江口自然海岸带遭到破坏

随着珠江口岸城市发展，较多城市通过填海造陆的方式缓解土地紧缺。自 20 世纪 70 年代以来，珠江口地区的岸线改造一直没有停止（赵玉灵，2010），河口岸线发生了复杂的变化，同时对滩涂湿地产生影响。由于对围垦造陆缺乏整体利用规划，加之各地由于经济利益的驱动而盲目开发，建造人工海岸，引起生态系统变化，给滩涂资源带来了不可忽视的破坏（张弛和王树功，2009），包括改变海岸带景观，破坏珠江口红树林资源，淤积航道等。

1.4.3 珠三角区域可持续发展需要科学指导

广东省委、省政府和珠三角地区各级政府在加快经济发展的同时，不断加强环境保护和生态建设工作，陆续颁布了《广东省珠江三角洲水质保护条例》《广东省珠江三角洲大气污染防治办法》等多部地方生态环境法规。但珠三角生态环境问题复杂，污染特征正在发生重要转变，区域经济社会持续发展面临新的挑战。

开展珠三角地区生态环境遥感调查与评估，进行珠三角城市化过程及其生态效应研究，可及时调查和评估生态环境状况，总结珠三角过去生态环境保护的经验与教训，可为珠三角可持续发展提供科学支撑。同时，利用卫星遥感技术开展长时间序列及多尺度的调查实践，可为珠三角地区构建"天地一体化"生态环境监测、调查与评估技术体系提供技术参考。

1.5 研 究 思 路

1.5.1 研究目标

以遥感技术为重要手段，基于多时段、多分辨率遥感解译数据，集成应用经济社会、环境监测等数据，摸清珠三角城市化过程及其生态环境变化的实际状况；围绕城市化、生态质量、环境质量、资源效率、生态环境胁迫等方面，对珠三角 2000～2010 年城市化及生态环境进行综合评估；揭示珠三角城市扩张的生态环境效应，提出区域城市可持续发展的生态环境问题防治对策。

1.5.2 研究区范围

城市化过程在空间发展中有主次区别，一般每个城市都有中心城区及周边城镇。中心城区集中了经济、文化、政治、人口、交通、商业服务等要素，人工景观集中，污染物排放量大，活动更为剧烈。中心城区的土地覆盖变化、生态环境质量变化也是城市化过程研究重要的内容。为此，本书的空间研究尺度在两个范围进行。

一是区域尺度，即珠三角9个城市行政边界范围，包括广州、深圳、珠海、佛山、江门、东莞、中山、惠州和肇庆。研究9个城市近30年（1980～2010年）的城市化和生态环境演变特征，具体包括5个时间节点（1980年、1990年、2000年、2005年和2010年）。（注：若无特别说明，本书中内出现的"珠江三角洲""珠三角城市群"的地理范围与珠三角区域相同。）

二是重点研究城市尺度（本书统一简称为"重点城市"）。广州、深圳、佛山、东莞是珠三角的"龙头城市"，以这4个城市作为重点研究城市，识别并划分4市的建成区，并以建成区内的土地覆盖、社会经济、环境监测数据进行城市化与生态环境效应的综合评估，包括3个时间节点（2000年、2005年和2010年）。

按照《城市规划基本术语标准》（GB/T 50280—98）中定义，城市建成区是城市行政区内实际已成片开发建设、市政公用设施和公共设施基本具备的地区。本书依据建成区的概念，基于广州、深圳、佛山、东莞的城市发展历史特点，采用行政边界结合遥感提取来确定重点城市的建成区范围。

深圳、东莞建成区分别采用原经济特区（南山区、福田区、罗湖区、盐田区）、莞城区作为建成区。广州、佛山建成区则采用第2章分类结果中"城镇"提取并确定。通过生成渔网（fishnet）对广州、佛山2000年、2005年、2010年解译后得到的分类影像进行建成区范围提取。以城镇比例超过50%的网格作为建成区，参照Google Earth影像中城市的模糊边界范围，经反复试验后，采用800m×800m对城镇比例进行计算，划分初步范围，对其进行填补、删除及边界修整，得到最终提取结果（表1-3，图1-4～图1-6）。

表1-3　珠三角区域十年变化遥感调查与评价范围

研究尺度	市别	辖县（区、市、自治县）
区域	广州	广州市市辖区、增城区、从化区
	深圳	深圳市
	珠海	珠海市
	佛山	佛山市市辖区、顺德区、南海区、三水区、高明区
	江门	江门市市辖区、新会区、台山市、开平市、鹤山市、恩平市
	东莞	东莞市
	中山	中山市
	肇庆	肇庆市市辖区、高要区广宁县、怀集县、封开县、德庆县、四会市
	惠州	惠州市市辖区、惠阳区、博罗县、惠东县、龙门县
重点城市	广州建成区	中心城区（越秀区、荔湾区、天河区、海珠区、白云区、黄埔区）、番禺区
	深圳建成区	南山区、福田区、罗湖区、盐田区
	佛山建成区	禅城区、南海区、顺德区
	东莞建成区	莞城区行政边界范围

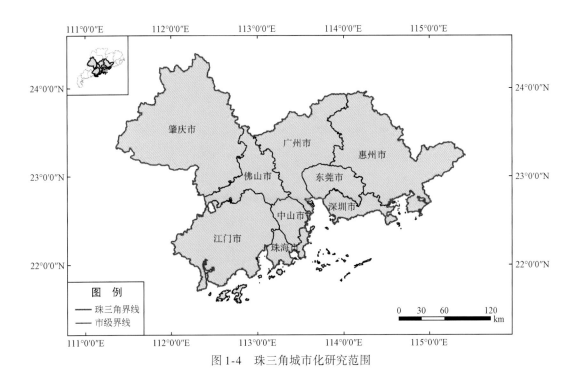

图 1-4 珠三角城市化研究范围

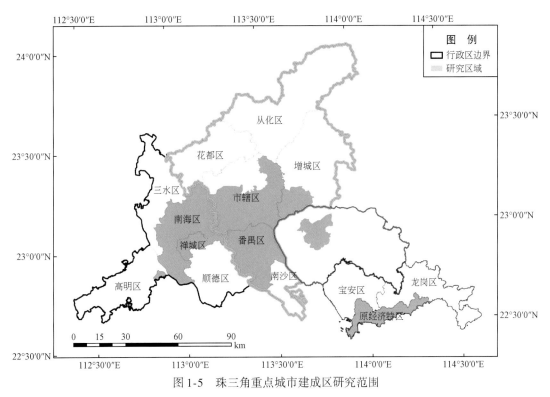

图 1-5 珠三角重点城市建成区研究范围

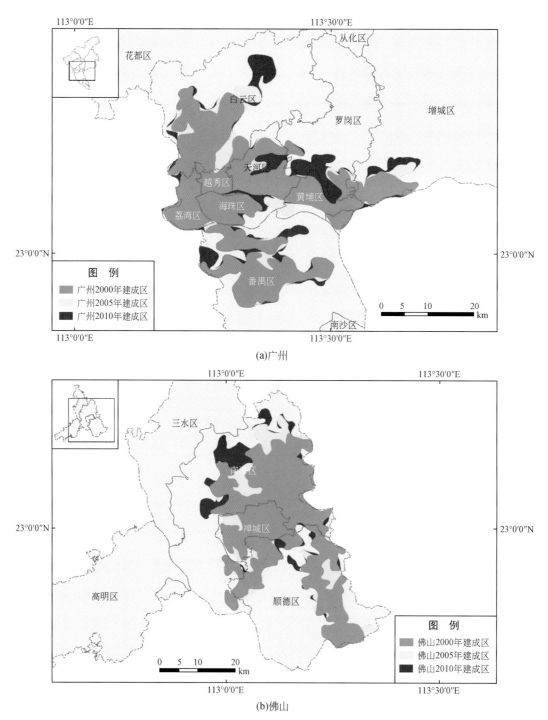

(a)广州

(b)佛山

图 1-6 广州、佛山建成区

1.5.3 研究内容与研究框架

本书主要内容属于"全国生态环境十年变化（2000—2010 年）调查评估"子课题，基于"城市化区域生态环境十年变化调查与评估"专题的目标和任务，研究评价 1980 ~ 2010 年珠三角城市化水平及其生态格局演变过程，分析评价区域内生态质量、环境质量、热环境、资源环境效率、生态胁迫的变化，同时拓展研究珠江口海岸线因城市化过程中的变化，比较研究广州、深圳、香港城市化过程与生态环境变化。综合评估城市化进程对生态环境的影响，进一步提出珠三角生态环境问题防治对策。本书主要内容与研究框架如图 1-7 所示。

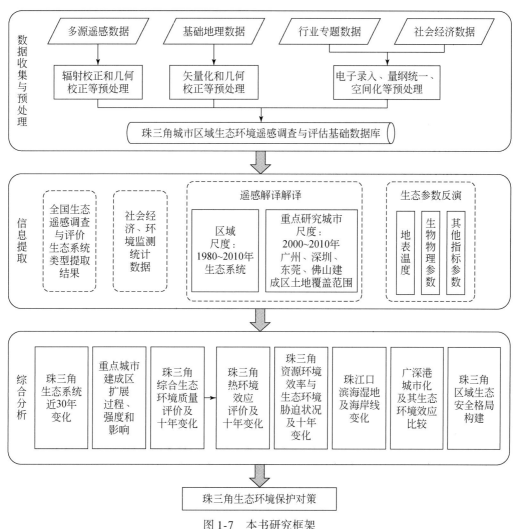

图 1-7　本书研究框架

（1）珠三角生态系统格局变化

综合土地利用和地面调查数据，利用 1980 年、1990 年、2000 年和 2010 年中等分辨率遥感影像解译数据，分析和评价 2000～2010 年珠三角区域和重点城市生态系统格局的状况和变化。在区域尺度，主要基于全国生态系统遥感分类结果，通过变化检测分析和统计分析，得出森林、农田、草地、湿地、城镇等生态系统类型与格局的变化，重点分析区域尺度与重点城市建成区的空间扩展过程、面积与分布；在重点城市尺度，以城市不透水层提取结果为数据源，分析重点城市建成区不透水地表与城市绿地、湿地等透水地表的分布与变化（见第 2 章）。

（2）珠三角城市化演进特征

重点关注城市化要素的动态特征，研究分析 1980～2010 年珠三角人口城市化、经济城市化和土地城市化的发展过程，分析珠三角城市化发展基础与驱动力。重点城市尺度侧重比较建成区内部不透水地表的扩展方式。最后构建城市化强度指数，综合评价城市化强度（见第 3 章）。

（3）珠三角生态质量状况及变化

根据珠三角生态系统类型和重点城市建成区土地覆盖遥感分类结果，结合"全国生态遥感调查与评价"的植被生物量参数，调查和分析 2000～2010 年区域植被分布与生态质量变化、重点城市建成区的绿地变化情况，揭示珠三角生态质量变化规律（见第 4 章）。

（4）珠三角环境质量状况及变化

基于环境统计、实地监测数据，阐明 2000～2010 年珠三角区域和重点城市在大气环境质量、水环境质量、土壤环境质量方面的变化特征，构建环境质量指数，比较不同城市环境状况。其中水环境质量部分以东莞、深圳之间的茅洲河为典型小流域，着重挖掘珠三角城市化过程对流域水环境的影响（见第 5 章）。

（5）珠三角热环境变化

利用珠三角 1981～2010 年气象站数据，分析珠三角热岛强度历史变化。基于遥感反演地表温度，揭示热岛区域分布情况。重点城市分析 2000～2010 年各城市建成区的热岛空间分布情况（见第 6 章）。

（6）珠三角资源环境效率与生态环境胁迫变化

通过调查 2000～2010 年珠三角区域资源利用、环境污染排放相关指标，分析珠三角资源利用的效率情况，以及城市化对区域的生态环境胁迫强度，分别构建资源效率指数、生态环境胁迫指数，分析城市化水平和 GDP 对资源利用、生态环境胁迫的影响（见第 7章和第 8 章）。

（7）珠江口滨海湿地及海岸带变化

通过遥感方法提取珠江口地区的滨海湿地及海岸线，并对其空间分布、类型变化及演变过程进行分析，探讨滨海湿地与海岸线的变化原因（见第 9 章）。

（8）广深港城市化及其生态环境效应比较研究

广州、深圳、香港作为大珠三角的核心和龙头城市，3 个城市在城市建成区扩张、经济产业发展模式、人口增长有着显著的差别。基于"城市化区域生态环境十年变化调查与评估"专题的研究方法与指标体系，比较研究广州、深圳、香港三者在城市化过程中对生态环境的影响，进而借鉴香港先进的生态保护措施，提出珠三角区域生态环境保护策略（见第 10 章）。

（9）珠三角区域生态安全格局研究

珠三角区域生态空间安全格局面临巨大的压力，针对保障珠三角区域生态安全的生态系统服务功能，分析单一生态系统服务功能的空间特征，通过综合分级评价识别生态系统服务功能重要区域，结合已经划定的生态保护管制区域，确定珠三角区域生态安全格局（见第11章）。

（10）珠三角城市化趋势及其生态环境问题与对策

分析总结珠三角城市化趋势及其生态环境问题，揭示城市化过程产生的共性生态环境问题和特性生态环境问题，辨识城市生态环境问题形成与发展的关键动因，提出相应的生态环境管理对策（见第12章）。

1.6 主要评价指标与数据处理

1.6.1 主要评价指标体系

本书主要利用"城市化区域生态环境十年变化调查与评估"专题的评价指标体系与方法。指标框架包括城市化水平、生态质量、环境质量、资源环境效率、生态环境胁迫5个方面，评估珠三角区域与重点研究城市的生态环境变化。为鉴别城市化区域和城区生态环境问题的差异，分别建立区域和重点生态环境评估内容与指标（表1-4和表1-5）。

表1-4 珠三角生态环境评估内容与指标

序号	评估目标	评估内容	评估指标	数据来源
1	城市化水平	土地城市化水平	城镇生态系统占土地面积比例	遥感数据
		人口城市化水平	城镇人口占总人口比例	统计数据
		经济城市化水平	第三产业占GDP比例	统计数据
2	生态质量	植被覆盖	自然植被覆盖面积及其所占土地面积比例	遥感数据
		植被破碎化	植被斑块密度	遥感数据
		生物量	植被单位面积生物量	遥感数据
3	环境质量	河流水环境	河流监测断面中Ⅰ～Ⅲ类水质断面比例	环境监测数据
		空气环境	空气质量达二级标准的天数	环境监测数据
		酸雨强度与频度	年均降雨pH、酸雨年发生频率	统计数据
4	资源环境效率	水资源利用效率	单位GDP水耗（不变价）	统计数据
		能源利用效率	单位GDP能耗（不变价）	统计数据
		环境利用效率	单位GDP CO_2排放量、单位GDP SO_2排放量、单位GDP化学需氧量（COD）排放量	统计数据

续表

序号	评价目标	评价内容	评价指标	数据来源
5	生态环境胁迫	人口密度	单位土地面积人口数	统计数据
		水资源开发强度	国民经济用水量占可利用水资源总量的比例	统计数据
		能源利用强度	单位土地面积能源消费量	统计数据
		大气污染	单位土地面积 CO_2 排放量、单位土地面积 SO_2 排放量、单位土地面积烟粉尘排放量	统计数据
		水污染	单位土地面积 COD 排放量	统计数据
		经济活动强度	单位土地面积 GDP	统计数据
		热岛效应	城乡温度差异	遥感数据+气象数据

表 1-5　重点城市生态环境评估内容与指标

序号	评估目标	评估内容	评估指标	数据来源
1	城市化水平	土地城市化强度	不透水地表面积占建成区面积比例	遥感数据（高分辨率影像）
		人口城市化水平	建成区人口密度	统计数据
		经济城市化	第三产业占 GDP 比例	遥感数据、统计数据
2	生态质量	绿地分布与景观格局	建成区绿地面积与比例、绿地平均斑块大小、斑块密度、均匀度	遥感数据（高分辨率影像）
		绿地构成	城市建成区绿地面积比例、城市人均绿地面积	遥感数据（高分辨率影像）
3	环境质量	河流水质	河流监测断面中Ⅰ~Ⅲ类水质断面比例	环境监测数据
		空气质量	空气质量达二级标准的天数比例	环境监测数据
		酸雨强度与频度	年均降雨 pH、酸雨年发生频率	统计数据
4	资源环境效率	水资源利用效率	单位 GDP 水耗（不变价）	统计数据
		能源利用效率	单位 GDP 能耗（不变价）	统计数据
		环境利用效率	单位 GDP CO_2 排放量、单位 GDP SO_2 排放量、单位 GDP 烟粉尘排放量、单位 GDP COD 排放量	统计数据
5	生态环境胁迫	人口密度	单位土地面积人口数	统计数据
		水资源开发强度	国民经济用水量占可利用水资源总量的比例	统计数据
		能源利用强度	单位土地面积能源消费量	统计数据
		大气污染	单位土地面积 CO_2 排放量、单位土地面积 SO_2 排放量、单位土地面积烟粉尘排放量、单位土地面积氮氧化物排放量	统计数据

序号	评价目标	评价内容	评价指标	数据来源
5	生态环境胁迫	水污染物排放强度	单位土地面积 COD 排放量、单位土地面积氨氮排放量	统计数据
		固体废弃物	单位土地面积固体废弃物总量	统计数据
		经济活动强度	单位土地面积 GDP	统计数据
		热岛效应	城乡温度差异、建成区地表温度差异	遥感数据

1.6.2 社会统计与环境监测数据

收集与生态环境密切相关的社会经济、环境监测等统计数据，分析社会经济对生态环境的影响，数据指标包括人口总数、人口密度、城市经济产业结构、能源消费量等。数据来源主要来自广东市及区域统计年鉴、环境质量公报，以及相关部门的公开网站发布数据。

将收集得到的社会统计数据，利用统一的格式进行电子化录入，然后进行分类存储和规范化处理，并按照国际标准计量单位进行转换和处理。

1.6.3 遥感数据解译与分类

（1）1980 年、1990 年珠三角生态系统遥感解译

收集整理 1980 年、1990 年覆盖珠三角城市群地区中分辨率遥感影像。1980 年以 LandSat MSS 数据为主，MSS 数据珠三角地区共占 7 景；1990 年以 LandSat TM 数据为主，TM 数据珠三角地区共占 7 景。其他遥感数据和历史数据为辅，包括 DEM（数字高程模型）数据、珠三角地区历史土地利用图和其他年份遥感图等。

在经过辐射定标、波段合成、大气校正和波段计算等预处理之后，基于"全国生态环境十年变化（2000—2010 年）调查评估"生态系统分类标准，采用面向对象与决策树分类进行解译。根据地物的光谱特征和地理空间位置，建立解译特征集，将类别逐一区分，共分为六类生态系统，包括森林生态系统、草地生态系统、湿地生态系统、农田生态系统、城镇生态系统和其他。通过遥感解译，完成 1980 年、1990 年 2 期珠三角地区 80m 和 30m 空间分辨率的土地覆盖数据，分类整体精度 1990 年达到 96%，1980 年达到 87%，达到研究要求（表 1-6）。

表 1-6 珠三角 MSS、TM 数据产品信息表

产品类型	时间	编号	级别
Landsat MSS3	1979-09-30	p130r44_ 3m19790930	1B2
Landsat MSS3	1979-10-19	p131r43_ 3m19791019	1B2
Landsat MSS3	1979-10-19	p131r44_ 3m19791019	1B2

产品类型	时间	编号	级别
Landsat MSS3	1973-12-25	p131r45_ 1m19731225	1B2
Landsat MSS3	1973-12-26	p132r43_ 1m19731226	1B2
Landsat MSS3	1979-10-20	p132r44_ 3m19791020	1B2
Landsat MSS3	1979-10-20	p132r45_ 3m19791020	1B2
Landsat TM4	1989-02-13	LT41210441989012XXX02	1B2
Landsat TM5	1990-12-09	LT51210441990343XXX03	1B2
Landsat TM5	1991-10-09	LT51210441991282BKT00	1B2
Landsat TM4	1990-12-24	LT41220431990358XXX02	1B2
Landsat TM4	1990-12-24	LT41220441990358XXX05	1B2
Landsat TM5	1991-02-02	LT51220441991033XXX04	1B2
Landsat TM5	1988-07-03	LT51220451988185BJC01	1B2
Landsat TM4	1990-12-24	LT41220451990358XXX04	1B2
Landsat TM4	1989-02-11	LT41230431989042XXX02	1B2
Landsat TM5	1990-09-02	LT51230441990245BJC00	1B2
Landsat TM5	1990-09-02	LT51230451990245BJC00	1B2

注：1B1 级别数据做过辐射校正，增加了绝对定标系数；1B2 级别数据做过辐射与几何校正，提供地理编码数据和地理参考数据两种选择。

（2）2000 年、2005 年、2010 年重点城市建成区土地覆盖遥感解译

广州、深圳、佛山、东莞建成区土地覆盖解译采用 SPOT 卫星数据。在完成分割、融合等预处理后，采用面向对象法进行分类。依据光谱、形状、纹理、相邻等相关特征，定义特征参数，将标准特征空间中的特征应用于分类。重点城市建成区土地覆盖类型包括不透水地表、植被、水体、裸地四类。分类精度达到 80% 以上，达到研究要求（表 1-7）。

表 1-7 广州、深圳、佛山和东莞 SPOT 卫星数据产品信息表

产品类型	时间	编号	级别	备注
广州多光谱、全色 1	2009-01-01	284/303	1A	10m、2.5m 分辨率
广州多光谱、全色 2	2009-01-01	284/304	1A	10m、2.5m 分辨率
广州多光谱、全色 3	2008-12-22	285/303	1A	10m、2.5m 分辨率
广州多光谱、全色 4	2008-12-22	285/304	1A	10m、2.5m 分辨率
深圳多光谱、全色 1	2008-12-22	285/305	1A	10m、2.5m 分辨率
深圳多光谱、全色 2	2009-05-01	286/305	1A	10m、2.5m 分辨率
佛山多光谱、全色 1	2008-11-16	283/303	1A	10m、2.5m 分辨率
佛山多光谱、全色 1	2008-11-16	283/304	1A	10m、2.5m 分辨率
广州多光谱、全色 1	2006-01-26	284/303	1A	10m、2.5m 分辨率
广州多光谱、全色 2	2005-12-20	284/304	1A	10m、2.5m 分辨率

续表

产品类型	时间	编号	级别	备注
广州多光谱、全色 3	2004-11-20	285/303	1A	10m、2.5m 分辨率
广州多光谱、全色 4	2004-12-17	285/304	1A	10m、2.5m 分辨率
深圳多光谱、全色 1	2005-11-20	285/305	1A	10m、2.5m 分辨率
佛山多光谱、全色 1	2005-12-15	283/303	1A	10m、2.5m 分辨率
佛山多光谱、全色 1	2004-10-09	283/304	1A	10m、2.5m 分辨率
广州全色 1	1999-09	284/303	1B2	10m 分辨率
广州全色 2	1999-09	284/304	1B2	10m 分辨率
佛山全色 1	1999-09	283/303	1B2	10m 分辨率
佛山全色 2	1999-09	283/304	1B2	10m 分辨率

注：佛山与广州同享 284/303、284/304；广州与东莞共享 2005 年和 1999 年的 284/304。

第2章 珠三角生态系统格局变化

本章通过遥感解译获取珠三角生态系统格局及其演变，以及广州、深圳、佛山、东莞建成区土地覆盖变化。1980~2010年珠三角城镇生态系统增加面积超过1倍，1990~2000年增长速率最大达66.49%，2000~2010年城镇增长率放缓，为30.8%。经过30年发展，珠三角城镇逐步向多核心、网络化模式演变，形成城镇连绵带。新增城镇主要来自农田流入，珠三角森林保留较好。1980~2010年珠三角景观破碎度降低，景观异质性小幅上升。2000~2010年重点城市建成区不透水地表增加，2010年4个重点城市建成区过半面积硬底化。重点城市建成区景观破碎化主要受不透水地表与植被破碎化程度影响，广州、深圳、东莞景观破碎化下降，佛山因城镇分布分散、植被遭到大侵占，导致景观破碎化程度上升。

2.1 研究方法

2.1.1 生态系统与土地覆被分类体系

基于"全国生态环境十年变化（2000—2010年）"的生态系统分类标准，利用1980年、1990年的MSS与TM遥感影像数据解译成果，以及珠三角遥感解译数据，将珠三角生态系统划分为6种一级生态系统类型，分别为森林生态系统、草地生态系统、湿地生态系统、农田生态系统、城镇生态系统和其他。

本书采用高分遥感影像获取广州、深圳、佛山、东莞4个重点研究城市的建成区土地覆被，将建成区土地覆盖分为4类，包括不透水地表、植被、水体与裸地。

2.1.2 景观格局指数

景观格局指数是定量反映格局构成和空间配置方式的指标，本章采用斑块密度（PD）、香农-维纳多样性指数（SHDI）在景观层次评价珠三角景观格局变化情况；采用平均斑块面积（MPS）评价广州、深圳、佛山、东莞建成区的景观破碎化与斑块复杂程度。景观格局指数运用Fragstats 3.3软件计算。

2.2 区域自然概况

2.2.1 气候

珠江三角洲位于 21°N~23°N，112°E~113°E，大部分地区位于北回归线以南，气候属南亚热带海洋性季风气候。多年年均温在 22℃左右，最冷月均温为 12~13℃，最热月均温约 28℃。全年实际有霜日在 3 天以下。年降水量为 1600~2000mm，降水集中在夏季，4~9 月降水量占全年的 80% 以上。夏秋间台风频繁，7~9 月为珠江口台风最盛季节，暴雨也最多。台风降水量一般为 200mm，最大为 400~500mm。常遇锋面雨，但冬季降水较少。冬季天气冷暖变化无常，气温骤降可达 16~17℃，最长连续降温日为 7~8 天。冬季陆风风速较强，常达 5m/s 左右，夏季海风风速较弱，常常仅 3m/s。

2.2.2 河流水系

珠江三角洲是由珠江水系的西江、北江、东江及其支流潭江、绥江、增江携带泥沙沉积形成的复合型三角洲。三角洲内河网密集，河网区面积为 9750km²，其中西江、北江三角洲面积为 8370km²，主要水道近 100 条，河网密度为 0.81km/km²；东江三角洲面积为 1380km²，主要水道有 5 条，河网密度为 0.88km/km²。三角洲河网区内丘陵、台地、残丘星罗棋布，水道纵横交错，自东而西汇集于虎门、蕉门、洪奇门、横门、磨刀门、鸡啼门、虎跳门、崖门 8 个口门入海，呈现"诸河汇集，八口分流"的水系特征（姚章民等，2009）。珠江三角洲河流水位、流向多变，不仅具有年、季、月的周期性变化，部分河段（如广州、中山河段）受珠江口潮汐影响较大。

2.2.3 地貌

珠江三角洲东、西、北三面环山，南面临海，为马蹄状的港湾型三角洲。珠三角平原整体地势低平，平原内部丘陵、台地、残丘星罗棋布。莲花山、七目嶂-乌禽嶂山地、罗浮山等山脉的余脉，延入珠三角，形成散布各地的台地和孤丘甚至低山。珠三角平原呈现出一种平坦中有凸起，无际中有分隔的地貌特征。

2.3 生态系统格局变化

2.3.1 生态系统构成与分布

2010 年，森林占珠三角面积最大，达 31 910.07km²，占总面积的 59.18%，主要分布在肇庆鼎湖山、惠州莲花山、江门古兜山等山脉。农田面积居第二，为9276.90km²，占总面积的17.21%，主要分布在冲积平原地区，以及西江、北江、东江沿岸地势较为平坦区域。城镇占珠三角面积的14.22%，分布在各市的主城区。湿地生态系统面积为4894.66km²，除包含丰富的河流外，佛山南海与顺德、江门新会、中山、珠海斗门等地区集中分布有大量的基塘水面。草地与其他比例最低，均不足0.2%（表2-1）。珠三角城市群生态系统分布如图2-1所示。

表2-1　珠三角各类生态系统类型面积构成（2010年）

生态系统类型	面积/km²	比例/%
森林生态系统	31 910.07	59.18
农田生态系统	9 276.90	17.21
草地生态系统	69.76	0.13
湿地生态系统	4 894.66	9.08
城镇生态系统	7 669.53	14.22
其他	96.35	0.18
合计	53 917.27	100

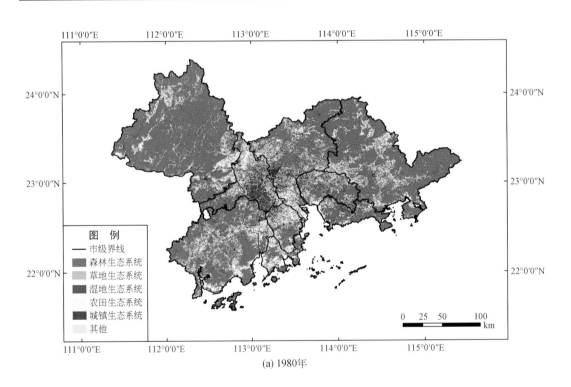

(a) 1980年

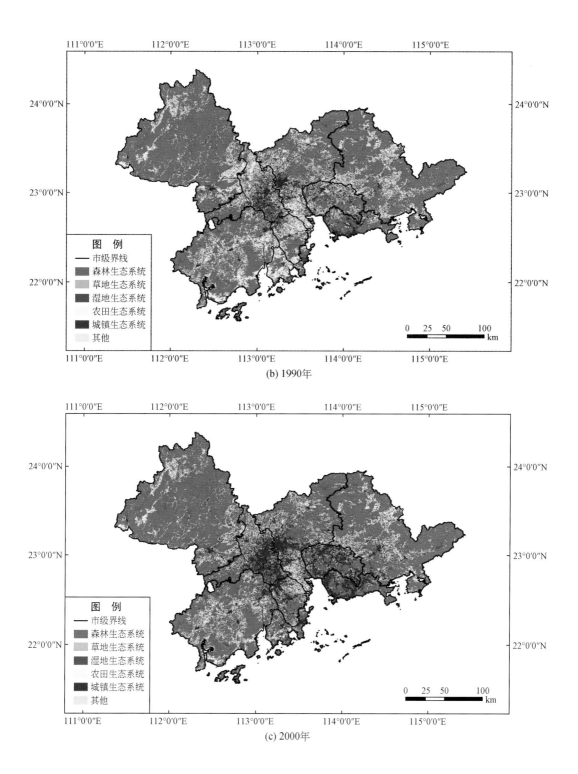

(b) 1990年

(c) 2000年

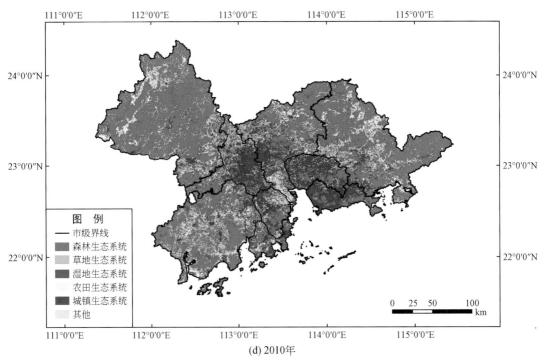

(d) 2010年

图 2-1　1980～2010 年珠三角城市群生态系统分布

2.3.2　珠三角生态系统变化

1980～2010 年，珠三角森林面积减少 3.21%，30 年面积比例维持在 60% 左右。农田面积持续减少，累计减少 32.03% 的面积，城镇面积持续增长，30 年间增长了 4622.1km²，为增长面积最多的生态系统类型。湿地在 2000～2010 年面积减少 190.48km²，30 年面积总体增加了 33.4%。草地持续减少，累计减少 9.34km²，为面积变化最小的生态系统类型。其他前 20 年面积增加，2000～2010 年面积下降 209.38km²，造成 30 年间减少 57.6%（图 2-2、表 2-2）。

从不同时段变化看，1980～1990 年生态系统变化最大的是湿地和城镇，两者面积都有大幅度的增加，变化率分别为 12.84% 和 15.57%。农田面积减少最多，达 760.15km²。

1990～2000 年为各生态系统变化率最大的时期。城镇面积增长最多，达 2341.68km²，增长率为 66.49%。湿地与其他面积有所增长，增长率分别为 22.83%、31.31%。农田和森林大面积减少，分别减少 2466.66km²、809.59km²。

2000～2010 年，仅城镇面积保持增长，增长面积为 1806.08km²。农田、森林、草地、其他减少面积较多，其中农田生态系统减少面积最多，达 1145.67km²。

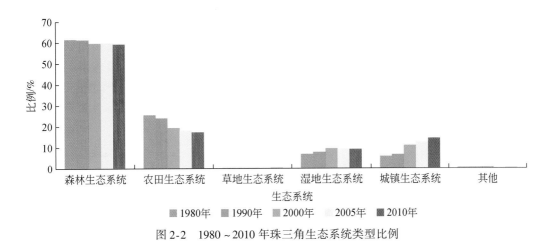

图 2-2　1980～2010 年珠三角生态系统类型比例

表 2-2　珠三角生态系统变化统计表

生态系统类型	1980～1990 年		1990～2000 年		2000～2010 年		1980～2010 年	
	变化面积 /km²	变化率 /%	变化面积 /km²	变化率 /%	变化面积 /km²	变化率 /%	变化面积 /km²	变化率 /%
森林生态系统	−3.95	−0.01	−809.59	−2.46	−246.2	−0.77	−1059.74	−3.21
农田生态系统	−760.15	−5.57	−2466.66	−19.14	−1145.67	−10.99	−4372.48	−32.03
草地生态系统	2.57	3.34	−1.97	−2.48	−7.79	−10.05	−7.19	−9.34
湿地生态系统	471.07	12.84	945.04	22.83	−190.48	−3.75	1225.63	33.40
城镇生态系统	474.34	15.57	2341.68	66.49	1806.08	30.80	4622.1	151.67
其他	5.61	2.47	72.9	31.31	−209.38	−68.49	−130.87	−57.60

2.3.3　各市生态系统构成与比例变化

1980～2010 年，珠三角各市的生态系统组成以森林、农田、湿地、城镇为主。30 年间珠三角各市农田面积显著减少，城镇面积不断扩张，不同城市增长率有所差异，森林面积小幅下降，但湿地面积增减各异。深圳、东莞、佛山、中山城镇用地扩张剧烈。

2.3.3.1　广州

2010 年，广州生态系统类型以森林为主，面积达 3557.82km²，占全市总面积的 49.60%，其次为城镇和农田，面积分别为 1492.08km²、1482.97km²。三者面积共占总面积的 91.07%。湿地面积为 619.39km²，草地与其他面积较小，低于 10km²。

1980～2010 年，广州森林面积较为稳定，湿地面积有所增加，农田面积减少，城镇面积增加（图2-3）。城镇面积增长达116.47%，增加了约802.81km²。农田面积减少最多，30年下降668.12km²。湿地面积增加了160.12km²，增长率为34.86%（表2-3）。

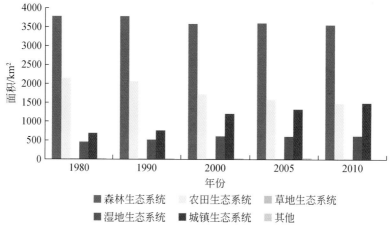

图2-3　1980～2010年广州生态系统面积变动

表2-3　广州生态系统变化统计表

生态系统类型	1980～1990年		1990～2000年		2000～2010年		1980～2010年	
	变化面积 /km²	变化率 /%	变化面积 /km²	变化率 /%	变化面积 /km²	变化率 /%	变化面积 /km²	变化率 /%
森林生态系统	1.98	0.05	-198.59	-5.25	-25.89	-0.72	-222.50	-5.89
农田生态系统	-89.25	-4.15	-345.16	-16.74	-233.71	-13.61	-668.12	-31.06
草地生态系统	0.97	5.97	-4.56	-26.42	1.15	9.06	-2.44	-14.97
湿地生态系统	56.30	12.26	95.05	18.44	8.77	1.44	160.12	34.86
城镇生态系统	72.24	10.48	451.86	59.34	278.70	22.97	802.81	116.47
其他	1.49	6.52	12.08	49.63	-29.00	-79.67	-15.44	-67.60

2.3.3.2　深圳

2010年，深圳生态系统类型以森林和城镇为主，面积分别为934.36km²、804.83km²。两者共占全市总面积的92.32%，其中城镇占42.72%。农田与湿地面积分别为67.79km²、57.65km²。

1980～2010年深圳生态系统结构变化大，总体表现为农田面积锐减，城镇面积增长迅速（图2-4）。农田面积在30年间共减少387.42km²，减少比例为85.11%。其中农田面积在1980～1990年减少最多，达188.27km²。城镇面积共增长599.27km²，增长率高达291.53%。至1990年城镇面积已超过农田，成为第二大的生态系统类型，其后1990～2000年增长面积最多，为321.06km²，占30年增长面积的53.57%（表2-4）。

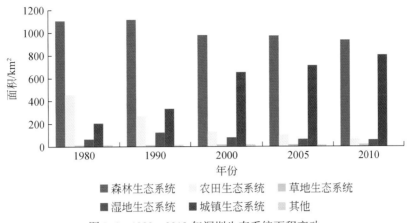

图 2-4 1980～2010 年深圳生态系统面积变动

表 2-4 深圳生态系统变化统计表

生态系统类型	1980～1990 年		1990～2000 年		2000～2010 年		1980～2010 年	
	变化面积 /km²	变化率 /%	变化面积 /km²	变化率 /%	变化面积 /km²	变化率 /%	变化面积 /km²	变化率 /%
森林生态系统	11.35	1.03	-137.30	-12.32	-43.03	-4.40	-168.98	-15.32
农田生态系统	-188.27	-41.36	-134.12	-50.25	-65.02	-48.96	-387.42	-85.11
草地生态系统	1.42	10.54	2.18	14.68	1.26	7.41	4.86	36.17
湿地生态系统	57.78	87.26	-43.77	-35.30	-22.58	-28.15	-8.57	-12.95
城镇生态系统	127.64	62.09	321.06	96.36	150.57	23.01	599.27	291.53
其他	0.20	1.29	2.97	18.65	-17.89	-94.57	-14.72	-93.47

2.3.3.3 珠海

2010 年，珠海生态系统类型以森林为主，面积为 484.58km²，占全市总面积的 33.12%。其次为湿地与城镇，面积分别为 385.93km²、332.33km²，其中城镇占总面积的 22.72%。农田面积为 254.44km²，草地与其他面积较小，面积均不足 3km²。

1980～2010 年珠海生态系统主要变化为农田面积减少突出，城镇与湿地面积有所增长（图 2-5）。30 年间，珠海过半农田减少，减少面积为 297.47km²。城镇面积共增加 233.82km²，30 年增长率达 237.37%。湿地面积先增加后减少，其中 2000～2010 年减少 14.85km²，但总体面积增加 239.92km²，大于城镇增加面积（表 2-5）。

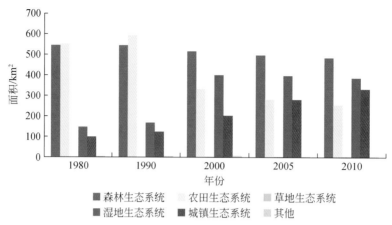

图 2-5　1980～2010 年珠海生态系统面积变动

表 2-5　珠海生态系统变化统计表

生态系统类型	1980～1990 年		1990～2000 年		2000～2010 年		1980～2010 年	
	变化面积 /km²	变化率 /%	变化面积 /km²	变化率 /%	变化面积 /km²	变化率 /%	变化面积 /km²	变化率 /%
森林生态系统	0.60	0.11	−29.78	−5.47	−30.48	−5.92	−59.65	−10.96
农田生态系统	40.11	7.27	−259.20	−43.78	−78.38	−23.55	−297.47	−53.90
草地生态系统	0.05	2.78	0.54	29.46	0.55	23.32	1.14	64.09
湿地生态系统	20.84	14.27	233.93	140.20	−14.85	−3.71	239.92	164.31
城镇生态系统	25.17	25.56	78.83	63.73	129.82	64.11	233.82	237.37
其他	0.17	3.37	2.75	53.23	−5.13	−64.88	−2.21	−44.37

2.3.3.4　佛山

2010 年，佛山生态系统类型以城镇为主，面积为 1294.57km²，占全市总面积的
34.10%。其次为森林、湿地，面积分别为 923.81km²、921.36km²。农田面积为
654.93km²，城镇面积为农田的两倍。草地、其他面积均不足 1.3km²。

1980～2010 年佛山生态系统变化以农田减少为主，城镇增加显著，森林与湿地变化幅
度较小（图 2-6）。30 年间佛山农田面积减半。1980 年、1990 年佛山生态系统以农田为
主，两期面积均在 1200km² 以上。1990～2000 年，农田减少面积最大，达 436.21km²。而
城镇面积则持续增加，1990～2000 年，面积增幅达到最大，变化率为 58.27%。城镇面积
于 2000 年超过农田，成为佛山主要的生态系统。至 2010 年城镇生态系统面积达
1294.57km²，30 年增加约 1.3 倍面积。森林与湿地变化幅度较小，30 年变化率分别为 −
7.09%、10.77%（表 2-6）。

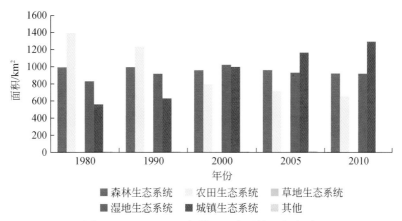

图 2-6　1980～2010 年佛山生态系统面积变动

表 2-6　佛山生态系统变化统计表

生态系统类型	1980～1990 年		1990～2000 年		2000～2010 年		1980～2010 年	
	变化面积 /km²	变化率 /%	变化面积 /km²	变化率 /%	变化面积 /km²	变化率 /%	变化面积 /km²	变化率 /%
森林生态系统	3.10	0.31	−36.44	−3.65	−37.12	−3.86	−70.46	−7.09
农田生态系统	−160.65	−11.51	−436.21	−35.33	−143.37	−17.96	−740.23	−53.06
草地生态系统	0.04	3.07	−0.40	−30.70	−0.40	−45.02	−0.76	−60.73
湿地生态系统	88.01	10.58	104.38	11.35	−102.80	−10.04	89.59	10.77
城镇生态系统	69.13	12.29	367.94	58.27	295.21	29.54	732.27	130.23
其他	0.38	3.24	0.73	6.04	−11.52	−90.49	−10.42	−89.59

2.3.3.5　江门

2010 年，江门生态系统以森林和农田为主，面积分别为 5357.12km²、2110.56km²，两者占全市面积的 80.73%。湿地面积为 1025.95km²，城镇面积为 728.36km²，占总面积的 7.87%。

1980～2010 年，江门生态系统变化表现为湿地与城镇面积增加，森林面积保持稳定，农田面积减少（图 2-7）。30 年间，湿地面积增长 382.15km²，略高于城镇增长面积（372.74km²）。但城镇增长率为 104.81%，30 年间城镇面积扩张 1 倍。森林相对稳定，变化率为 −1.29%。农田面积 30 年共减少 603.59km²，为面积减少最多的生态系统（表 2-7）。

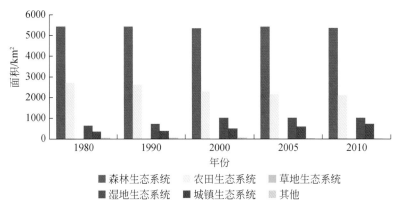

图 2-7　1980 ～ 2010 年江门生态系统面积变动

表 2-7　江门生态系统变化统计表

生态系统类型	1980 ～ 1990 年		1990 ～ 2000 年		2000 ～ 2010 年		1980 ～ 2010 年	
	变化面积 /km²	变化率 /%	变化面积 /km²	变化率 /%	变化面积 /km²	变化率 /%	变化面积 /km²	变化率 /%
森林生态系统	0.25	0.00	−85.34	−1.57	15.10	0.28	−70.00	−1.29
农田生态系统	−86.50	−3.19	−325.71	−12.40	−191.39	−8.31	−603.59	−22.24
草地生态系统	0.05	0.81	−0.70	−10.93	−1.92	−33.53	−2.57	−40.32
湿地生态系统	81.46	12.65	296.95	40.94	3.74	0.37	382.15	59.36
城镇生态系统	30.82	8.67	120.15	31.09	221.77	43.78	372.74	104.81
其他	0.04	0.07	7.05	11.00	−46.65	−65.56	−39.55	−61.74

2.3.3.6　肇庆

2010 年，森林占肇庆总面积的 77.53%，面积为 11 549.23km²，大大超过其余生态系统。肇庆森林面积与比例都属珠三角最高。农田、湿地面积分别为 2086.54km²、777.87km²。城镇面积为 438.49km²，仅占面积比例的 2.94%。草地与其他分布极少，两者比例和不到 0.3%。

如图 2-8 所示，1980 ～ 2010 年，肇庆森林面积保持稳定，农田面积减少 12.68%，城镇面积在 2000 ～ 2010 年增长相对较多。30 年间，肇庆森林仅降低了 0.83%，面积维持在 11 500km² 以上，森林得到较好保护。农田面积共减少 302.88km²，为面积减少最大的生态系统。珠三角大部分城市扩张时期主要为 1990 ～ 2000 年，但肇庆 2000 ～ 2010 年城镇生态系统增加面积达 96.27km²，占 30 年增长的 56.89%（表 2-8）。

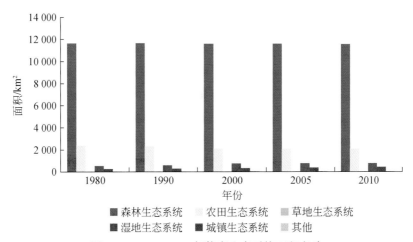

图 2-8　1980～2010 年肇庆生态系统面积变动

表 2-8　肇庆生态系统变化统计表

生态系统类型	1980～1990 年		1990～2000 年		2000～2010 年		1980～2010 年	
	变化面积 /km²	变化率 /%	变化面积 /km²	变化率 /%	变化面积 /km²	变化率 /%	变化面积 /km²	变化率 /%
森林生态系统	0.83	0.01	−53.03	−0.46	−44.30	−0.38	−96.50	−0.83
农田生态系统	−71.08	−2.97	−197.94	−8.54	−33.86	−1.60	−302.88	−12.68
草地生态系统	0.00	0.00	0.01	0.21	−5.43	−91.62	−5.42	−91.60
湿地生态系统	53.30	9.70	170.37	28.28	4.95	0.64	228.61	41.62
城镇生态系统	18.81	6.98	54.12	18.79	96.27	28.13	169.20	62.83
其他	−1.86	−5.17	27.07	79.47	−17.62	−28.82	7.59	21.14

2.3.3.7　惠州

2010 年，森林占惠州总面积的 70.65%，面积为 7975.25km²，仅次于肇庆。农田面积为 1995.99km²，占 17.68%。城镇与湿地面积分别为 840.39km²、447.20km²，其中城镇占总面积的 7.45%。

1980～2010 年，惠州森林面积稳定，农田面积减少，城镇保持增长（图 2-9）。近 30 年惠州森林面积维持在 8000km² 左右，变化率为 −1.53%。农田减少面积最多，达 358.99km²。城镇面积持续增长，共增长 490.14km²。湿地面积增加 40.03km²，变化率为 9.83%（表 2-9）。

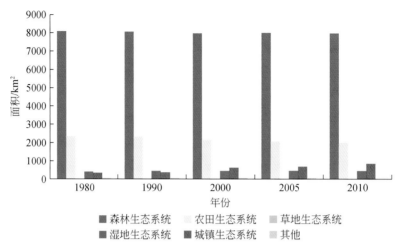

图 2-9　1980~2010 年惠州生态系统面积变动

表 2-9　惠州生态系统变化统计表

生态系统类型	1980~1990 年		1990~2000 年		2000~2010 年		1980~2010 年	
	变化面积/km²	变化率/%	变化面积/km²	变化率/%	变化面积/km²	变化率/%	变化面积/km²	变化率/%
森林生态系统	−28.68	−0.35	−84.55	−1.05	−10.35	−0.13	−123.58	−1.53
农田生态系统	−31.63	−1.34	−179.00	−7.70	−148.36	−6.92	−358.99	−15.24
草地生态系统	0.00	0.00	0.12	0.72	−3.11	−18.82	−2.99	−18.24
湿地生态系统	38.97	9.57	1.53	0.34	−0.47	−0.11	40.03	9.83
城镇生态系统	22.62	6.46	250.38	67.15	217.14	34.84	490.14	139.94
其他	4.58	8.80	12.79	22.56	−53.95	−77.65	−36.58	−70.19

2.3.3.8　东莞

2010 年，东莞以城镇占主导，比例达到 48.01%，面积为 1174.91km²。其次为森林，面积为 733.38km²。两者面积共占全市面积的 77.97%。农田与湿地面积分别为 239.50km²、283.81 km²。

1980~2010 年，东莞城镇增长显著，农田与森林锐减（图 2-10）。东莞城镇快速增加特征显著，30 年城镇面积共增加 823.49km²，扩张 2 倍以上，主要增长期为 1990~2000 年，增加 512.56km²，占 30 年增长的 62.24%，2000 年之后城镇成为东莞最大的生态系统类型。农田面积减少 7 成，减少比例为珠三角最大。森林面积减少较大，面积下降 22.13%（表 2-10）。

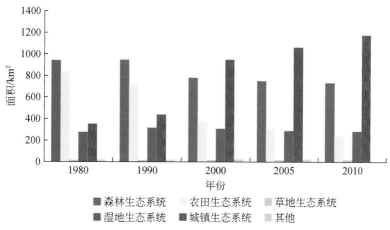

图 2-10　1980～2010 年东莞生态系统面积变动

表 2-10　东莞生态系统变化统计表

生态系统类型	1980～1990 年		1990～2000 年		2000～2010 年		1980～2010 年	
	变化面积/km²	变化率/%	变化面积/km²	变化率/%	变化面积/km²	变化率/%	变化面积/km²	变化率/%
森林生态系统	5.10	0.54	−166.09	−17.54	−47.44	−6.08	−208.43	−22.13
农田生态系统	−124.76	−14.87	−342.92	−48.03	−131.61	−35.46	−599.29	−71.45
草地生态系统	0.03	0.18	0.97	6.63	0.16	1.05	1.16	7.9
湿地生态系统	40.94	14.81	−10.38	−3.27	−23.10	−7.53	7.46	2.7
城镇生态系统	85.21	24.25	512.56	117.39	225.73	23.78	823.49	234.3
其他	0.46	2.65	5.87	32.93	−23.71	−100.0	−17.37	−100.0

2.3.3.9　中山

2010 年，中山的城镇比例最高，为 32.79%，其面积为 563.57km²。森林、农田、湿地面积接近，分别为 394.52km²、384.17km²、375.50km²，三者共占比例为 67.15%。

1980～2010 年，中山城镇面积跃升第一，农田面积大幅下降，森林面积小幅下降，湿地面积有所增加（图 2-11）。1980～2000 年，中山以农田和森林为主，2000 年之后以城镇与森林为主。中山城镇在 1990～2000 年变化率最大，增幅达到 98.34%，成为珠三角同时期城镇增长率最大的城市。2010 年城镇面积较 1980 年增长约 2.4 倍。30 年间农田减少51.90%，在 1990～2000 年减少最多，达 246.39km²。中山森林植被保持较好，30 年间减少 9.13%。湿地增加较多，共增加 86.33km²（表 2-11）。

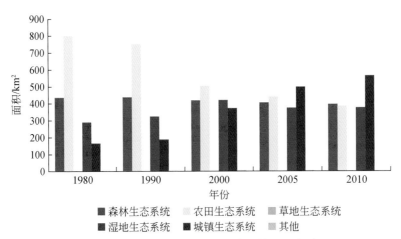

图 2-11　1980~2010 年中山生态系统面积变动

表 2-11　中山生态系统变化统计表

生态系统类型	1980~1990 年		1990~2000 年		2000~2010 年		1980~2010 年	
	变化面积/km²	变化率/%	变化面积/km²	变化率/%	变化面积/km²	变化率/%	变化面积/km²	变化率/%
森林生态系统	1.53	0.35	−18.47	−4.24	−22.70	−5.23	−39.64	−9.13
农田生态系统	−48.13	−6.03	−246.39	−32.83	−119.97	−15.02	−414.49	−51.90
草地生态系统	0.02	1.79	−0.13	−14.08	−0.05	−5.67	−0.17	−18.21
湿地生态系统	33.48	11.58	96.98	30.06	−44.14	−15.26	86.33	29.85
城镇生态系统	22.70	13.74	184.78	98.34	190.87	115.53	398.35	241.11
其他	0.14	5.56	1.59	59.44	−3.90	−153.62	−2.16	−85.32

2.3.4　生态景观格局变化

2.3.4.1　区域景观破碎化

在景观层次上采用斑块密度（PD）评价珠三角及各市景观破碎化情况。1980~2010年，珠三角及各市斑块密度呈下降趋势，景观破碎度降低。相对 1980 年，2010 年珠三角斑块密度值下降了 41.22%。1980 年、1990 年，佛山、深圳、东莞和中山斑块密度最高，十年斑块密度均在 4 个/km² 以上，1990~2010 年，这 4 个城市的斑块密度值大幅下降。佛山市斑块密度为珠三角中最高，1980~2010 年在 3.4~7.5 个/km²，肇庆市斑块密度最低，小于 1.8 个/km²，变化幅度也最小。

2010 年，珠三角斑块密度为 2.11 个/km²，佛山、珠海、中山景观破碎度最高，斑块密度分别为 3.38 个/km²、3.32 个/km²、3.33 个/km²。广州、江门、东莞的斑块密度略高于珠三角水平。深圳、肇庆、惠州的斑块密度则均在 1.9 个/km² 以下（图 2-12）。

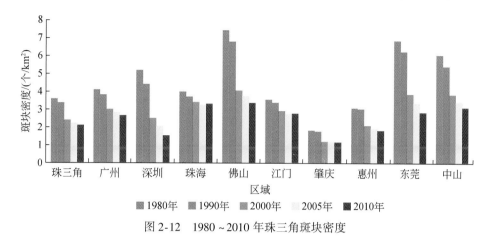

图 2-12　1980～2010 年珠三角斑块密度

2.3.4.2　区域景观异质性

在景观层次上采用香农-维纳多样性指数（SHDI）评价珠三角及各市景观异质性。如表 2-12 所示，1980～2010 年，珠三角香农-维纳多样性指数总体上升，区域景观异质性小幅升高。相对 1980 年，2010 年珠三角香农-维纳多样性指数值上升约 0.1。1980～2010 年，除东莞、深圳先增大后减小之外，其他各市基本呈增大趋势变化，且 2000 年后变化很小，基本保持稳定。相对 1980 年，深圳与中山的香农-维纳多样性指数降低。

表 2-12　珠三角各市香农-维纳多样性指数

区域	1980 年	1990 年	2000 年	2005 年	2010 年
珠三角	1.03	1.05	1.13	1.13	1.13
广州	1.13	1.16	1.24	1.24	1.23
深圳	1.09	1.15	1.12	1.06	0.99
珠海	1.19	1.22	1.37	1.38	1.38
佛山	1.35	1.38	1.40	1.40	1.36
江门	1.02	1.04	1.11	1.10	1.12
肇庆	0.70	0.70	0.74	0.74	0.75
惠州	0.83	0.84	0.89	0.89	0.89
东莞	1.33	1.37	1.35	1.31	1.22
中山	1.25	1.28	1.40	1.40	1.38

2010 年，景观异质性最高的为珠海市和中山市，其香农-维纳多样性指数达 1.38；最低的是肇庆市，香农-维纳多样性指数在 0.75 左右。

2.4 城镇生态系统扩张变化

2.4.1 城镇生态系统增长

2.4.1.1 城镇增长变化

珠三角城镇快速发展消耗大量的土地资源，成为近 30 年生态系统的主要变化。除深圳、珠海、广州以政府主导发展的城市，环珠江口岸自发发展的乡镇，都竞相出台土地优惠政策，以低地价的土地供给招商引资。珠三角地区在双轨城市化的共同发展下，城市建设得到极大发展。

2010 年，珠三角城镇面积为 7669.53km²，占区域面积比例 14.22%。珠三角城镇面积可分为三个梯队：广州、佛山、东莞城镇面积居珠三角前三位，分别为 1492.08km²、1294.57km²、1174.91km²，三者占珠三角城镇面积的 51.65%；惠州、深圳、江门城镇面积居于第二梯队，分别为 840.39km²、804.38km²、728.36km²；中山、肇庆、珠海属第三梯队，城镇面积低于 570km²。

1980 ~ 2010 年，珠三角城镇面积在 30 年内呈增长变化，扩张面积超过 1 倍（图 2-13）。城镇面积从 1980 年的 3047.43km² 增至 2010 年的 7669.53km²，增加面积达 4622.10km²。在 30 年间，珠三角中各城市的城镇面积排序没有发生变化，总体为广州>佛山>东莞>惠州>深圳>江门>中山>肇庆>珠海（图 2-14）。

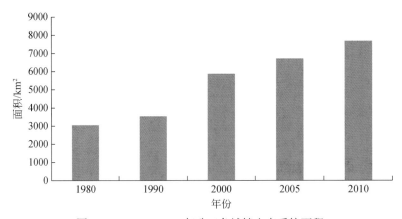

图 2-13 1980 ~ 2010 年珠三角城镇生态系统面积

1980 ~ 2010 年，珠三角城镇面积增长率达 151.67%。深圳、珠海、东莞与中山均超过珠三角区域增长速率。其中深圳增长率最高，达 291.53%，即深圳扩张了 3 倍的城镇面积。这 4 个城市在改革开放初期均为小型城市，其后由于特区政策支持与乡镇企业崛起，极大地推动了 4 个城市的快速发展。不同时期珠三角城镇增长与分布特征如下（图 2-15）。

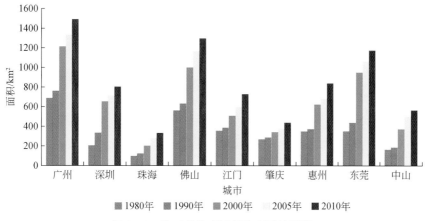

图 2-14　珠三角各市城镇生态系统面积

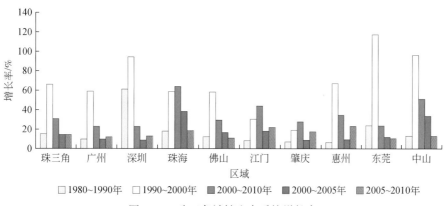

图 2-15　珠三角城镇生态系统增长率

1980～1990 年，珠三角城镇面积增长较小，增长率为 15.57%，增加了 474.34km²。深圳得益于经济特区政策，城市迅速崛起，增长率为 62.09%，为珠三角增长最快的城市，城镇面积增加了 127.64km²，东莞、珠海、中山的城镇增长率略高于珠三角水平，分别为 23.89%、17.95%、13.09%。其余城市城镇增长率低于 10%。

1990～2000 年为珠三角城镇扩张最剧烈的时期，大部分城市增长率升高。珠三角在这 10 年增长率达 66.49%，城镇面积增加了 2341.68km²，占 30 年总增长面积的 50.66%。东莞、中山、深圳的城镇增长率最高，分别为 117.36%、96.18%、94.37%。惠州增长率为 67.07%，广州、佛山、珠海城镇增长率为 58% 左右。1990～2000 年新增城镇斑块呈"遍地开花"分布（图 2-16），扩张方式主要为外延式，珠三角城市之间网络化雏形在这一时期形成。广州、深圳、佛山和东莞为这一时期城镇面积增长最多的城市，增长面积均超过 300km²。

2000～2010 年，珠三角建设用地扩张相对上个十年有所减缓，增长率降至 30.80%，城镇增长了 1806.08km²。相对 1990～2000 年，珠海、中山和江门仍保持较高的增长率，分别为 64.04%、51.2%、43.96%。广州、东莞、佛山、深圳增长率有所下降，降至 22%～29%。

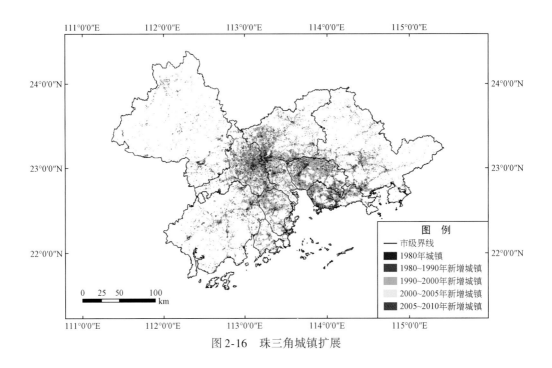

图 2-16　珠三角城镇扩展

2.4.1.2　城镇增长主要来源

珠三角新增城镇主要来源于农田的流入，1980～1990 年，城镇新增面积的 95.51% 来自农田。1990 年之后，农田生态系统的转换面积所占比例变小，1990～2000 年和 2000～2010 年两个时期中，新增城镇来自农田的比例分别为 56.10% 和 53.28%。

1990～2000 年，东莞、佛山和广州的农田转换面积较多，特别是 1990～2000 年均超过 200km² （图 2-17）。从农田生态系统向城镇生态系统的转换比例看，各个城市的特征趋近，1980～1990 年，除了惠州，其他城市都在 80% 以上。1990 年之后，农田生态系统的转换比例开始变小，比例范围在 40%～60% （图 2-18）。

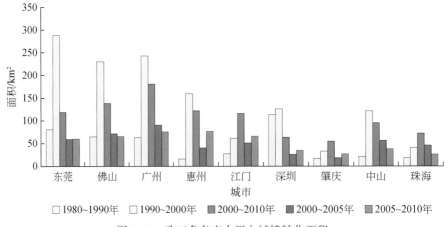

图 2-17　珠三角各市农田向城镇转化面积

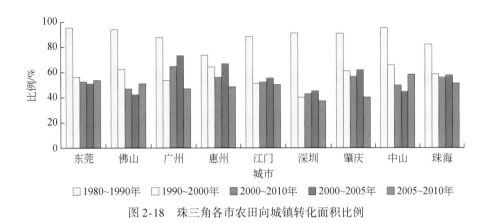

图 2-18　珠三角各市农田向城镇转化面积比例

2.4.2　珠三角城镇生态系统空间变化特征

2.4.2.1　阶段性扩张特征

1980～1990 年，珠三角的城镇大多都分布在各个城市的主要城区，其他的呈现零星点状分布在主城周围，同时各城市之间的城镇连接不是很明显。

1990～2000 年，这个时期珠三角形成了以广州、深圳为中心的城镇双极结构特征，各城市之间出现了"点–线"式连接。这一时期的城镇集中分布在环珠江口区域，处在珠三角外围的肇庆、江门、惠州的城镇分布仍然比较分散。

2000～2010 年，在这个时期城市之间连绵发展的特征分布非常明显，其中广州与佛山、东莞与深圳相向发展显著，城镇连成一片，形成广州–佛山、东莞–深圳城镇连绵带。另外，珠江口西岸的珠海、中山在原有城镇范围进一步扩大，使得珠江口西岸城镇密度加大。在这一时期，珠三角城镇空间从双极模式正在逐渐向多核心、网络化模式转变（图 2-19）。

2.4.2.2　城镇生态系统景观特征变化

以斑块密度（PD）和连接度指数（connect）评价珠三角城镇生态系统的景观特征。1980～2010 年，珠三角城镇生态系统破碎化降低，连接度提高，城镇连片发展特征明显。

珠三角城镇斑块密度在 1980～2010 年呈降低趋势，由 1980 年的 1.09 个/km² 降至 2010 年的 0.51 个/km²，表明城镇斑块破碎化程度降低。在 1990～2000 年降低最为显著，斑块密度下降了 38.5%，主要由于这一时期珠三角城镇扩张最为剧烈。珠三角各市在 1980～2010 年城镇斑块密度降低，各市斑块破碎化排名有了较大的变化。1980 年、1990 年，城镇斑块密度排序为东莞>深圳>中山>佛山>广州>珠海>惠州>江门>肇庆，2000 年、2010 年则为广州>中山>佛山>东莞>珠海>惠州>江门>深圳>肇庆。东莞与深圳的城镇斑块破碎度降低。至 2010 年，广州、佛山、珠海、江门、惠州、中山的城镇斑块密度高于珠三角水平（图 2-20）。

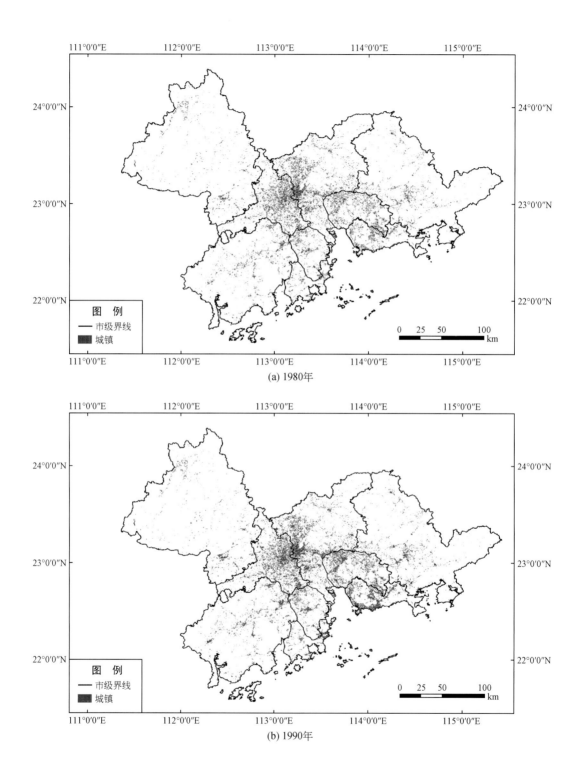

(a) 1980年

(b) 1990年

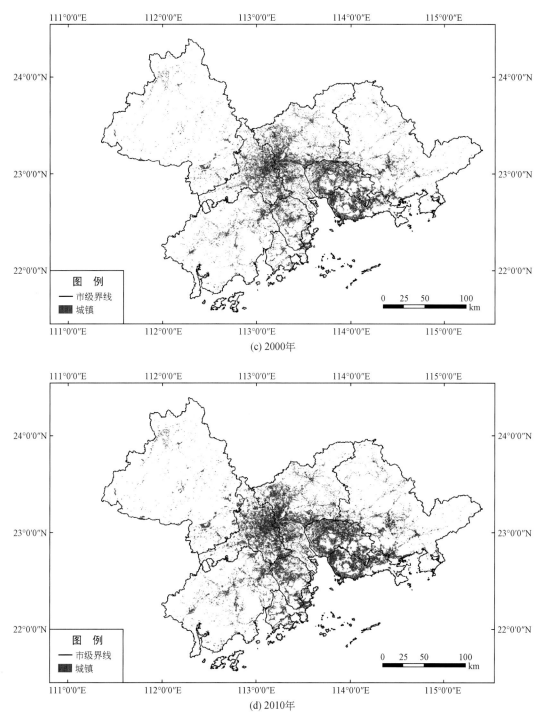

(c) 2000年

(d) 2010年

图 2-19　1980～2010 年珠三角城镇生态系统分布

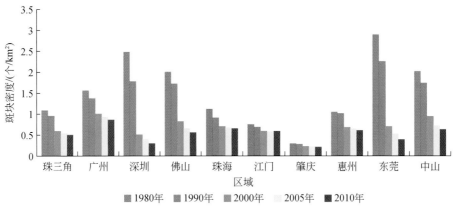

图 2-20　1980～2010 年珠三角城镇生态系统斑块密度

　　珠三角的城镇斑块连接度指数则呈上升变化，由 1980 年的 0.0014 上升至 2010 年的 0.002，表明城镇斑块之间连接程度升高。1980～2010 年，珠三角各市城镇斑块连接度指数均高于珠三角水平。1980 年、1990 年、2000 年，各市城镇连接度排序为深圳>珠海>东莞>中山>佛山>广州>肇庆>江门>惠州。2005 年、2010 年，东莞、中山连接度则高于珠海。至 2010 年，深圳、东莞、中山城镇连接度最高，分别为 0.12、0.10、0.07（图 2-21）。

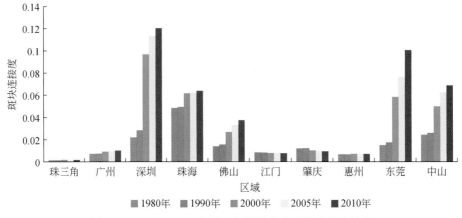

图 2-21　1980～2010 年珠三角城镇生态系统斑块连接度

2.5　重点城市建成区景观格局变化

2.5.1　建成区土地覆盖时空变化

2.5.1.1　广州建成区土地覆盖变化

2010 年，广州建成区以不透水地表为主，不透水地表所占比例为 64.46%，植被比例则为 37.34%，水体占 6.42%，裸地比例不到 1%。中心城区、番禺区的土地覆盖构成比例与广州建成区相近，不透水地表比例分别为 64.86%、63.17%。

如图 2-22 所示，2000～2010 年，广州建成区不透水地表整体比例呈先升后降变化，总体上升了 11%，2005 年不透水地表比例最高，达 68.06%。植被比例整体下降约 9%，广州建成区水体比例十年低于 10%，且有小幅下降。十年间，广州中心城区、番禺区土地覆盖比例变化程度与广州建成区相近（图 2-23）。

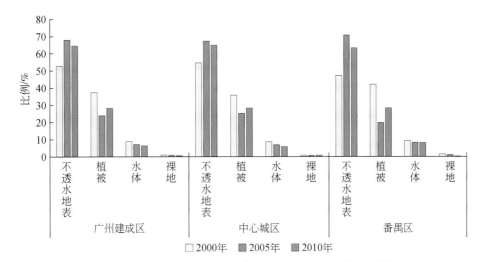

图 2-22　2000～2010 年广州建成区土地覆盖类型构成比例

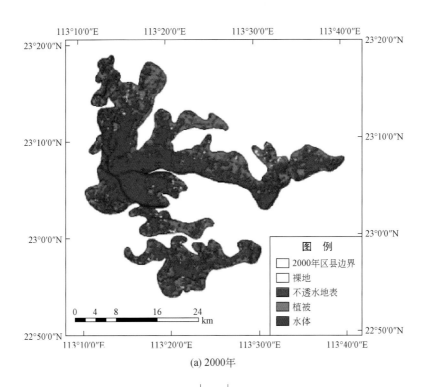

(a) 2000 年

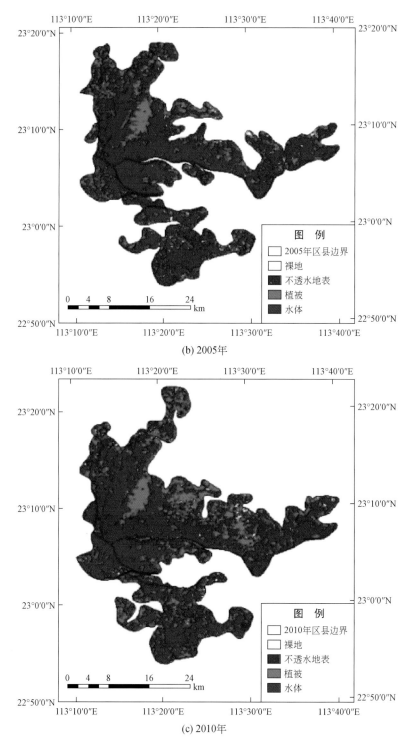

(b) 2005年

(c) 2010年

图 2-23　2000～2010 年广州建成区土地覆盖类型分布

2.5.1.2 深圳建成区土地覆被变化

2010 年，深圳建成区植被比例最高，达 54.4%，其次为不透水地表。为 40.43%。两者共占建成区的 94.83%。水体、裸地比例较低。深圳其他行政分区植被、不透水地表占比为前两位，且占 95% 左右，水体、裸地比例不高。盐田区、罗湖区、福田区的植被比例高于不透水地表，其中盐田区植被比例最高，达 71.19%，罗湖区、福田区分别为55.78%、50.91%。南山区不透水地表比例为 48.83%，略高于植被 2 个百分点。

如图 2-24 所示，2000～2010 年深圳建成区不透水地表比例呈先升后降变化，总体上升了 5.7%，至 2005 年不透水地表比例最高，达 44.44%。各行政分区不透水地表增长变化有差异，罗湖区、福田区、盐田区十年间增长较小，比例仅总体上升了 1%、4%、6%。南山区不透水地表比例十年上升了约 11%。南山区、福田区不透水地表比例高于整体水平，至 2010 年两区超过 45% 面积的土地已经硬底化。盐田区不透水地表比例最低，十年间一直在 30% 以下。

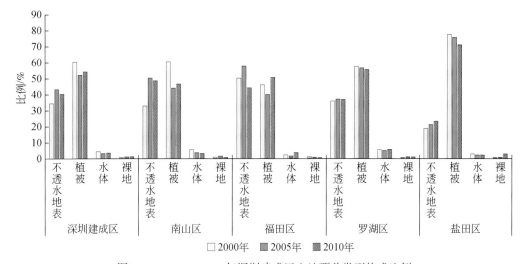

图 2-24 2000～2010 年深圳建成区土地覆盖类型构成比例

各行政分区中盐田区植被比例最高，十年植被比例达到 70% 以上。这主要由于盐田区地形基本由北面的山地地貌带和南面的海岸地貌带组成，北部梧桐山和梅沙尖分布有较好的林地。南山区植被比例下降约 13%。值得注意的是，深圳建成区在 2005～2010 年出现植被增多现象，福田区与南山区 2010 年的植被比例高于 2005 年，其中福田区植被比例上升程度较大，由 2005 年的 44.42% 上升至 2010 年的 50.91%。深圳建成区内水体与裸地比例较低，两者比例之和十年间维持在 6% 以下（图 2-25）。

2.5.1.3 佛山建成区土地覆被变化

2010 年，佛山建成区以不透水地表为主，其比例达到 63.19%。佛山建成区植被、水

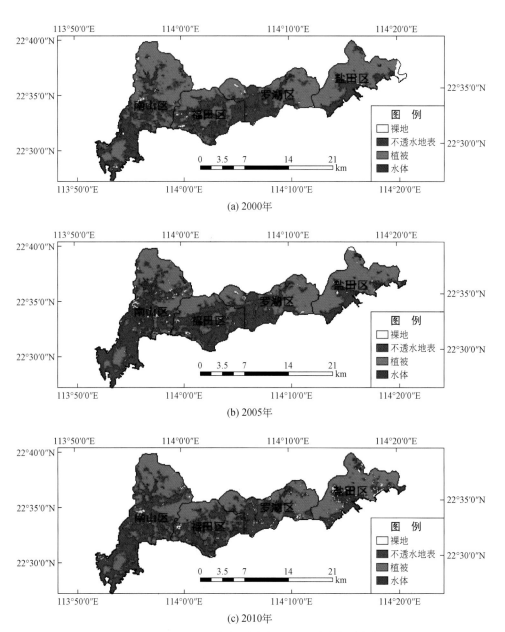

图 2-25　2000～2010 年深圳建成区土地覆盖类型分布图

体比例分别为 22.42%、11.86%，裸地约为 2.5%。南海区、禅城区、顺德区土地覆盖比例结构与建成区相近。禅城区、顺德区不透水地表比例略高于佛山建成区水平，分别为 69.31%、65.05%。

如图 2-26 所示，2000～2010 年，佛山建成区不透水地表构成比例上升约 15%，其中 2000～2005 年增幅较大，由 48% 迅速上升至 62%，2005～2009 年变化相对较为稳定。植被与水体比例有 6% ~8% 的下降变化，表明佛山建成区的城市化过程侵占大量植被与水体。十年间，各行政分区植被与水体下降比例有差异，显示出各行政分区不透水地表侵占用地不同，南海区植被比例下降最大，顺德区则水体下降比例最大（图 2-27）。

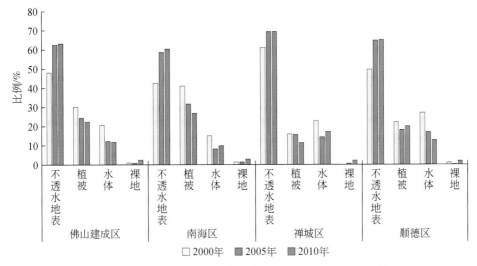

图 2-26　2000~2010 年佛山建成区土地覆盖类型构成比例

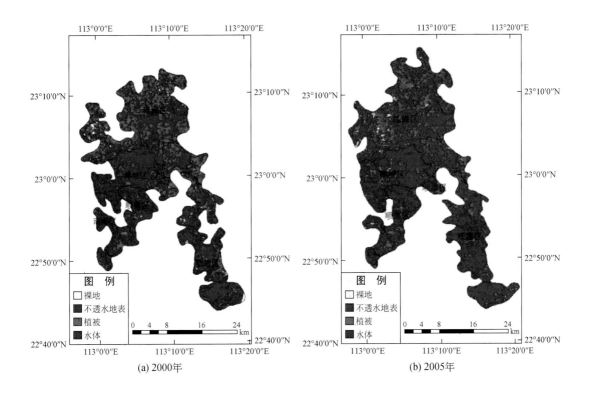

(a) 2000年　　　　　　　　　　　　　　　(b) 2005年

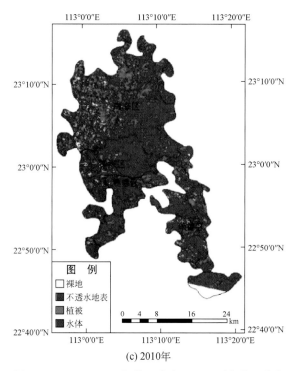

(c) 2010年

图 2-27　2000～2010 年佛山建成区土地覆盖类型分布

2.5.1.4　东莞建成区土地覆被变化

如图 2-28 所示，2000～2010 年，东莞建成区不透水地表呈上升变化，在 2000～2005 年由 32.67% 上升至 58.32%，建成区不透水地表增加近一倍的面积。东莞建成区植被比例由 2000 年的 55.90% 降至 2005 年的 30.94%，至 2010 年植被比例为 28.95%。水体比例呈单调下降，由 2000 年的 9.91% 降至 2010 年的 8.25%。从分布图来看，东莞建成区不透水地表向西、东、南三方向扩张，中部与南部的植被大量蚕食（图 2-29）。

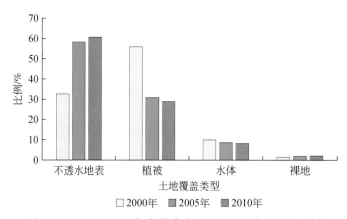

图 2-28　2000～2010 年东莞建成区土地覆盖类型构成比例

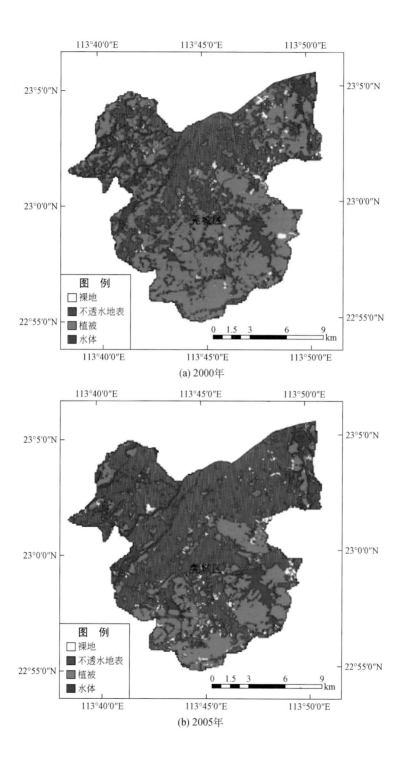

(a) 2000年

(b) 2005年

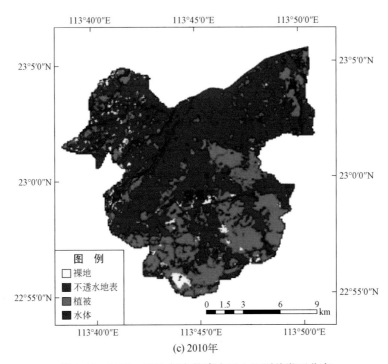

(c) 2010年

图 2-29　2000～2010年东莞建成区土地覆盖类型分布

2.5.1.5　建成区土地覆被比较

从重点城市建成区内土地覆盖类型比例构成对比来看，十年间，广州建成区的不透水地表比例最高，2005年、2010年的比例在64%以上，其次是佛山和东莞，最后是深圳。深圳建成区的植被比例最高，十年间植被比例保持在50%以上。这得益于深圳建成区北部分布有山地丘陵，地形因素阻止深圳不透水地表向北延伸，大面积林地得到保留。佛山建成区的水体面积比例最高，大于10%，归因于佛山区域内分布有大面积的基塘。4个重点城市建成区的裸地比例均最低。2000～2005年为4个重点城市主要扩张时期，不透水地表比例在这一时期增长相对较多。但在2005～2010年，佛山与东莞不透水地表比例增长较小，为1%左右，广州与深圳不透水地表比例下降了约3%。造成这种下降的原因不同，广州因建成区边界扩大，范围包含了东部黄埔区林地，深圳则为区域内部绿地建设（图2-30）。

2.5.2　建成区景观格局破碎度变化

以平均斑块面积（MPS）评价建成区景观格局变化。4个重点城市建成区景观层次平均斑块变化差异明显，广州、深圳、东莞平均斑块面积整体呈上升变化，表明3个城市建成区景观破碎化程度降低，仅佛山建成区的平均斑块面积下降，建成区景观破碎程度上升

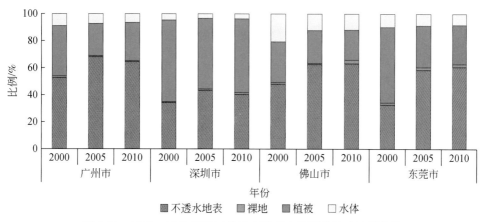

图 2-30　2000～2010 年珠三角重点城市土地覆盖构成比例变化

（图 2-31）。从各行政分区来看，深圳各区平均斑块面积最大，景观破碎度程度最低。佛山各区景观破碎程度最高，南海区、禅城区、顺德区的平均斑块面积低于 10hm² （图 2-32）。

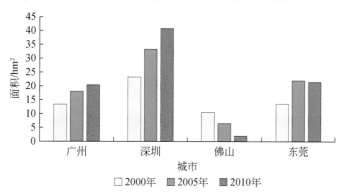

图 2-31　重点城市建成区景观层次平均斑块面积

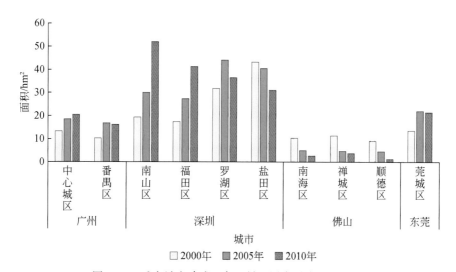

图 2-32　重点城市建成区各区景观层次平均斑块面积

如图 2-33 所示，从重点城市建成区土地覆盖比例来看，不透水地表与植被是建成区主要的变化覆盖，两者的平均斑块面积对景观层次的破碎化有重要影响。广州、深圳、东莞各区之间的不透水地表在 2000 年相互连接程度较高，不透水地表主要为外延式扩张，由中心区域向外拓展，十年间不透水地表平均斑块面积上升。受山体地形限制，3 个重点城市建成区内山体植被得到保留，建成区平原地区小型植被斑块多数被侵占，植被斑块在数量上减少，但总体面积轻微下降，造成植被平均斑块面积有一定提高。因此，不透水地表与植被的平均斑块面积上升是造成 3 个重点城市建成区破碎化程度降低的原因。佛山在城市化过程中，以乡镇城镇化为主，建成区的城镇载体呈"遍地开花"分布。随着十年的发展，佛山建成区不透水地表未能如其他三市一般有主导的扩展方向，扩展方式存在一定的"蛙跳"式，不透水地表的平均斑块面积下降，破碎化程度上升。佛山南海区、顺德区的丘陵林地、农田被不透水地表大量侵占，造成佛山建成区植被的平均斑块面积下降，趋向破碎化。

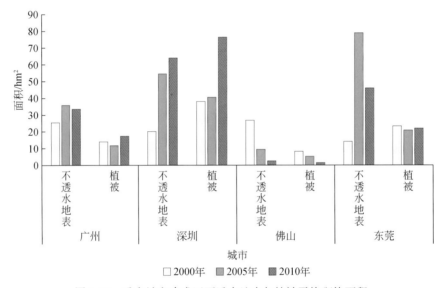

图 2-33　重点城市建成区不透水地表与植被平均斑块面积

综上所述，重点城市景观破碎化主要受不透水地表与植被破碎化程度影响，广州、深圳、东莞景观破碎化下降，佛山因城镇分布分散、植被遭到大侵占，导致景观破碎化程度上升。

第3章 珠三角城市化特征

本章从人口城市化、经济城市化、土地城市化三个方面评价珠三角城市化特征。1980~2010 年，珠三角城市化水平不断提高。截至 2010 年，珠三角城镇人口比例达 82.72%，第三产业比例达到 49.26%，领先广东省与全国水平。1990~2000 年为珠三角城市化大发展时期，2000~2010 年增速放缓。珠三角城市化水平存在核心–边缘空间差异，广州、深圳、佛山等环珠江口城市的城市化程度较高。2000~2010 年，广州、深圳、佛山和东莞建成区城市化指标提高，至2010 年其建成区不透水地表比例均超过 40%。

3.1 研究方法

3.1.1 城市化强度评价指标

本章通过筛选评价指标（表3-1），从人口城市化、经济城市化、土地城市化三方面评价 1980~2010 年珠三角城市化强度，并以广州、深圳、佛山、东莞作为重点研究城市，侧重研究 4 个重点城市建成区 2000~2010 年人口城市化、经济城市化、土地城市化的特征。

表 3-1 城市化强度评价指标

研究尺度	评价内容	评价指标	数据来源
区域尺度	人口城市化	城镇人口占总人口比例	统计数据（1982 年、1990 年、2000 年、2005 年、2010 年）
	经济城市化	第三产业占 GDP 比例	统计数据（1987~2010 年）
	土地城市化	城镇生态系统占土地面积比例	遥感数据（1980 年、1990 年、2000 年、2005 年、2010 年）
重点城市尺度	人口城市化	建成区的常住人口密度	统计数据（2000 年、2005 年、2010 年）
	经济城市化	第三产业占 GDP 比例	统计数据（2000 年、2005 年、2010 年）
	土地城市化	不透水地表面积占建成区面积比例	遥感数据（2000 年、2005 年、2010 年）

3.1.2 城市化综合指数

为综合评价珠三角各地市城市化程度，本章采用个归一法对城镇面积比例、城镇人口比例、第三产业比例指标进行标准化，采用等权重方法构建城市化综合指数（comprehensive urbanization index，CUI）。

$$CUI_i = \sum_{j-1}^{n} w_j r_{ij} \tag{3-1}$$

式中，CUI_i 为第 i 市的城市化综合指数；w_j 为城市化强度主题中各指标相对权重；r_{ij} 为第 i 市各指标的标准化值；n 为评价指标个数，$n=3$。

3.2 区域城市化强度分析

3.2.1 人口城市化

3.2.1.1 区域人口增长

自 20 世纪 80 年代，中国香港和台湾地区企业，以及部分华侨和外资企业纷纷在东莞、中山、珠海等地投资建厂，凭借较好的就业环境，大量区域外的人口向珠三角区域涌入，包括广东省东、西两翼，粤北山区城市，以及广东周边省份如湖南、江西、广西等，均向珠三角地区输入大量劳动人口。珠三角区域逐渐发展为广东省人口最为稠密的地区。根据第五、第六次人口普查和《广东省统计年鉴》资料，1982～2010 年珠三角区域主要年份末常住人口与人口增长率如图 3-1、图 3-2 所示。

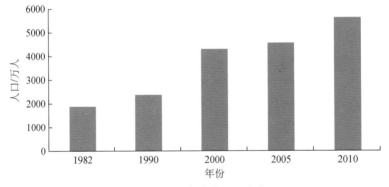

图 3-1　珠三角常住人口变化

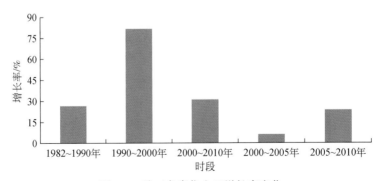

图 3-2　珠三角常住人口增长率变化

1982～2010 年，珠三角人口总量呈持续快速上升变化，总人口从 1982 年的 1867.75 万人增至 2010 年的 5616.37 万人，30 年间增加 3748.62 万人，人口增长率超过 200%，人口增长速率约为 133.89 万人／a。1990～2000 年是珠三角人口增长率最大的十年，达到 81.54%。2000～2010 年增长率为 30.92%，略高于 1982～1990 年的 26.51%。截至 2010 年，珠三角常住人口已占广东省人口的 50% 以上，占全国人口的 4.19%。

2010 年，广州与深圳常住人口最多，分别为 1270.96 万人、1037.2 万人，两市组成珠三角的双人口中心。佛山与东莞人口超过 700 万人，分别为 719.9 万人、822.48 万人，成为围绕广州、深圳的次级人口中心。至 2010 年，肇庆、中山常住人口最少，分别为 392.22 万人、312.27 万人。1982～2010 年，珠三角在广州、深圳、佛山、东莞的人口聚集现象显著。1982 年，广州、深圳、佛山、东莞的总人口占了整个珠三角的 45%，尚未过半。至 2010 年达到了 69%，近 30 年的发展，这 4 个城市已聚集近七成的人口数量（图 3-3）。

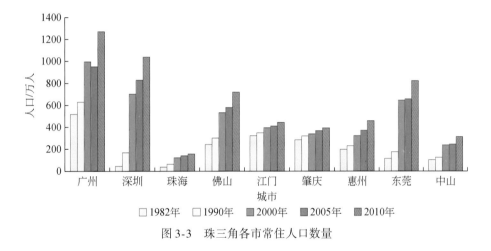

图 3-3　珠三角各市常住人口数量

1982～2010 年，各市人口增长率差距显著。深圳常住人口增长率最大，达到 2207.45%（表 3-2），2010 年深圳常住人口总量约为 1982 年的 23 倍。江门、肇庆为 1982～2010 年人口增长最小的城市，分别增长 38.00%、37.31%。不同时间段人口增长率有差异，广州、深圳、珠海、佛山、东莞、中山在 1990～2000 年增长率最大，2000～2010 年人口增长放缓至 50% 以下。惠州与肇庆则在 2000～2010 年人口增长达到最大值，分别为 42.98%、16.15%。

表 3-2　珠三角各市常住人口增长率统计表　　　　　　　　　（单位:%）

城市	1982～1990 年	1990～2000 年	2000～2010 年	1982～2010 年
广州	21.32	57.90	27.76	144.74
深圳	273.26	317.95	47.91	2207.45
珠海	69.59	93.00	26.29	313.33
佛山	23.99	77.85	34.80	197.25

续表

城市	1982～1990 年	1990～2000 年	2000～2010 年	1982～2010 年
江门	8.19	13.27	12.61	38.00
肇庆	12.06	5.50	16.15	37.31
惠州	16.86	39.16	42.98	132.52
东莞	52.37	267.18	27.55	613.59
中山	22.21	89.30	32.05	205.49

3.2.1.2 人口城市化率

人口城市化为农村人口进入城市转变为非农业人口，以及农村地区转变为城市地区所导致的变农业人口为非农业人口的过程。本小节以城镇人口占常住人口比例考量人口城市化。

截至 2010 年，珠三角城市人口城市化率达 82.72%。1990～2010 年，珠三角城镇人口比例呈上升变化（图3-4），由 1990 年的 32.61% 提高了 50.11%。1990～2000 年，珠三角人口城市化上升最大，城镇人口比例上升 38.98%。2000～2010 年人口城市化率放缓，仅提高约 9%。珠三角人口城市化程度领先于广东省和全国水平，同期相比，每一期比广东省高 15% 以上，比全国高 25% 以上（表3-3）。

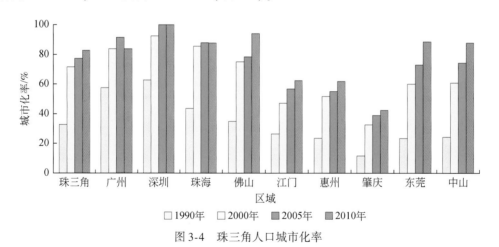

图 3-4　珠三角人口城市化率

表 3-3　珠三角人口城市化与广东省全国对比表　　（单位：%）

区域	1990 年	2000 年	2005 年	2010 年
珠三角	32.61	71.59	77.32	82.72
广东省	23.32	55.00	60.68	66.17
全国	26	36	43	49.68

2010 年，广州、深圳、佛山、东莞、中山、珠海的人口城市化率高于珠三角水平，其中深圳、佛山人口城市化率达 90% 以上。江门、惠州人口城市化率在 62% 左右，肇庆为珠三角人口城市化率最低的城市，2010 年仅为 42.39%。

从时间变化来看，广州、深圳、佛山、东莞、中山、珠海的人口城市化率一直保持较高。这些城市凭借环珠江口的区位优势，城市经济与企业发育较早，在 20 世纪 90 年代初就吸纳大量的本地农村富余劳动力与外来人口。人口基数大、经济起步早使得这些城市的人口城市化程度高。至 2000 年，广州、深圳、佛山、东莞、中山、珠海的人口城市化率已达到 60%～93% 范围。由于大量人口在 1990～2000 年涌入珠三角地区，因此这一时期各市人口城市化率上升程度大于 2000～2010 年（图 3-5）。其中，珠海、佛山在 1990～2000 年人口城市化率上升最大，分别为 41.9%、40.16%；2000～2010 年，东莞、中山人口城市化率上升最大，分别为 28.42%、27.15%。

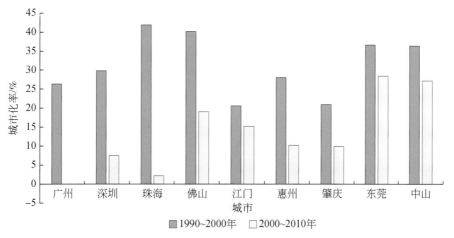

图 3-5　珠三角各市不同时期人口城市化率增长

3.2.2　经济城市化

3.2.2.1　区域 GDP 增长

至 2010 年，珠三角 GDP 已达 37 680.46 亿元。如图 3-6 所示，1987～2010 年珠三角 GDP 规模逐年递增，23 年来创造了广东省约 70% 以上的 GDP（表 3-4）。2000 年以前，珠三角 GDP 占我国经济总量 5% 以下，2000～2010 年珠三角 GDP 约占我国经济总量的 9%。

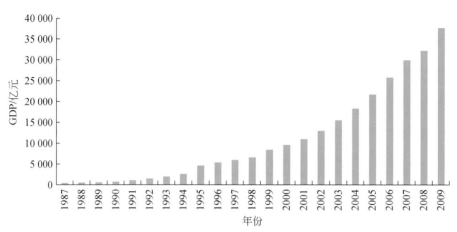

图 3-6　1987～2010 年珠三角 GDP 增长

表 3-4　珠三角 GDP 占区域比例统计表

年份	珠三角 GDP/亿元	占广东省比例/%	占全国比例/%
1987	260.89	69.89	2.16
1990	584.29	77.19	3.13
2000	8 422.24	78.41	8.49
2005	18 279.55	81.04	9.88
2010	37 680.46	81.89	9.39

注：GDP 均为当年价。

　　2010 年，广州、深圳 GDP 最高，分别为 10 748.28 亿元、9581.51 亿元，佛山和东莞 GDP 次之，分别为 5651.52 亿元和 4642.45 亿元，其他城市 GDP 在 1900 亿元以下。广州、深圳、佛山、东莞 2010 年 GDP 总和约占珠三角的 80%。

　　1987～2010 年，珠三角 GDP 经济格局发生变化。1987 年，珠三角以广州 GDP 居首，达到 142.25 亿元，其他城市均在 50 亿元以下，远小于广州。至 1990 年，广州、深圳 GDP 分别达到 261.53 亿元、135.50 亿元，高于其他城市，形成广州、深圳为双核心的经济格局。其后 20 年，广州与深圳一直居于珠三角前两名。佛山（637.43 亿元）于 1996 年超过中山（181.15 亿元），跃升为珠三角第三名，东莞于 2000 年开始占据珠三角 GDP 第四名。即 2000 年珠三角形成以广州、深圳、佛山、东莞为经济核心的格局（图 3-7）。

3.2.2.2　经济城市化率

　　2010 年，珠三角第三产业比例为 49.26%。珠三角经济城市化程度高，其第三产业比例明显高于同时期广东省和全国水平（表 3-5）。早在 1987 年，珠三角第三产业比例就已经达到 39.96%，高于广东省水平（33.60%）及全国水平（29.60%）。

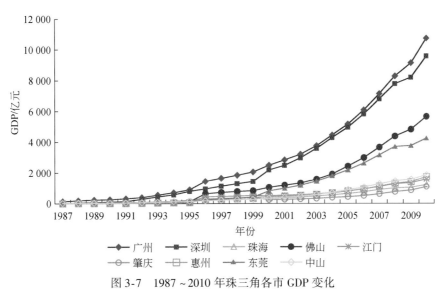

图 3-7　1987～2010 年珠三角各市 GDP 变化

表 3-5　区域第三产业比例对比　（单位：%）

年份	珠三角第三产业比例	广东省第三产业比例	全国第三产业比例
1987	39.96	33.60	29.60
1990	45.17	35.80	31.60
2000	46.93	44.30	39.00
2005	46.25	43.30	40.50
2010	49.26	45.00	43.10

　　如图 3-8 所示，1987～2010 年，珠三角产业结构表现为第三产业占 GDP 的比例总体上在增加，第一产业逐渐降低。按当年价计算，1987 年珠三角三次产业之比为 11：49：40，2010 年演变为 2：49：49。20 多年，第一产业的比例下降 9%，第二产业保持稳定，第三产业的比例上升 9%。

　　2010 年，珠三角各市第三产业比例可分为三个层级。广州、深圳第三产业比例已超过50%，广州第三产业比例最高，达到 61%。珠海、东莞、肇庆属第二层级，第三产业比例在 40%～50%。佛山、江门、惠州、中山属第三层级，第三产业比例在 35%～40%。

　　对比 1990 年、2000 年、2005 年、2010 年各城市产业结构，珠三角各市第三产业比例有不同程度上升，各市在三次产业结构也有不同特点，可分为三类。第一类为广州、深圳，这类城市第一产业比例低（广州 4% 以下，深圳 1% 以下），第三产业比例超过 50%高于第二产业。第二类为珠海、佛山、江门、惠州、东莞、中山，这类城市的第二产业比例占主导，比第三产业高 10%～20%。第三类城市为肇庆，这类城市第二产业比例低于第三产业（图 3-9～图 3-11）。

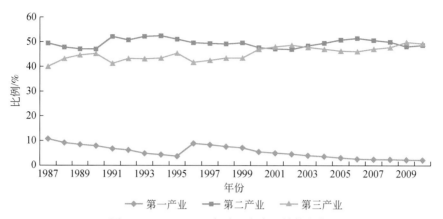

图 3-8 1987～2010 年珠三角产业结构变化

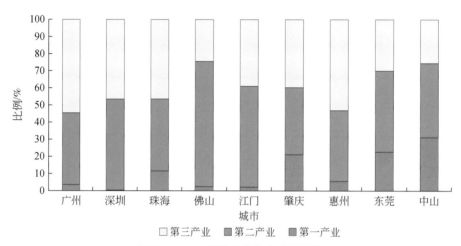

图 3-9 1990 年珠三角各市产业结构

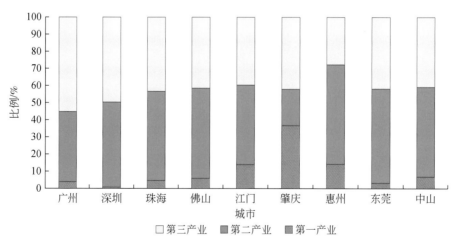

图 3-10 2000 年珠三角各市产业结构

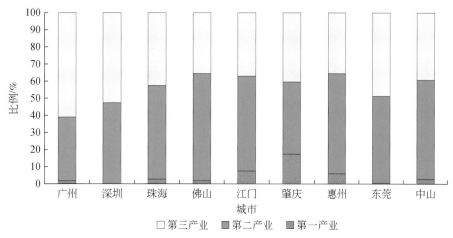

图 3-11 2010 年珠三角各市产业结构

3.2.3 土地城市化

城市化进程中，首先出现土地城市化，即大片的农业用地被改为建设用地，乡村景观转变为城市景观。本小节以建设用地占土地面积比例评价珠三角土地城市化，2000~2010年建设用地数据来自"全国生态环境十年变化（2000—2010 年）调查评估"遥感解译的城镇生态系统成果，1980 年、1990 年建设用地数据则基于"全国生态环境十年变化（2000—2010 年）调查评估"遥感解译技术，通过 MSS 与 TM 影像获取相应年份数据。

2010 年，珠三角建设用地比例上升为 14.22%。1980~2010 年，珠三角 30 年建设用地比例提高了 1.5 倍。珠三角土地城市化变化具有阶段性。1980~1990 年变化平缓，1980年建设用地比例为 5.68%，至 1990 年仅提高 0.86%。1990~2000 年与 2000~2010 年，珠三角土地城市化程度提高显著，其中 1990~2010 年提高 4.32%，2000~2010 年提高3.35%，相对前十年珠三角土地城市化发展放缓。

2010 年，广州、深圳、珠海、佛山、东莞、中山的土地城市化高于珠三角水平。东莞、深圳的建设用地比例最高，分别为 48%、42.61%，其次为佛山与中山，两市建设用地比例均达到 33% 左右。江门、肇庆、惠州三市的土地城市化最低，建设用地比例不到8%，肇庆仅为 2.94%（图 3-12）。

1980~2010 年，珠三角各市土地城市化在 1990~2010 年上升较大，各市变化有一定差异。在 1990~2000 年，珠三角大部分城市出现显著的比例升高。深圳、东莞的建设用地比例在这一期间分别上升 16.82%、20.94%，至 2000 年均超过 34%。其后两市建设用地比例均排在珠三角前两名，表明深圳和东莞的城市化过程对土地资源开发最大。佛山、中山建设用地比例发展位于深圳、东莞之后，经过 1990~2000 年的发展，两个城市用地比例均超出 20%，超过了广州。2005 年之后，佛山与中山建设用地比例已超过 30%。在30 年内，江门、肇庆、惠州建设用地占土地面积比例则一直低于 10%。

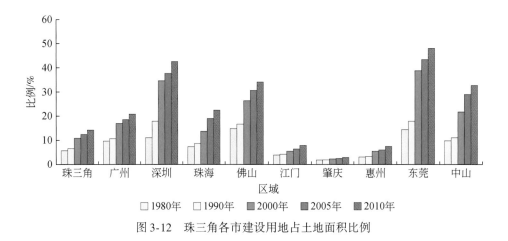

图 3-12 珠三角各市建设用地占土地面积比例

3.3 重点城市城市化强度分析

3.3.1 人口城市化

本章以各重点城市建成区的常住人口密度（采用各建成区行政边界）来评估人口城市化程度。2000～2010 年，东莞的建成区人口密度一直为重点城市的首位，十年间由 2000 年的 13 610 人/km² 上升至 2010 年的 14 473 人/km²。佛山建成区人口密度最低，2000～2010 年其建成区人口密度在 3100 人/km² 以下，约为东莞建成区人口密度的五分之一。深圳建成区人口密度由 2000 年的 6133 人/km² 上升至 2010 年的 8492 人/km²，增长率最大，达 38.4%（图 3-13）。

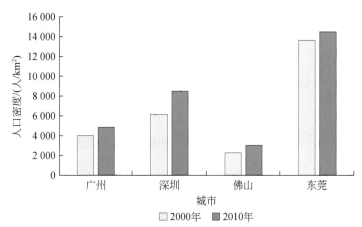

图 3-13 重点城市建成区人口密度

资料来源：第五次全国人口普查数据、各市统计年鉴

从重点城市建成区各行政分区人口密度来看，深圳福田区、罗湖区、东莞莞城区人口最大，十年均在 10 000 人/km² 以上。其中福田区为重点城市人口最为稠密的区域，2010年人口密度达 16 776 人/km²。佛山建成区整体人口密度最低，但佛山禅城区的人口密度较高，2010 年人口密度达 7153 人/km²，居各分区第四位，且高于广州中心城区（图 3-14）。十年间，南山区、顺德区、福田区人口密度增长率最大，均在 45% 以上。

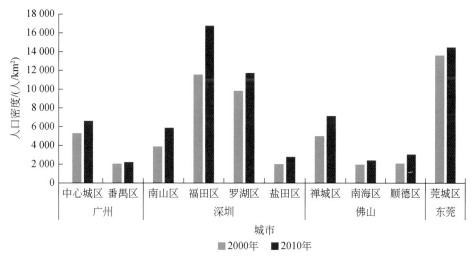

图 3-14　重点城市建成区各分区人口密度

3.3.2　经济城市化

本研究采用重点城市市域第三产业比例评价经济城市化程度。如图 3-15 所示，重点城市中，广州经济城市化程度最高，其第三产业比例由 2000 年的 55.23% 上升至 2010 年的 61.01%。深圳与东莞第三产业比例比广州低 10% 左右。佛山经济城市化程度最低，至2010 年第三产业比例为 35.45%，且低于 2000 年。除佛山外，另外 3 市经济城市化水平总体上升。

从第二、第三产业比例变动可以看出，广州、深圳、东莞的经济发展逐步转向高附加值的第三产业，第二产业比例降低。而佛山的城市经济推动力仍来自第二产业，其第二产业比例十年维持在 50%~63%，挤占第三产业比例。

以 2010 年重点城市建成区各分区三产比例进一步分析经济城市化程度。各建成区分区中，深圳福田区、罗湖区的经济城市化程度为各分区最高，第三产业比例达到 90% 左右。其次为深圳盐田区与东莞莞城区，第三产业比例分别为 73.2%、71.2%。广州建成区内部经济城市化程度差距显著，中心城区第三产业比例占 63.26%，番禺第三产业仅占10.57%（图 3-16）。

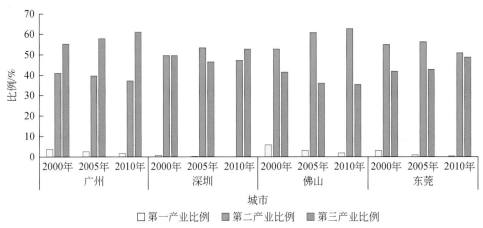

图 3-15　2000～2010 年重点城市三次产业比例

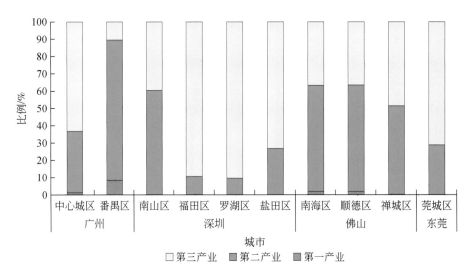

图 3-16　2010 年重点城市建成区各分区三产比例

3.3.3　土地城市化

本研究通过 SPOT 卫星影像提取各重点城市建成区 2000 年、2005 年、2010 年不透水地表，以不透水地表占建成区面积比例评价各重点城市土地城市化水平。2010 年 4 个重点城市不透水地表如图 3-17 所示。

2000～2010 年，广州建成区不透水地表比例为 4 个重点城市中最高，其在 2005 年不透水地表比例最高达到 68.06%，其后 2010 年下降至 64.46%。至 2010 年，广州、佛山与东莞建成区不透水地表比例均超过 60%，深圳建成区不透水地表比例最低，2010 年为40.43%。从变化上来看，广州和深圳建城区不透水地表面积比例于 2000～2005 年提高约

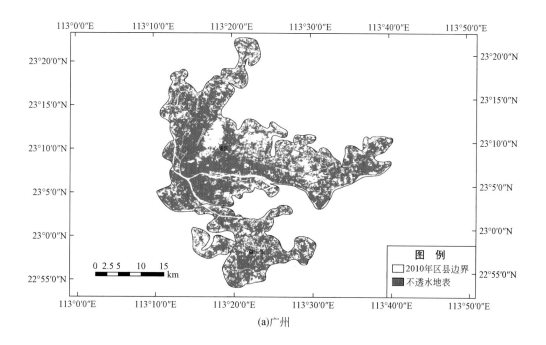

(a)广州

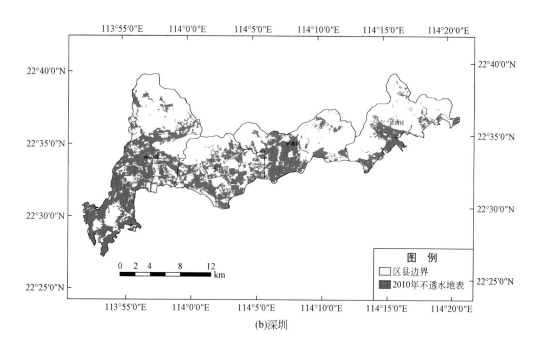

(b)深圳

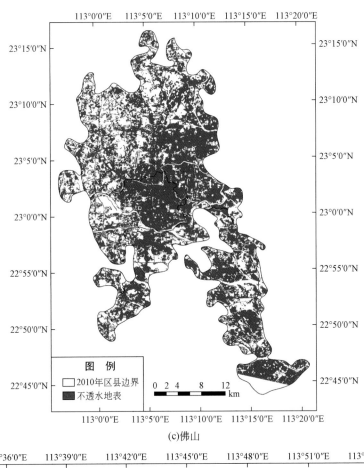

(c)佛山

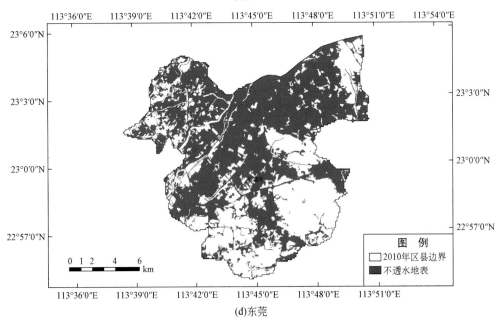

(d)东莞

图 3-17　2010 年重点城市建成区不透水地表

12%，2005～2010 年下降约 3.5%，佛山与东莞则持续增加，2000～2005 年不透水地表比例提高最大，分别约提高了 14.46%、25.68%，2005～2010 年两市不透水地表比例仅提高 1%。这表明 4 个重点城市土地城市化进程在 2000～2005 年发展最快，2005～2010 年建成区土地城市化进程放缓。

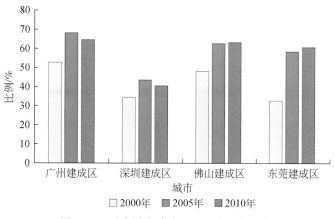

图 3-18 重点城市建成区不透水地表比例

如图 3-19 所示，重点城市建成区各行政分区中，佛山禅城区、广州中心城区与番禺区的不透水地表比例最高，至 2010 年均超过 63%。深圳盐田区不透水地表比例最低，2010 年为 23.48%。前后五年不透水地表比例变化有差异，各行政分区在 2000～2005 年不透水地表比例上升最大，这一时期建成区土地城市化活动最强。东莞莞城区、广州番禺区不透水地表比例上升最大，分别上升了 25.68%、23.59%，其次为深圳南山区、佛山南海区，分别上升了 17.57%、16.11%。2005～2010 年，仅深圳盐田区、佛山南海区、东莞莞城区不透水地表比例上升，且上升比例为 1.7%～2.4%。其他行政分区不透水地表比例发生不同程度下降，其中深圳福田区下降幅度最大，不透水地表比例下降了 13.57%。

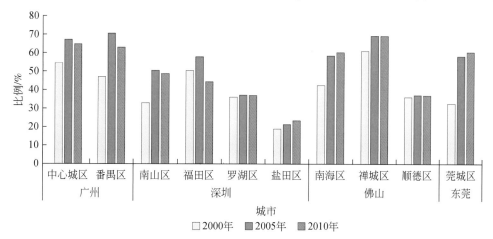

图 3-19 重点城市建成区各分区不透水地表比例

不透水地表的扩张方向导致行政分区不透水地表比例的差异。2000～2010年，广州建成区新增不透水地表主要往北、东、南方向发展，集中在番禺区、中心城区的白云区、天河区、黄埔区。深圳南山区不透水地表增长较多，福田区、罗湖区出现明显的不透水地表转绿地的现象，这是因为深圳为筹办2011年世界大学生运动会，在福田区与罗湖区建设公园与绿地。佛山新增不透水地表集中在南海区与禅城区。东莞莞城区不透水地表向西、南、东方向扩张（图3-20）。

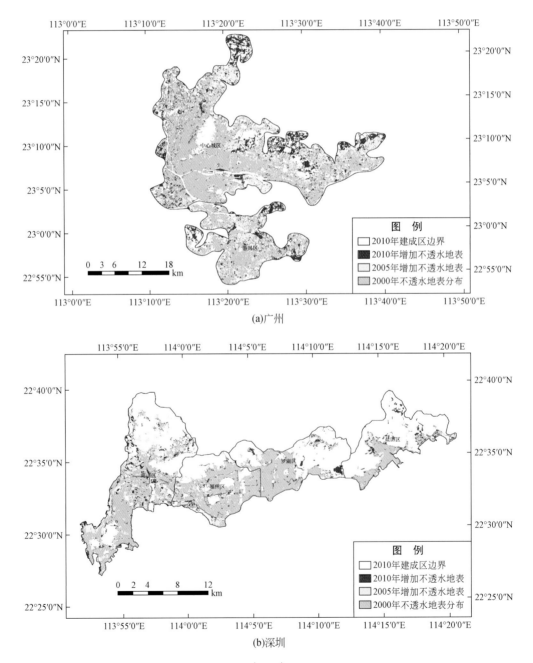

(a)广州

(b)深圳

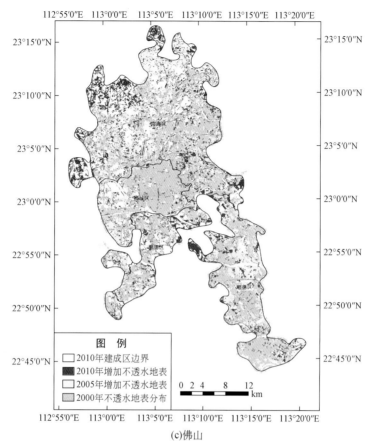

(c)佛山

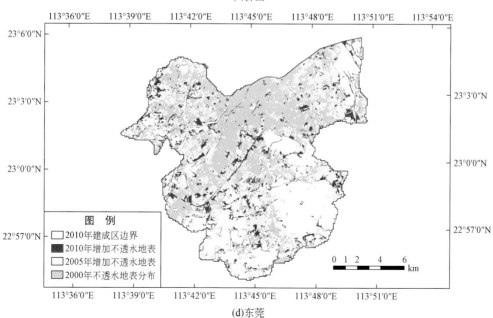

(d)东莞

图 3-20 2000~2010 年重点城市建成区不透水地表变化

3.4　城市化综合评估

3.4.1　城市化指数

基于珠三角的土地城市化、经济城市化和人口城市化的评估结果，以建设用地面积比例、城镇人口比例、第三产业比例指标进行标准化，采用等权重方法构建城市化综合指数（图 3-21），综合比较 1990 ~ 2010 年珠三角各市城市化程度。

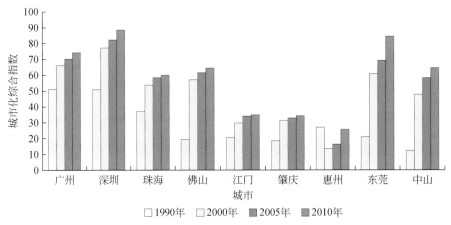

图 3-21　珠三角不同时期各市城市化综合指数

2010 年，深圳、东莞和广州综合城市化水平最高，城市化综合指数分别为 88.54、84.4、74.19。珠海、佛山、中山城市化水平次之，城市化综合指数在 60 ~ 65。江门、肇庆、惠州城市化综合指数最低，在 35 以下。珠三角城市化水平核心–边缘的格局差异显著，环珠江口分布城市（广州、深圳、珠海、佛山、东莞、中山）的城市化水平较高。

1990 ~ 2010 年，珠三角各市城市化综合水平呈上升趋势，城市化指数排名发生一定变化。1990 年，广州、深圳、珠海城市化指数居前三位，分别为 51.06、50.91、36.95，中山城市化指数最低，仅为 12.32。至 2000 年，深圳、广州、东莞、佛山的城市化指数居珠三角前四。2000 ~ 2010 年，东莞、中山的城市化指数上升最大，分别提高了 23.61、16.79。至 2010 年，城市化指数前四排名为深圳、东莞、广州、中山。1990 ~ 2000 年，东莞、中山为城市化综合指数提升最大的城市，分别提上了 63.45、52.21；江门、肇庆的城市化综合指数上升较小，上升了 15 左右。

3.4.2　珠三角城市化特点

1）珠三角人口总量大，城镇化人口比例高。经过 30 年，2010 年珠三角已有两个人口超 1000 万人的巨大城市（广州、深圳），两个人口 700 万人以上的特大城市（佛山、东莞），5 个人口 100 万~500 万人的大城市。至 2010 年，珠三角城镇人口比例达 82.72%，分别比广东省和全国高出 16.55%、33.04%。

（2）第三产业发展起点高，逐步走高，优于全省水平。珠三角经济产业基础较好，在 1987 年第三产业比例约为 40%，高于广东及全国水平。其后 20 年，在国家政策支持、制造业、人口聚集共同作用下，第三产业比例升高。至 2010 年，珠三角第三产业比例达到 49.26%，比广东省高 4.26%。

（3）土地城市化水平高，建设用地增长大。1980~1990 年、1990~2000 年和 2000~2010 年建设用地增长率分别为 474.34km^2/10a、2341.68km^2/10a 和 1806.08km^2/10a，珠三角建设用地在后 20 年增长较大。珠三角建设用地占土地面积比例较高，约为 15%。深圳、东莞的建设用地比例最高，已接近 50%。

（4）1990~2000 年为珠三角城市化大发展时期，2000~2010 年发展减缓；城市化水平存在核心-边缘空间差异。珠三角城市化发展具有时间阶段性，1980~1990 年发展较小。1990~2000 年为珠三角城市化的"黄金时期"，城镇化人口比例、第三产业比例和建设用地比例都主要在这一时期上升较大。2000~2010 年，珠三角城市化增速相对放缓。在空间分布上，珠三角的城市化水平具有核心-边缘的差异。由于广州、深圳、佛山、东莞、珠海、中山分布在环珠江口城市，更具备地理区位优势，改革开放之后经济迅速发展，综合城市化程度高于其他城市。

（5）广州、深圳、佛山、东莞建成区城市化水平不断提升，2000~2005 年发展较快。2000~2010 年，广州、深圳、佛山、东莞建成区在人口城市化、经济城市化、土地城市化方面均有提高，不同城市建成区人口密度、第三产业比例、不透水地表比例指标上的优势有所不同，如深圳、东莞建成区人口密度最高，均超过 13 000 人/km^2，广州则在不透水地表比例上最高，达 64.46%。2000~2005 年，四个城市的城市化指标提升较大，其后 2005~2010 年建成区城市化进程放缓。

第4章 珠三角生态质量变化

本章以植被覆盖、植被破碎化度、生物量指标分析珠三角区域生态质量变化，重点研究城市建成区以绿地比例、人均绿地面积和绿地景观格局指标综合分析生态质量变化。珠三角森林、草地等植被覆盖主要分布于珠三角的外围山体，构成了重要的生态屏障。珠三角森林植被尚处于恢复阶段，植被生物量总量和单位面积植被生物量均有不同程度的增长。肇庆、江门、惠州等城市绿地面积比例和植被覆盖率较高，生态质量较好。广州、深圳、佛山和东莞建成区绿地比例、人均绿地面积均呈下降趋势，特别是佛山平均绿地斑块面积最小且持续减小，斑块密度也大幅增长，建成区绿地斑块破碎化趋势明显。广州、深圳和东莞平均绿地斑块面积总体上呈增长态势，而绿地斑块密度有所下降，绿地斑块破碎化趋势得到缓解。

4.1 研究方法

4.1.1 生态质量评价指数

本章从植被覆盖、植被破碎化度、生物量、绿地比例、绿地景观格局、人均绿地面积等指标评价珠三角生态质量的变化，在珠三角区域尺度与重点城市（广州、深圳、佛山、东莞）尺度选取相应评价指标（表4-1）。

表4-1 生态质量评价指标

研究尺度	评价内容	评价指标	数据来源
区域尺度	植被覆盖	植被覆盖率	"全国生态环境十年变化（2000—2010年）调查评估"遥感调查，结果包括森林生态系统和草地生态系统
	植被破碎化度	斑块密度（单位面积植被覆盖斑块数量）	"全国生态环境十年变化（2000—2010年）调查评估"遥感调查，斑块密度用软件Fragstats 3.3计算
	生物量	总生物量、单位面积生物量	"全国陆地生态系统生物量"遥感调查
重点城市尺度	绿地比例	建成区内绿地面积所占比例	基于SPOT高分辨率遥感影像解译得到建成区内绿地面积
	绿地景观格局	绿地斑块密度、平均斑块面积和均匀度指数	利用软件Fragstats 3.3计算景观格局指数
	人均绿地面积	建成区绿地总面积与总人口之比	重点城市绿地遥感解译数据和统计年鉴数据（2000年、2005年、2010年）

4.1.2 生态质量指数

利用植被破碎化程度、植被覆盖、生物量等指标及对应权重，构建生态质量指数，用来反映各城市群生态质量状况。

$$EQI_i = \sum_{j=1}^{n} w_j r_{ij}$$

式中，EQI_i 为第 i 市生态质量指数；w_j 为各指标相对权重；r_{ij} 为第 i 市各指标的标准化值；n 为评价指标个数，$n=3$。

4.2 区域生态质量变化

4.2.1 区域植被覆盖变化

珠三角植被覆盖类型以森林为主，森林面积远大于草地（图 4-1）。1980～2010 年，珠三角植被覆盖空间格局没有发生巨大的变化，森林和草地等植被覆盖主要分布于珠三角的外围山体，在外围构成了区域重要的绿色生态屏障。例如，在珠三角西北部的鼎湖山、东北部的罗浮山、西南部的古兜山等地区的植被覆盖度高、森林自然度高，具备良好的动植物栖息环境，在区域的生物多样性保护、气候调节、土壤保持、水源涵养及环境净化等方面发挥着至关重要的作用。珠三角中部地势较为平坦，多以平原为主，但亦有少量小型山丘与台

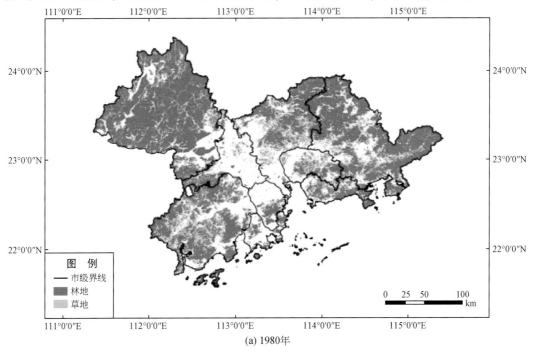

(a) 1980年

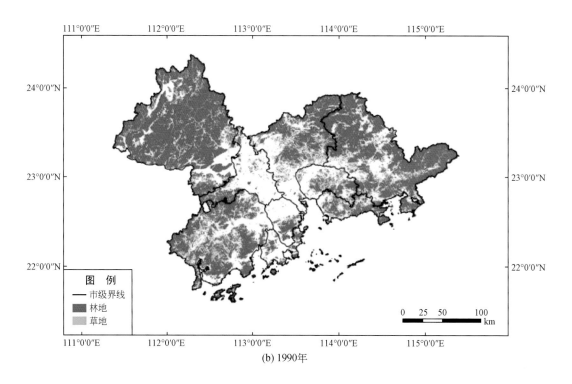

(b) 1990年

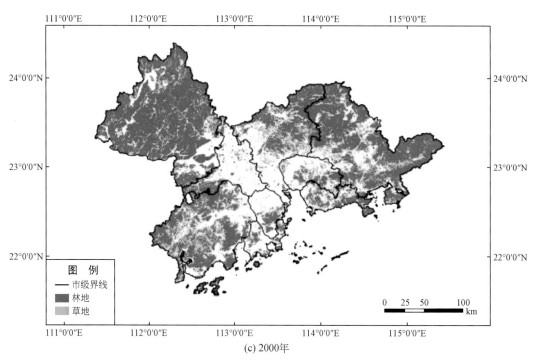

(c) 2000年

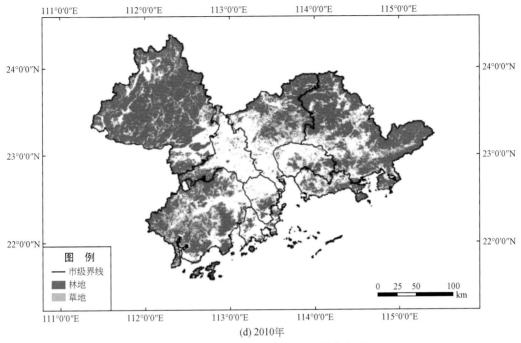

(d) 2010年

图 4-1　1980～2010年珠三角植被分布图

地的分布，是珠三角中心区植被分布的最主要区域。从珠三角城市间植被覆盖面积比例的比较来看，珠三角外围城市肇庆、江门和惠州植被覆盖面积比例高于其他城市，植被面积比例维持在57%以上，其中江门植被覆盖在57%～58%，肇庆和惠州植被覆盖面积比例均超过70%；其次是广州和深圳，植被覆盖面积保持在50%左右；珠海、佛山、东莞和中山植被覆盖面积比例最小，均不超过40%。

　　珠三角植被覆盖面积呈下降趋势，但下降幅度具有明显的阶段性特征（图4-2）。相比1980年，2010年珠三角植被覆盖面积累计减少3.22%，从33 046.76km²下降至31 979.83km²，减少1066.93km²。1980～1990年，珠三角植被覆盖面积仅减少1.37km²；1990～2000年，珠三角植被覆盖面积下降幅度最大，植被覆盖减少面积达到811.56km²，约占1980～2010年减少植被覆盖总面积的76%。2000～2010年珠三角植被覆盖面积先增后减，但总体上珠三角植被覆盖面积减少253.99km²，相比1990～2000年，下降幅度收窄。

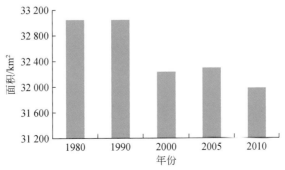

图 4-2　1980～2010年珠三角植被覆盖面积变动

由于珠三角不同城市间的人口密度及经济活动强度的不同，不同城市的植被覆盖面积变化幅度有所差异，总体上广州、深圳、佛山和东莞的植被覆盖减少面积较大（图4-3和表4-2）。1980~2010年，珠三角植被覆盖面积减少最多的为广州、深圳和东莞3个重点城市，减少面积之和为596.33km²，约占珠三角植被覆盖减少面积的60%。相对1980~1990年，1990~2000年和2000~2010年珠三角各市植被覆盖面积变化幅度相对较小。1980~1990年，珠三角各市植被覆盖面积变化不大。1990~2000年，广州、深圳和东莞植被覆盖减少面积最大，均超过130km²；其次是江门和惠州，面积减少超过80km²。2000~2010年，植被覆盖面积减少最多的是肇庆、东莞和深圳，均减少40km²以上，约占同时期珠三角植被覆盖减少总面积的51%。2000年以后，肇庆城市经济迅速发展，加上承接广州和深圳等城市产业转移的影响，辖区内的植被受人类活动影响日益深刻，作为珠三角重要屏障区的肇庆在十年间植被覆盖减少面积最大，达49.73km²。江门是珠三角唯一植被覆盖面积增长的城市。

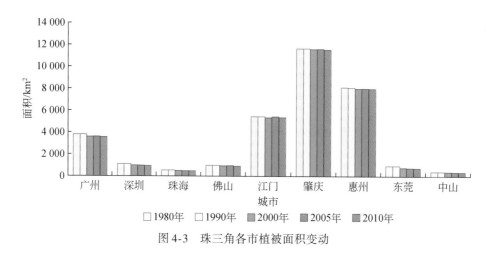

图4-3　珠三角各市植被面积变动

表4-2　珠三角各时期植被变化统计表 （单位：km²）

区域	1980~2010年植被面积变化	1980~2000年植被面积变化	2000~2010年植被面积变化
广州	-224.93	-200.19	-24.74
深圳	-164.13	-122.36	-41.76
珠海	-58.52	-28.59	-29.92
佛山	-71.22	-33.70	-37.52
江门	-72.57	-85.74	13.17
肇庆	-101.92	-52.19	-49.73
惠州	-126.57	-113.12	-13.45
东莞	-207.27	-160.00	-47.28
中山	-39.81	-17.06	-22.75
珠三角	-1066.93	-812.95	-253.98

4.2.2　区域植被破碎度变化

斑块密度是考察景观斑块破碎化程度的指数，一般情况下斑块密度越高，景观斑块破碎度越高。1980~2010年，珠三角植被景观斑块密度下降明显，斑块密度由1980年的0.51个/km²降至2010年的0.31个/km²，植被景观破碎度呈下降趋势（图4-4）。植被景观破碎度下降一是因为区域植被逐渐恢复，二是因为临近城市开发建设区域的零散林地斑块数量减少，远离城市开发建设区域大型山体的植被覆盖却保存相对完好、未有大的人类活动扰动或破坏。

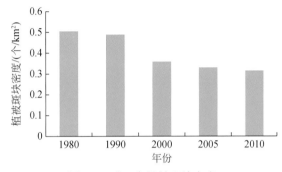

图 4-4　珠三角植被斑块密度

从不同城市的植被斑块密度来看，城市化程度高、植被覆盖面积较小的佛山和东莞植被斑块密度最高，表明植被破碎化程度最高，2010年斑块密度均超过0.6个/km²；地势较为复杂、植被覆盖度高且城市化程度相对较低的江门、惠州和肇庆植被斑块密度最低，破碎化低，其中肇庆的破碎度最低，2010年斑块密度仅为0.1个/km²；其他城市包括广州、深圳、珠海和中山2010年的斑块密度在0.45个/km²左右。

从变化趋势来讲，在1980~2010年珠三角各市植被斑块密度呈连续下降趋势，反映珠三角各个城市的植被景观破碎化程度降低（图4-5）。大部分城市植被斑块密度在2000年前后有显著变化，在1990~2000年下降较多，主要原因为1990~2000年珠三角城市建设用地快速扩张，大量侵占了城区内或城市边缘零散植被覆盖用地，同期生态保护与建设工作的重视，也使得非城市区域植被得到有效的恢复。1980~2010年，斑块密度降低最明显的是惠州和东莞，斑块密度下降45%左右；其次是广州、深圳、佛山和肇庆，斑块密度下降35%左右；下降幅度最小的是江门、珠海和中山，斑块密度下降25%左右。

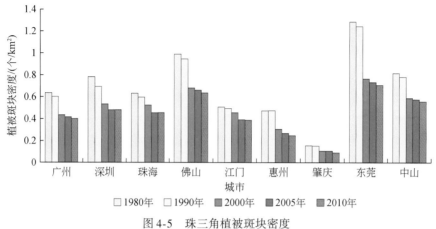

图 4-5　珠三角植被斑块密度

4.2.3　区域生物量变化

4.2.3.1　生物量分布变化

与植被覆盖的分布格局基本一致，生物量较高的区域主要位于珠三角外围地形复杂的山地丘陵地带，呈现由外向内递减的分布格局（图 4-6）。例如，在肇庆鼎湖山、江门古兜山和皂幕山、中山五桂山、深圳东部大鹏岛等区域具有相对较高的植被覆盖度，这些区域也是珠三角生物量相对较高的区域。

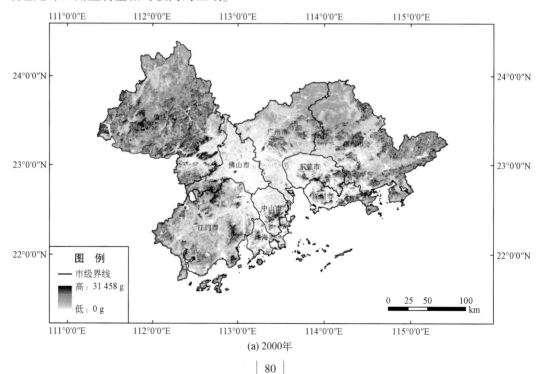

(a) 2000年

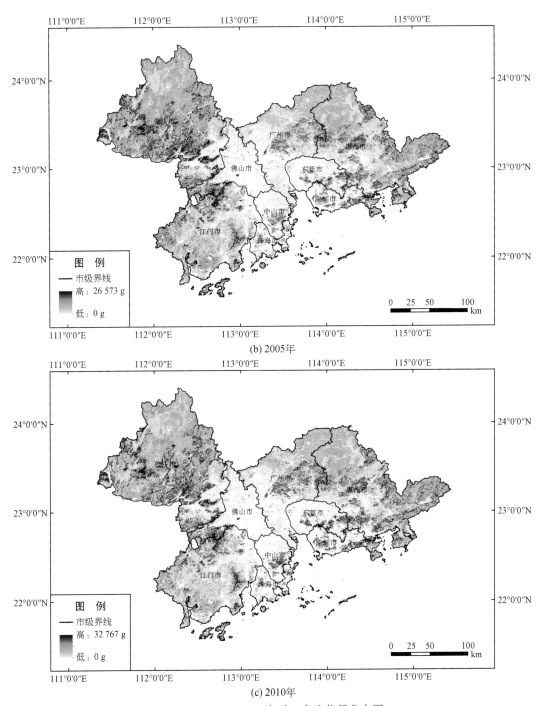

(c) 2010年

图 4-6　2000~2010 年珠三角生物量分布图

　　珠三角植被生物量主要集中于植被覆盖较高的肇庆、江门和惠州等城市。2010 年，珠三角植被生物量总量为 17 825 万 t，肇庆、惠州和江门植被生物量总量分别为 6983.7 万 t、4533.4 万 t 和 2637.6 万 t，分别占珠三角生物量总量的 39.2%、25.4% 和 14.8%；除广州市达到 1752.5 万 t 外，其他城市植被生物量总量均在560 万 t 以下。从变化趋势来看，2000～2010 年珠三角植被生物量总量连续增长，累计增长 1148.5 万 t，增幅达到 6.89%（图 4-7）。其中，植被生物量总量增幅最大的是佛山和江门，增幅超过 10%；其次，广州增幅也达到 7.1%，深圳、肇庆和惠州增幅不超过 5%（图 4-8）。

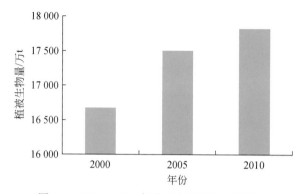

图 4-7　2000～2010 年珠三角植被生物量变化

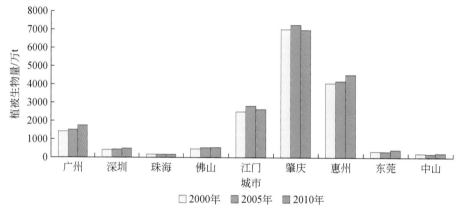

图 4-8　2000～2010 年珠三角各市植被生物量变化

4.2.3.2　植被质量变化

珠三角植被单位面积生物量均值仅为 4314.77 g/m^2，远低于鼎湖山典型亚热带森林群落，可见珠三角植被尚处于逐步恢复过程中，植被覆盖质量尚有较大提升空间（表 4-3）。造成珠三角单位面积植被生物量较低的主要原因是 20 世纪七八十年代珠三角森林植被遭受人为破坏后，大部分森林植被类型恢复的时间短，处于中、幼林龄阶段（杨昆和管东生，2006）。

从珠三角各市单位面积生物量的比较来看，单位面积生物量最高的前三个城市是肇庆、深圳和惠州，2000～2010 年这些城市单位面积生物量大于珠三角平均值。其中，肇庆植被质量最好，平均单位面积植被生物量达到 5291.81 g/m^2，主要由于肇庆地形相对复杂、人类活动强度相对较低，区域地带性森林生态系统保存相对较好，尚遗存有大量的自然林和次生林分布。佛山和江门的单位面积生物量在 3600g/m² 左右，广州单位面积生物量为 3170.77g/m²，珠海为珠三角森林质量最差的城市，2000～2010 年植被单位面积平均生物量仅为 2682.58g/m²，这主要是由于这些城市人工林覆被面积相对较大且种植时间短，其单位面积生物量明显低于自然覆被较好的肇庆（表4-3）。

表 4-3　珠三角植被单位面积生物量比较 （单位：g/m²）

研究区域	2000 年	2005 年	2010 年	2000～2010 年平均值
珠三角	4085.15	4348.66	4510.51	4314.77
广州	2805.47	3076.48	3630.37	3170.77
深圳	4154.70	4487.29	4873.97	4505.32
珠海	2466.03	2665.92	2915.78	2682.58
佛山	3166.84	3725.22	4055.75	3649.27
江门	3421.59	3904.12	3704.75	3676.82
肇庆	5226.95	5418.68	5229.79	5291.81
惠州	4120.66	4251.49	4657.37	4343.17
东莞	3273.97	3443.43	4775.20	3830.87
中山	2862.36	2824.01	3696.47	3127.61
鼎湖山	针叶林：8121；针阔混交林：26 113；季风常绿阔叶林：42 547			

注：鼎湖山森林群落生物量数据来自彭少麟和方炜（1995）。

珠三角各市植被单位面积生物量呈上升趋势（图4-9）。2000～2010 年，珠三角植被单位面积生物量由 4085.15g/m² 增长到 4510.51g/m²，增幅达到 10.41%，一定程度表明珠三角森林生态质量正在好转。除江门和肇庆外，其他城市植被单位面积生物量均呈连续增长态势。相比 2005 年，江门和肇庆 2010 年的植被单位面积生物量有所下降，降幅分别为 5.10% 和 3.48%。2000～2010 年，植被单位面积生物量增幅最为明显的是东莞；其次是广州、中山和佛山；其他城市植被单位面积生物量增幅均不超过 20%。

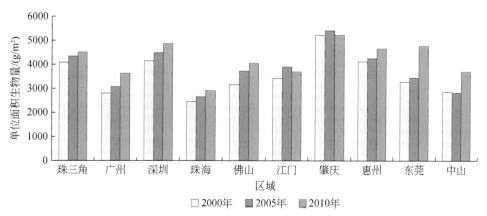

图 4-9　珠三角各市植被单位面积生物量变化

4.3 重点城市生态质量变化

4.3.1 绿地比例变化

重点城市间建成区绿地比例差异较大，并有随着城市化进程的推进逐渐下降的趋势（图4-10）。2010年建成区绿地比例最高的是深圳，达到54.4%；其次是广州和东莞，建成区绿地比例在29%左右；佛山建成区绿地比例最小，仅为22.4%。2000~2010年，佛山与东莞建成区绿地比例呈连续下降趋势，且2000~2005年建成区绿地比例的下降幅度远大于2005~2010年。广州与深圳建成区绿地比例则表现为先下降后上升，但与2000年相比，2010年建成区绿地比例也有所减少，分别减少约9个百分点和6个百分点。

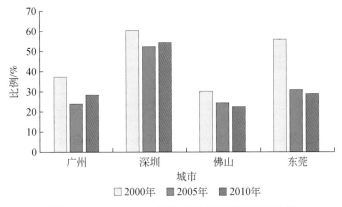

图 4-10 2000~2010年重点城市建成区绿地比例

2010年，在珠三角重点城市的建成区中，深圳建成区的绿地比例最高，均在45%以上；广州中心城区、番禺区和东莞莞城区的绿地比例次之，均在28%以上；佛山市下辖的南海区、禅城区和顺德区绿地比例，分别为26.8%、11.36%和20.1%。2000~2010年，总体上珠三角重点城市建成区的绿地面积比例呈下降趋势，但变化过程有所差异（图4-11）。其中，东莞的莞城区、佛山禅城区和南海区及深圳的罗湖区绿地比例呈连续下降趋势，但是其他重点城市的建成区绿地比例在2000~2005年有所下降，而2005~2010年绿地比例又有所升高。2000~2010年，除深圳福田区绿地比例增长10.19%外，其他重点城市建成区绿地比例均有不同程度的减少。其中，东莞莞城区绿地比例下降幅度最大，达到了48.21%；其次是广州番禺区、佛山南海区和禅城区，绿地比例下降幅度在30%左右；广州中心城区和深圳南山绿地比例也有较大幅度下降，降幅超过20%；其他重点城市建成区绿地比例下降幅度较小，均不超过10%，特别是深圳罗湖区仅下降3.54%。

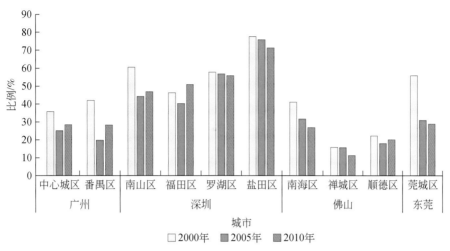

图 4-11　2000～2010 年重点城市建成区各区绿地比例

4.3.2　绿地景观变化

不同重点城市间建成区的绿地平均斑块面积大小差异较大，且变化趋势也不相同。总体上建成区绿地平均斑块面积：深圳>东莞>广州>佛山。2010 年，深圳建成区绿地平均斑块面积为 46.41hm²，东莞为 21.89hm²，广州为 17.34hm²，佛山仅为 1.51hm²。2000～2010 年，深圳和广州建成区绿地平均斑块面积增大。其中，深圳绿地平均斑块面积增幅最大，增长 100.55%，而广州仅增长 23.59%。与此同时，东莞和佛山的绿地平均斑块面积却逐渐减少，特别是佛山绿地平均斑块面积下降速度最快，降幅达到 81.58%；东莞绿地平均斑块面积下降速度相对较慢，降幅仅为 5.85%。总体上，广州、深圳的绿地斑块破碎化趋势得到缓解，佛山与东莞则绿地表现出进一步斑块破碎化的趋势（图 4-12）。

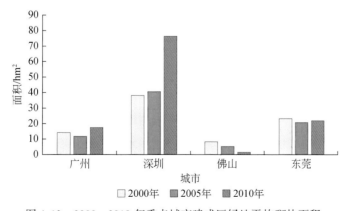

图 4-12　2000～2010 年重点城市建成区绿地平均斑块面积

珠三角重点城市建成区各区的绿地平均斑块面积差异较大。整体上建成区绿地平均斑块面积深圳>东莞>广州>佛山。2010 年，深圳建成区内的绿地平均斑块面积为 53.07 ~ 157.52hm²；东莞莞城区的绿地平均斑块面积为 21.89hm²；广州建成区内的绿地平均斑块面积为 11.72 ~ 17.25hm²；佛山建成区内的绿地平均斑块面积为 1.92 ~ 11.48hm²，其中禅城区的绿地平均斑块面积最小。2000 ~ 2010 年，深圳建成区内及广州中心城区的绿地平均斑块面积均呈增长态势，其中福田区增幅高达 246.27%，而盐田区仅增长 0.78%；除此之外，广州的番禺区、东莞莞城区及佛山建成区内的绿地平均斑块面积呈减少趋势，其中佛山市三个区的绿地平均斑块面积减少幅度均超过 50%，减少幅度最大，而东莞莞城区和广州番禺区的绿地平均斑块面积减少幅度不超过 6%。总之，从绿地平均斑块面积看，佛山市绿地斑块破碎化趋势非常明显（图 4-13）。

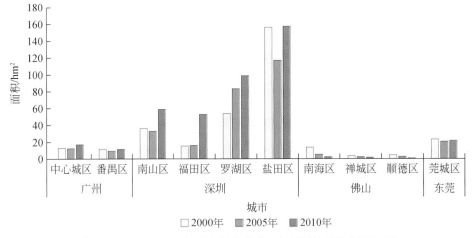

图 4-13　2000 ~ 2010 年重点城市建成区各区绿地平均斑块面积

从不同重点城市建成区绿地斑块密度来看，佛山绿地斑块密度最高，其次是广州和东莞，深圳的绿地斑块密度最小（图 4-14）。2010 年佛山、广州、东莞和深圳的绿地斑块密度分别为 14.82 个/km²、1.64 个/km²、1.49 个/km² 和 0.71 个/km²，可见佛山绿地斑块破碎化程度远大于其他城市。重点城市中，佛山建成区绿地斑块密度最高，并且绿地破碎化程度持续加剧。从绿地斑块密度的变化来看，2000 ~ 2010 年，重点城市中仅佛山建成区绿地斑块密度增加，其余城市绿地斑块密度均有不同程度下降。2000 ~ 2010 年，佛山绿地斑块密度增长 2 倍以上，其中 2005 ~ 2010 年增长速度最快。与此同时，广州、东莞和深圳 2000 ~ 2010 年绿地斑块密度下降 45% 左右。在重点城市的建成区内，佛山建成区内的绿地斑块密度最高，其中南海区和顺德区在 2005 ~ 2010 年斑块密度增加最为明显，这是导致佛山建成区在这一时期整体升高的重要原因。其他三市各行政区斑块密度相近，十年间均在 3 个/km² 以下，且绿地破碎化程度下降（图 4-15）。

在城市建成区绿地均匀度方面，2010 年广州和深圳绿地均匀度指数分别为 0.61 和 0.64，较为接近；佛山和东莞的均匀度指数也较为接近，均匀度指数在 0.7 左右，略高于

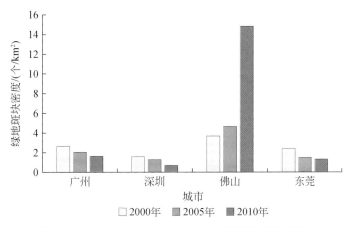

图 4-14　2000～2010 年重点城市建成区绿地斑块密度

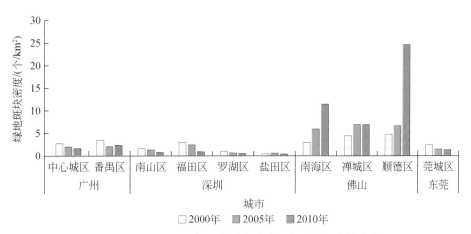

图 4-15　2000～2010 年重点城市建成区各区绿地斑块密度

广州和深圳，这主要是由于广州建成区绿地主要分布于北部的白云区和萝岗区，而深圳建成区绿地主要分布在东部，罗湖区、盐田区绿地比例高，导致绿地均匀度不高。从 2000～2010 年城市绿地均匀度指数的变化趋势看，仅深圳建成区绿地均匀度指数呈上升趋势，其他 3 个城市绿地均匀度指数均有所下降，绿地分布趋向不均匀（图 4-16）。

　　如图 4-17 所示，在珠三角重点城市的建成区中，佛山建成区与东莞莞城区的城市绿地斑块均匀性指数较高，深圳盐田区的绿地斑块均匀度指数最低，其他建成区内的城市绿地斑块均匀度指数相差不大。相对 2000 年，2010 年除了深圳罗湖区和盐田区的城市绿地斑块均匀度指数有所增加外，重点城市大部分建成区的城市绿地均匀度指数呈下降趋势，城市绿地斑块分布趋向不均匀。

　　综上所述，2000～2010 年重点城市建成区绿地分布均匀性下降，佛山绿地有明显的破碎化程度趋势，相反，其他 3 市绿地破碎化程度有所缓解。重点城市中，深圳各区在绿地

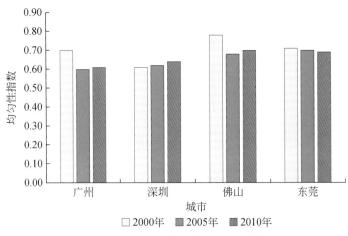

图 4-16　重点城市建成区均匀性指数

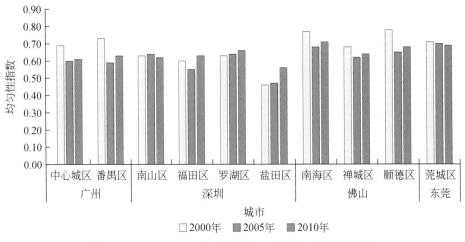

图 4-17　2000～2010 年重点城市建成区分区均匀性指数

比例、平均斑块面积、斑块密度指标优于其他区域，佛山建成区绿地比例最低，且破碎化程度最高。

4.3.3　人均绿地变化

从重点城市建成区人均绿地面积来看，东莞>深圳>广州>佛山。2010 年，东莞、深圳、广州和佛山建成区的人均绿地面积分别为 402.26m²/人、126m²/人、64.36m²/人和 22.42m²/人，佛山建成区人均绿地面积约为东莞的二十分之一。这主要是由于东莞建成区为莞城区，而莞城区分布人口密度相对较低。2000～2010 年，4 个重点城市人均绿地面积总体均有所减少。由于在 2000～2005 年东莞绿地比例由 50% 大幅下降至 30%，导致该时段内人均绿地面积减少幅度最大，由 2000 年 868.04m²/人减少至 461.96m²/人，减少幅度达到 47%。2000~2010 年，广州、深圳、佛山和东莞建成区人均绿地面积均大幅减少，减少幅度均超过 25%，其中东莞和深圳的人均绿地面积减少幅度最大，超过 50%；然而，广州建成区人均绿地面积减少主要发生在 2000~2005 年，在 2005 年以后人均绿地面积略微上升（图 4-18）。

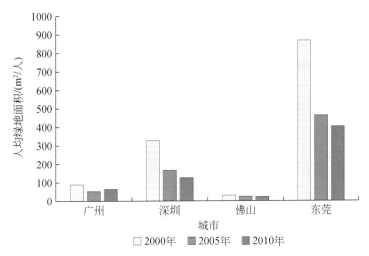

图 4-18   2000~2010 年珠三角重点城市建成区人均绿地面积

珠三角重点城市建成区的人均绿地面积差异非常大。深圳盐田区的人均绿地面积最高，尽管人均绿地面积由 2000 年的 2383.8m²/人下降至 2010 年的 1219.82m²/人，仍然远远大于其他城市的代表性行政辖区内的人均绿地面积。同期相比，东莞莞城区人均绿地仅为深圳盐田区的三分之一左右，这主要由于深圳盐田区城市开发相对较晚，人口在深圳各个建成区中最低，且有植被覆盖较好的梧桐山风景区，因此其人均绿地面积最高。与其他城市代表性行政辖区相比，佛山代表性行政辖区内的人均绿地面积最低。在整个研究时段内，佛山建成区内的人均绿地面积均低于 50m²/人，其中禅城区人均绿地面积甚至不超过 12m²/人。另外，广州市中心城区，人均绿地面积也不超过 60m²/人。

从人均斑块面积的变化趋势上看，总体上重点城市的建成区内的人均绿地面积均有所减少，但各时段的变化趋势有所不同。如图 4-19 所示，2000~2010 年，深圳、佛山、东莞建成区内的人均绿地面积呈持续减少的趋势。其中，2000~2005 年为深圳、佛山、东莞建成区内的人均绿地面积主要下降时期，深圳盐田区与南山区、广州番禺区和东莞莞城区的人均绿地面积减少趋势明显，减少幅度均超过 40%。2000~2005 年，广州中心城区和番禺区的人均绿地面积减少，而 2005 年之后人均绿地面积有所增加。

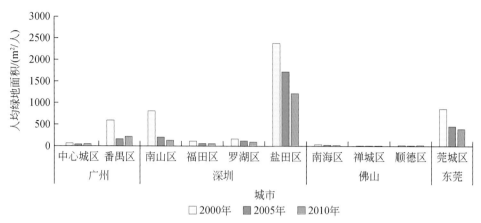

图 4-19　2000～2010 年珠三角重点城市建成区各区人均绿地面积

4.4　生态质量综合评价

对植被破碎度、植被覆盖率、植被单位面积生物量等指标进行标准化，构建得到生态质量指数（ecosystem quality index，EQI），用于评价珠三角各市在 2000～2010 年的生态质量变化（图 4-20）。

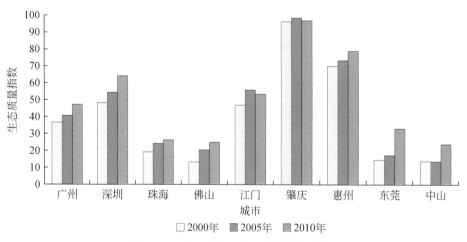

图 4-20　珠三角各市生态质量指数变化

从不同城市生态质量指数来看，肇庆、惠州和深圳是前三个生态质量最好的城市，其 2010 年生态质量指数分别为 97.05、78.09 和 64.09；其次，广州生态质量在珠三角城市中处于中游水平，2010 年生态质量指数为 47.25；其他城市包括珠海、佛山、东莞和中山的生态质量相对较低，2010 年生态质量指数均低于 35。从 2000～2010 年整个时段来看，肇庆、惠州和深圳均是生态质量较好的城市，生态质量指数大于 48；但是，珠海、佛山、东莞和中山生态质量相对较差,生态质量指数低于35。

2000～2010年,随着珠三角对生态保护工作的加强,区域植被覆盖面积总体保持稳定,植被生物量持续增长,植被斑块破碎化度降低,珠三角大部分城市生态质量持续向好,生态质量指数不断上升。其中,中山、佛山和东莞生态质量指数增幅最为明显,生态质量指数增幅均超过70%,即生态环境质量改善最为显著。另外,广州、深圳和珠海生态质量指数增幅也超过30%,生态质量改善较为明显。江门和惠州生态质量指数增幅超过12%,生态质量有一定程度的改善。肇庆由于其生态质量本底水平较高,其生态质量指数变化不大,仅增长0.61%,生态质量保持相对稳定。

根据珠三角各城市的植被覆盖破碎化程度、植被覆盖率和单位面积生物量标准化值,将珠三角的9个地级市划分为4类,分析不同城市生态质量特征。

第一类为肇庆市。该市的斑块密度、植被覆盖率、植被平均生物量等归一化指标值均超过90,明显高于珠三角其他城市,其生态质量在珠三角城市中为最优(图4-21)。

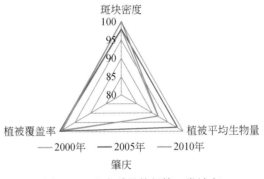

图4-21 生态质量特征第一类城市

第二类包括广州、江门、惠州。这一类城市的斑块密度、植被覆盖率、植被平均生物量等归一化指标值相对均衡。斑块密度、植被覆盖率、植被平均生物量中的两个归一化指标值相对稳定,而另一个指标的归一化指标值趋向于有所增加或减少(图4-22)。

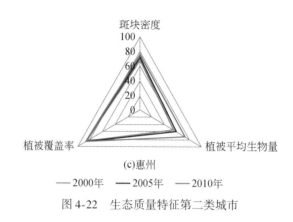

图 4-22　生态质量特征第二类城市

第三类包括深圳、佛山、东莞、中山。在这一类城市的斑块密度、植被覆盖率、植被平均生物量三个指标中，植被平均生物量的归一化指标值远远大于植被覆盖率和斑块密度两个指数的归一化指标值，并且植被平均生物量归一化指标值在生态质量评价指数中所占比例逐年增加（图 4-23）。

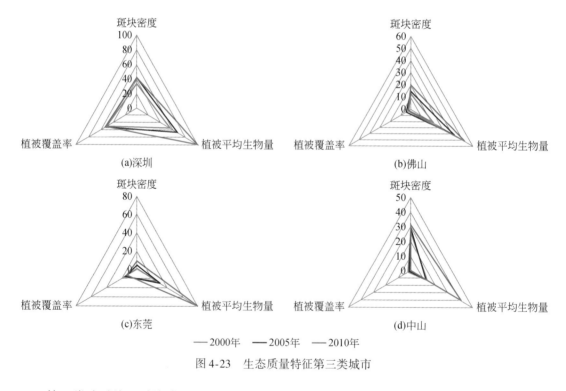

图 4-23　生态质量特征第三类城市

第四类为珠海。珠海市地形平坦，植被覆盖类型主要以耕地为主。植被覆盖率和植被平均生物量低于区域水平的 20%，植被破碎化属于区域内的中等水平（图 4-24）。

如图 4-25 所示，在珠三角城市中，植被覆盖率对生态质量变化的影响程度较高，生态质量最好的两个城市肇庆和惠州，两个城市分别是广东四大名山中的鼎湖山和罗浮山的

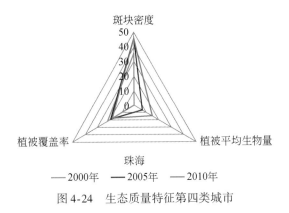

图 4-24 生态质量特征第四类城市

所在地，辖区内的植被覆盖良好。相反，以平原耕地为主的珠三角中部和南部城市，植被覆盖率相对较低，生态质量指数排在珠三角城市中的中后位置，生态质量一般。

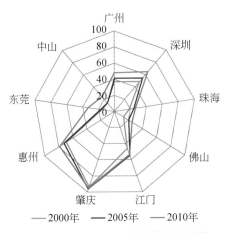

图 4-25 珠三角生态质量指数雷达图

第5章 珠三角环境质量变化

本章基于环境统计、实地监测数据，分析2000～2010年珠三角区域和重点城市在水环境、大气环境和土壤环境质量的变化特征，并以茅洲河典型流域为例，分析其水环境变化及城市化对水环境的影响。2000～2010年，珠三角区域河流水环境未得到全面改善，跨界河流水质问题突出。产业结构、人口密度、河网变化及污水管网建设为小流域水环境改善的主要因素。珠三角大气环境整体转好，API（空气污染指数）优良天数比例呈上升趋势，但珠三角仍属于重酸雨区，区域复合型污染格局形成。珠三角土壤环境不容乐观，部分城市土壤重金属超标突出。

5.1 区域水环境变化

5.1.1 水质监测与评价方法

5.1.1.1 样品采集与分析

对珠三角区域主要河流的65个断面和34个湖库开展了监测，监测频率为每月一次。河流水质监测断面见表5-1，湖库水质监测见表5-2。珠三角水系监测断面和监测湖库分布如图5-1所示。

表5-1 珠三角区域河流水质监测断面

城市	序号	河流名称	断面名称	城市	序号	河段名称	断面名称
广州	1	市桥水道	大龙涌口	广州	13	珠江广州河段	长洲
	2	沙湾水道	沙湾水厂		14	珠江广州河段	墩头基
	3	蕉门水道	蕉门		15	珠江广州河段	莲花山
	4	洪奇沥	洪奇沥	深圳	16	坪山河	上坪
	5	东江北干流	石龙桥		17	深圳河	径肚
	6	东江北干流	大墩吸水口		18	深圳河	砖码头
	7	增江	九龙潭		19	深圳河	河口
	8	增江	增江口	珠海	20	磨刀门水道	布洲
	9	流溪河	流溪河山庄		21	黄杨河	尖峰大桥
	10	珠江广州河段	鸦岗		22	前山河	两河汇合（南沙湾）
	11	珠江广州河段	东朗		23	前山河	前山码头
	12	珠江广州河段	猎德		24	前山河	石角咀水闸

续表

城市	序号	河流名称	断面名称	城市	序号	河段名称	断面名称
佛山	25	平洲水道	平洲	东莞	46	东莞运河	石鼓
	26	顺德水道	乌洲		47	东莞运河	虎门镇口
	27	西江肇庆段	永安	中山	48	石歧河	张溪口
	28	北江清远段	界牌（石角）		49	横门水道	中山港码头
	29	西江干流水道	下东		50	磨刀门水道	横栏六沙
	30	东海水道	海陵		51	磨刀门水道	全禄水厂
	31	容桂水道	顺德港	惠州	52	东江河源段	江口
	32	东平水道	武庙口		53	东江惠州段	惠阳芦洲
	33	佛山水道	罗沙		54	东江惠州段	惠州汝湖
	34	佛山水道	横窖		55	东江惠州段	惠州剑潭
江门	35	西江干流水道	古劳		56	东江惠州段	博罗新角
	36	西海水道	清澜		57	公庄河	泰美
	37	西海水道	牛牯田		58	西枝江	马安大桥
	38	江门河	上浅口		59	西枝江	西枝江河口
	39	潭江	恩城水厂		60	龙岗河	西湖村
	40	潭江	牛湾		61	沙河	沙河河口
	41	潭江	苍山渡口	肇庆	62	西江封开段	封开城上
东莞	42	东江惠州段	东岸		63	西江肇庆段	黄岗
	43	东江东莞段	石龙南河		64	贺江	白沙街
	44	东江东莞段	石龙北河		65	绥江	五马岗
	45	东莞运河	樟村				

表 5-2　珠三角区域湖库水质监测名单

城市	序号	湖库名称	城市	序号	湖库名称
广州	1	秀全水库	珠海	19	大镜山水库
	2	流溪河水库		20	杨寮水库
深圳	3	西丽水库		21	竹仙洞水库出口
	4	梅林水库		22	乾务水库
	5	铁岗水库		23	竹银水库
	6	石岩水库	惠州	24	沙田水库
	7	松子坑水库		25	风田水库
	8	罗田水库		26	西湖
	9	清林径水库		27	白盆珠水库
	10	赤坳水库	肇庆	28	九坑河水库
	11	径心水库		29	星湖
	12	三洲田水库		30	中心湖
江门	13	大沙河水库	肇庆	31	波海湖
	14	锦江水库		32	里湖
东莞	15	松山湖水库		33	仙女湖
	16	水濂山水库	中山	34	长江水库
	17	雁田山水库			
	18	同沙水库			

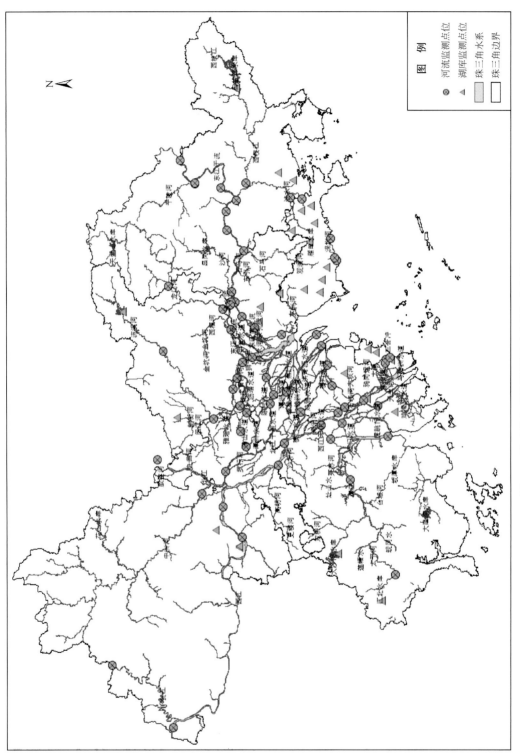

图5-1 珠三角水系监测断面（点位）分布图

河流水质监测按照《地表水环境质量评价办法》（环办〔2011〕22 号文）规定，监测指标有 pH、水温、溶解氧、高锰酸盐指数、化学需氧量、生化需氧量、氨氮、总磷、铜、铅、锌、氟化物、硒、砷、汞、镉、六价铬、铅、氰化物、挥发酚、石油类、阴离子表面活性剂、硫化物和粪大肠菌群 24 项。如果断面为水源断面，则监测指标增加至 61 项，其中 5 项为《地表水环境质量标准》（GB 3838—2002）中表 2 的 5 个补充项目和从表 3 的 80 个饮用水源特定项目中筛选出的 33 个检出率较高、潜在风险大、毒性强，包涵了挥发性卤代烃、甲醛、苯系物、氯苯类、硝基苯类、有机氯农药、除草剂、苯并（a）芘、酞酸酯类、重金属、类金属在内的 11 类污染指标。水源断面每年还要开展一次《地表水环境质量标准》（GB 3838—2002）全指标的监测。

湖库水质监测指标在河流监测指标上增加透明度、总氮和叶绿素 a 三项指标。

依照《地表水和污水监测技术规范》（HJ/T91—2002）采集水样。pH、溶解氧等指标现场测定；重金属样品水样采集后用 0.45μm 微孔滤膜过滤，并加浓硝酸酸化低温保存；氨氮、化学需氧量、石油类样品水样采集后加硫酸调到 pH<2，在 4℃ 低温保存。

水样现场预处理后送回实验室，按照《地表水环境质量标准》（GB3838—2002）或《水和废水监测分析方法》（第四版）规定，采用国标或等同于国标的 ISO（国际标准化组织）方法分析，详见表 5-3。

表 5-3　珠三角区域地表水水质监测分析方法

序号	监测项目	分析方法	标准号	最低检出限/（mg/L）
1	水温	温度计法	GB/T 13195–1991	
2	pH	玻璃电极法	GB/T 6920–1986	
3	透明度	塞氏盘法	《水和废水监测分析方法》（第四版）（B）	
4	溶解氧	电化学探头法	GB/T 11913–1989	
5	高锰酸盐指数	高锰酸钾法	GB/T 11892–1989	0.16
6	化学需氧量	快速密闭催化消解法	《水和废水监测分析方法》（第四版）（B）	6
7	生化需氧量	微生物传感器快速测定法	HJ/T 86—2002	1.4
8	氨氮	水杨酸分光光度法	GB/T 7481–1987	0.02
9	总磷	钼酸铵分光光度法	GB/T 11893–1989	0.004
10	总氮	碱性过硫酸钾消解紫外分光光度法	GB/T 11894–1989	0.04
11	氟化物	离子选择电极法	GB/T 7484–1987	0.02
12	铜	石墨炉原子吸收法	《水和废水监测分析方法》（第四版）	0.000 6
13	镉	石墨炉原子吸收法	《水和废水监测分析方法》（第四版）	0.000 06

续表

序号	监测项目	分析方法	标准号	最低检出限/（mg/L）
14	铅	石墨炉原子吸收法	《水和废水监测分析方法》（第四版）	0.000 8
15	硒	原子荧光法	《水和废水监测分析方法》第四版（B）	0.000 4
16	砷	原子荧光法	《水和废水监测分析方法》第四版（B）	0.000 4
17	汞	冷原子吸收分光光度法	GB/T 7468-1987	0.000 04
18	六价铬	二苯碳酰二肼分光光度法	GB/T 7467-1987	0.002
19	氰化物	分光光度法	HJ 484—2009	0.002
20	挥发酚	4-氨基安替比林分光光度法	HJ 503—2009	0.002
21	石油类	红外光度法	GB/T 16488—1996	0.02
22	阴离子表面活性剂	亚甲蓝分光光度法	GB/T 7494—1987	0.024
23	硫化物	亚甲基蓝分光光度法	GB/T 16489—1996	0.02
24	粪大肠菌群	滤膜法	HJ/T 347—2007	
25	硫酸盐	离子色谱法	GB/T 5750.5—2006（1.2）	0.12
26	氯化物	离子色谱法	GB/T 5750.5—2006（2.2）	0.1
27	硝酸盐	镉柱还原法	GB/T 5750.5—2006（5.4）	0.002
28	锌	电感耦合等离子体发射光谱法	GB/T 5750.6—2006（1.4）	0.002
29	铁	电感耦合等离子体发射光谱法	GB/T 5750.6—2006（1.4）	0.02
30	锰	电感耦合等离子体发射光谱法	GB/T 5750.6—2006（1.4）	0.002
31	钼	电感耦合等离子体发射光谱法	GB/T 5750.6—2006（1.4）	0.002
32	钴	电感耦合等离子体发射光谱法		0.002
33	铍	电感耦合等离子体质谱法	USEPA 200.8—1994	0.000 01
34	硼	电感耦合等离子体发射光谱法	GB/T 5750.6—2006（1.4）	0.02
35	锑	电感耦合等离子体质谱法	USEPA 200.8—1994	0.001
36	镍	电感耦合等离子体发射光谱法	GB/T 5750.6—2006（1.4）	0.002
37	钡	电感耦合等离子体发射光谱法		0.02
38	钒	电感耦合等离子体发射光谱法		0.002
39	钛	电感耦合等离子体发射光谱法	《水和废水监测分析方法》（第四版）（B）	0.002
40	铊	电感耦合等离子体质谱法	USEPA 200.8—1994	0.000 08

5.1.1.2 评价方法

采用水质类别和水质污染指数变化来评价珠三角水质状况及时空变化趋势。

（1）断面水质类别评价方法

按《地表水环境质量标准》（GB 3838—2002）规定的单因子评价方法评价珠江三角洲流域水环境质量状况。单因子评价法（或最差因子评价法）是目前国内应用最为普遍的一种水质评价方法，是将监测指标实测浓度与《地表水环境质量标准》相比，选取评价指标中最差的类别作为判定水体水质的最终类别结果，方法简单直观。公式如下：

$$L_{ij} = C_{ij}/C_{ij0} \tag{5-1}$$
$$L_i = \text{Max}\ (L_{ij}) \tag{5-2}$$

式中，L_{ij} 为 j 断面 i 监测指标的相对污染值；C_{ij} 为 j 断面 i 监测指标浓度；C_{ij0} 为 j 断面 i 监测指标的评价标准值；L_i 为最差因子指数。

（2）主要污染指标确定

《地表水环境质量评价办法》（环办〔2011〕22 号文）规定断面主要污染指标的确定：评价时段内，断面水质为"优"或"良好"时，不评价主要污染指标。断面水质超过Ⅲ类标准时，先按照不同指标对应水质类别的优劣，选择水质类别最差的前三项指标作为主要污染指标。当不同指标对应的水质类别相同时计算超标倍数，将超标指标按其超标倍数大小排列，取超标倍数最大的前三项为主要污染指标。当氰化物或铅、铬等重金属超标时，优先作为主要污染指标。确定了主要污染指标的同时，应在指标后标注该指标浓度超过Ⅲ类水质标准的倍数，即超标倍数，如高锰酸盐指数（1.2）。对于水温、pH 和溶解氧等项目不计算超标倍数。

$$超标倍数 = \frac{某指标浓度值 - 该指标Ⅲ类水质标准}{该指标Ⅲ类水质标准} \tag{5-3}$$

河流、流域（水系）主要污染指标的确定方法：将水质超过Ⅲ类标准的指标按其断面超标率大小排列，一般取断面超标率最大的前三项为主要污染指标。对于断面数少于 5 个的河流、流域（水系），按断面主要污染指标的确定方法确定河流、流域（水系）的主要污染指标。

$$断面超标率 = \frac{某评价指标超过Ⅲ类标准的断面(点位)个数}{断面(点位)总数} \times 100\% \tag{5-4}$$

（3）水质变化评价方法

分析水质变化常采用水质综合污染指数法，便于纵向与横向对比分析，用于反映河流、水系或断面在不同时间、空间分布特征。该法是将各监测指标浓度值与国家《地表水环境质量标准》（GB 3838—2002）限值相比，进行数据归一化处理，得出一系列无量纲指数，将各单元参数的无量纲指数和指标权重进行加权平均，得出综合污染指数。

纳入综合污染指数的评价项目可以根据研究区域的污染状况和污染特征确定。本研究纳入的评价指标为高锰酸盐指数、化学需氧量、五日生化需氧量、氨氮、总磷、铜、锌、氟化物、硒、砷、汞、镉、六价铬、铅、氰化物、挥发酚、石油类、阴离子表面活性剂、硫化物 19 项，评价标准为《地表水环境质标准》（GB 3838—2002）的Ⅲ类标准。

综合污染指数计算公式为

$$P_j = \sum_{i=1}^{n} P_{ij} \tag{5-5}$$

$$P_{ij} = C_{ij}/C_{io} \tag{5-6}$$

式中，P_j 为 j 断面综合污染指数；P_{ij} 为 j 断面 i 项污染指标的污染指数；C_{ij} 为 j 断面 i 项污染指标浓度值；C_{io} 为 i 项污染指标评价标准值；n 为指标项数。

分析断面（点位）、河流、流域（水系）、行政区域内多时段的水质变化趋势及变化程度，应对评价指标值（如指标浓度、水质类别比例、综合污染指数等）与时间序列进行相关性分析，并检验相关系数和斜率的显著性意义，确定其是否有变化和变化程度。变化趋势可用折线图来表征。

衡量环境污染变化趋势在统计上有无显著性，最常用的是 Daniel 的趋势检验，它使用了 Spearman 的秩相关系数。使用这一方法，要求具备足够的数据，一般至少应采用 4 个期间的数据，即 5 个时间序列的数据。给出时间周期 Y_1，$\cdots$，Y_N，和它们的相应值 X（即年均值 C_1，$\cdots$，C_N），从大到小排列好，统计检验用的秩相关系数 r_S 按式（5-8）计算：

$$r_S = 1 - \left[6 \sum_{i=1}^{n} d_i^2 \right] / \left[N^3 - N \right] \tag{5-7}$$

$$d_i = X_i - Y_i \tag{5-8}$$

式中，d_i 为变量 X_i 与 Y_i 的差值；X_i 为周期 I 到周期 N 按浓度值从小到大排列的序号；Y_i 为按时间排列的序号。

将秩相关系数 r_S 的绝对值同 Spearman 秩相关系数统计表（表 5-4）中的临界值 W_p 进行比较。

表 5-4 秩相关系数 r_S 的临界值（W_p）

N	W_p	
	显著水平（单侧检验）0.05	显著水平（单侧检验）0.1
5	0.900	1.000
6	0.829	0.943
7	0.714	0.893
8	0.643	0.833
9	0.600	0.783
10	0.564	0.746
12	0.506	0.712
14	0.456	0.645
16	0.425	0.601
18	0.399	0.564

续表

N	W_p	
	显著水平（单侧检验）0.05	显著水平（单侧检验）0.1
20	0.377	0.534
22	0.359	0.508
24	0.343	0.435
26	0.329	0.465
28	0.317	0.448
30	0.306	0.432

当 $r_S > W_p$ 则表明变化趋势有显著意义：

1）如果 r_S 是负值，则表明在评价时段内有关统计量指标变化呈下降趋势或好转趋势；

2）如果 r_S 为正值，则表明在评价时段内有关统计量指标变化呈上升趋势或加重趋势。

当 $r_S \leq W_p$ 则表明变化趋势没有显著意义：说明在评价时段内水质变化稳定或平稳。

5.1.2　区域水质时空变化分析

5.1.2.1　区域水质整体特征

分析珠三角 9 个城市 65 个河流断面和 34 个湖库水质监测结果，珠三角水质呈如下特征。

1）珠三角地表水水质总体呈轻度污染状态，但仍以Ⅱ类、Ⅲ类优良水质为主。河流水质Ⅱ类、Ⅲ类断面占比为 70.77%，Ⅳ类断面占比为 12.31%，Ⅴ类断面占比为 7.69%，劣Ⅴ类断面占比 9.23%（图 5-2）。湖库水质Ⅱ类、Ⅲ类占比为 73.54%，Ⅳ类占比为 11.76%，Ⅴ类占比为 2.94%，劣Ⅴ类占比为 11.76%（图 5-3）；湖库综合营养状态指数均值为 40.6，整体呈中营养状态。

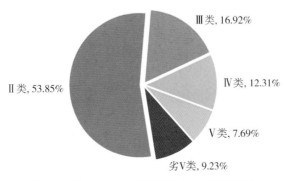

图 5-2　2015 年珠三角河流断面水质类别比例

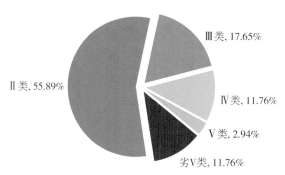

图5-3　2015年珠三角湖库水质类别比例

2）受污染河流水质呈生活、工业和河道运输复合污染特征，氨氮、总磷为主要污染因子。氨氮、总磷超标率分别为25%、20%，超标倍数分别在0.03~6.15、0.04~3.37。此外，五日生化需氧量、化学需氧量、高锰酸盐指数、石油类和氟化物也出现超标，超标率分别为13%、13%、11%、4%和2%，超标倍数分别在0.03~1.05、0.08~0.44、0.05~0.23和0.06~0.84（图5-4）。

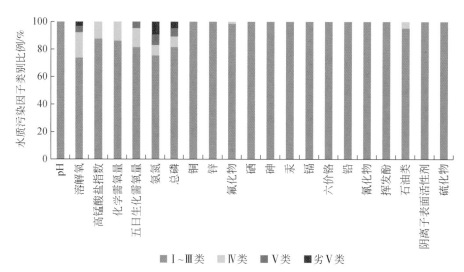

图5-4　2015年珠三角河流水质污染因子类别比例

3）受污染湖库水质呈生活污染特征，总磷、总氮为主要污染因子。总磷、总氮超标率分别为24%、21%，超标倍数分别在0.04~2.95、0.12~4.48。

4）地表水水质重金属浓度水平较低，均在地表水Ⅱ类标准限值以下。

5.1.2.2　年际变化特征

分析2000~2010年珠三角区域主要河流的水质变化，结果表明：2000~2010年水质综合污染指数明显下降，从2000年的0.86下降到2010年的0.39（图5-5），降幅达54%，水质良好断面（Ⅰ~Ⅲ类断面）比例上升9.1%，Ⅳ类、Ⅴ类和劣Ⅴ类断面比例分别下降1.8%、1.8%和5.5%（图5-5），河流水质总体好转。但主要污染因子氨氮和总磷浓度无明显改善。氨氮浓度从2000年的1.44mg/L逐年上升至2003年的2.27mg/L，达到最大，之后波动下降至2010年的1.43mg/L；总磷变化与氨氮类似，浓度从2001年的0.15mg/L逐年上升至2003年的0.28mg/L，达到最大，之后波动下降至2010年的0.21mg/L。从水质类别比例看，氨氮、总磷的类别比例与浓度变化相似（图5-6、图5-7）。

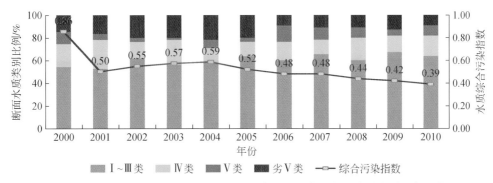

图5-5　2000~2010年珠三角河流水质综合污染指数和断面水质类别比例变化

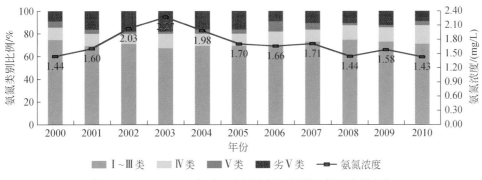

图5-6　2000~2010年珠三角河流氨氮类别比例和浓度变化

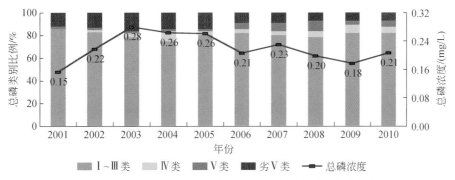

图5-7　2000~2010年珠三角区域总磷类别比例和浓度变化

珠三角湖库水质的年际变化特征采用典型案例分析方法，以惠州西湖为例，分析西湖 2002～2011 年水质变化特征，结果显示：

1）水质呈好转趋势。2002～2011 年惠州西湖水质总体呈改善趋势，水质综合污染指数自 2002 年的 0.67 下降到 2004 年的 0.29，降幅达 56.7%，之后一直在 0.25～0.35 小幅波动。

2）水质呈轻度污染状态。惠州西湖水质长期为Ⅳ类，呈轻度污染状态，主要污染物为总磷（0.025～0.388mg/L），且近几年浓度呈上升趋势，最大超标倍数达 6.76 倍（图 5-8）。

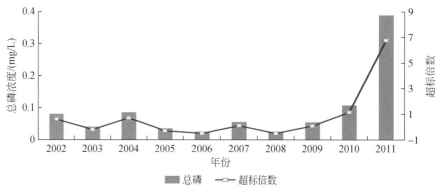

图 5-8　2002～2011 年惠州西湖总磷浓度变化

3）湖体呈轻度富营养状态。因西湖水中营养盐长期处于较高浓度水平，且总磷浓度呈上升趋势，西湖水体的综合营养状态指数除了 2006 年和 2009 年略低外，其他年份均在富营养状态的临界值附近波动，水体总体呈轻度富营养状态（图 5-9）。

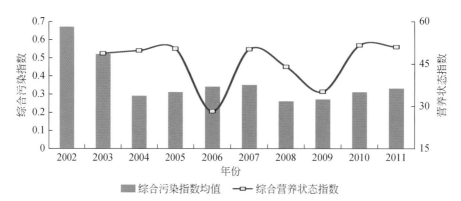

图 5-9　2002～2011 年惠州西湖综合污染指数和营养状态指数变化

5.1.2.3　空间分布特征

分析珠三角 9 个城市河流水质的空间特征及污染分布状况，结果显示：

1）肇庆河流水质最优，深圳最差。深圳水质综合污染指数达 0.64，其次为东莞，综合污染指数为 0.35。从河流水质类别比例看，深圳劣 V 类断面比例最高，达到 75.0%，其次是佛山、惠州和广州，劣Ⅴ类断面比例分别为 12.5%、10.0%、5.9%；肇庆水质断面类别均为Ⅱ～Ⅲ类，其次为惠州、佛山和江门，Ⅱ～Ⅲ类断面比例分别为 90.0%、87.5% 和 85.7%（图 5-10）。

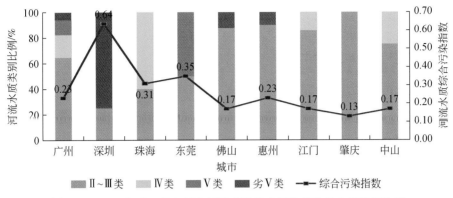

图 5-10 2015 年珠三角各城市河流水质综合污染指数及水质类别比例

2）氨氮浓度空间分布：深圳、东莞氨氮浓度最高，肇庆最低（图 5-11）。深圳河流氨氮浓度为 4.11mg/L，属劣Ⅴ类，东莞河流氨氮浓度为 1.08mg/L，为Ⅳ类，其他各城市氨氮浓度在Ⅱ～Ⅲ类；深圳、东莞河流水体氨氮含量分别超过Ⅲ类标准 3.11 倍、0.08 倍。

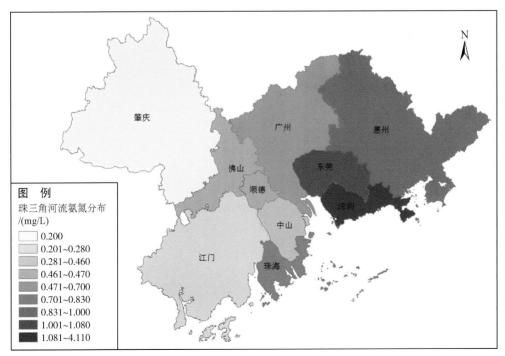

图 5-11 珠三角河流氨氮的空间分布示意图

3）总磷空间分布：深圳、东莞总磷浓度最高，肇庆最低。深圳河流总磷浓度为0.49mg/L，属劣Ⅴ类，超Ⅲ类标准1.5倍，东莞总磷浓度为0.24mg/L，属Ⅳ类，超Ⅲ类标准0.2倍，其他城市总磷浓度在Ⅱ～Ⅲ类（图5-12）。

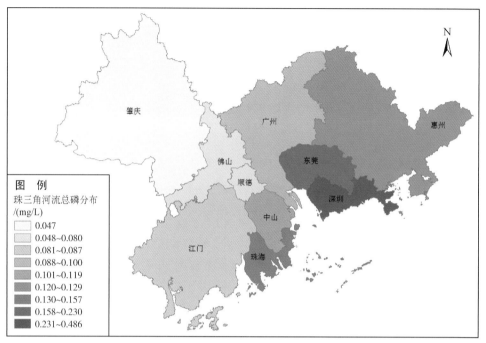

图5-12　珠三角河流总磷浓度空间分布示意图

5.1.2.4　水期变化特征

珠三角河流2000～2010年枯、丰、平各水期的水质综合污染指数变化结果如图5-13所示。11年间综合污染指数最高值分别出现在枯水期和平水期，其中，63.6%（7个年份）的枯水期综合污染指数最高，36.4%的（4个年份）平水期综合污染指数最高。可见流域以工业废水和生活污水等点源污染为主。从年度内水期综合污染指数变化幅度看，年度各水期的变化幅度在逐年减少，由2000年的水期变幅28.8%下降到2010年的3.5%，珠三角水体污染程度受地表径流量的影响在逐渐减少，由此说明水体主要污染来源发生了改变，点源不再是流域的主要污染来源。

比较分析珠三角9个城市2000～2010年枯、丰、平水期综合污染指数变化，结果显示，除肇庆外，所有城市大部分年份枯水期综合污染指数较高，深圳有10年枯水期综合污染指数最高，枯水期峰值年份占比达91%，其次为广州（64%）、惠州（64%）；肇庆丰水期峰值年份占比为55%。此外，各城市丰水期综合污染指数呈上升趋势。由此判断，肇庆水质污染以面源为主，深圳、广州、惠州水质污染以点源为主，但正逐步转向以面源污染为主（表5-5）。

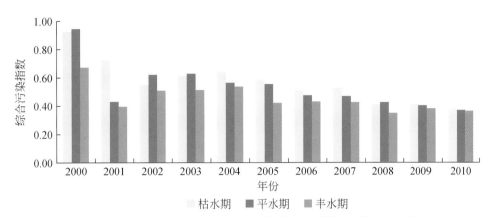

图 5-13 2000～2010 年珠三角河流不同水期水质综合污染指数变化

表 5-5 2000～2010 珠三角城市枯、丰、平水期综合污染指数变化

年份	水期	东莞市	佛山市	广州市	惠州市	江门市	深圳市	肇庆市	中山市	珠海市
2000	枯水期	0.91	0.69	0.48	1.10	0.37	5.36	0.20	0.37	0.43
	平水期	1.94	0.63	0.41	1.20	0.27	4.44	0.19	0.47	0.35
	丰水期	1.15	0.27	0.38	0.81	0.28	3.16	0.21	0.42	0.43
2001	枯水期	1.54	0.67	0.51	1.18	0.21	1.99	0.16	0.35	0.26
	平水期	0.61	0.57	0.31	0.57	0.18	1.30	0.15	0.20	0.21
	丰水期	0.66	0.27	0.32	0.68	0.19	0.79	0.16	0.28	0.33
2002	枯水期	1.05	0.37	0.40	0.62	0.22	2.11	0.16	0.31	0.26
	平水期	1.11	0.80	0.41	0.60	0.20	1.86	0.15	0.90	0.23
	丰水期	1.19	0.32	0.31	0.55	0.19	1.98	0.15	0.22	0.22
2003	枯水期	1.01	0.38	0.41	0.79	0.25	2.52	0.18	0.44	0.24
	平水期	1.49	0.43	0.42	0.53	0.21	2.51	0.17	0.46	0.24
	丰水期	1.33	0.30	0.38	0.62	0.20	1.27	0.18	0.44	0.28
2004	枯水期	1.02	0.64	0.46	0.75	0.25	2.55	0.16	0.39	0.25
	平水期	0.82	0.59	0.43	0.77	0.24	1.78	0.19	0.38	0.27
	丰水期	0.93	0.39	0.35	1.11	0.23	1.22	0.19	0.35	0.27
2005	枯水期	0.82	0.49	0.45	0.72	0.25	2.32	0.16	0.40	0.25
	平水期	0.79	0.57	0.42	0.67	0.23	1.92	0.17	0.43	0.28
	丰水期	0.78	0.36	0.30	0.47	0.21	1.23	0.17	0.38	0.26
2006	枯水期	0.71	0.41	0.38	0.84	0.21	1.52	0.20	0.37	0.31
	平水期	0.52	0.49	0.34	0.65	0.21	1.62	0.18	0.40	0.29
	丰水期	0.51	0.32	0.30	0.63	0.22	1.50	0.15	0.42	0.30

续表

年份	水期	东莞市	佛山市	广州市	惠州市	江门市	深圳市	肇庆市	中山市	珠海市
2007	枯水期	0.70	0.47	0.36	0.68	0.21	2.10	0.16	0.39	0.28
	平水期	0.66	0.43	0.36	0.60	0.21	1.65	0.16	0.29	0.27
	丰水期	0.67	0.38	0.28	0.51	0.20	1.44	0.17	0.34	0.27
2008	枯水期	0.56	0.36	0.33	0.40	0.21	1.88	0.15	0.37	0.27
	平水期	0.59	0.54	0.35	0.34	0.22	1.74	0.15	0.34	0.28
	丰水期	0.42	0.38	0.30	0.26	0.22	1.26	0.16	0.34	0.28
2009	枯水期	0.42	0.32	0.37	0.33	0.20	1.71	0.16	0.33	0.29
	平水期	0.58	0.31	0.28	0.33	0.21	1.69	0.15	0.36	0.28
	丰水期	0.38	0.32	0.30	0.34	0.21	1.60	0.16	0.31	0.27
2010	枯水期	0.43	0.30	0.33	0.31	0.20	1.51	0.14	0.27	0.28
	平水期	0.42	0.30	0.32	0.31	0.23	1.37	0.14	0.29	0.27
	丰水期	0.43	0.28	0.31	0.32	0.25	1.26	0.15	0.30	0.27

5.1.3 水环境压力

珠三角区域生活污水和工业废水排放是水环境污染的主要来源，主要特征污染物为氨氮和化学需氧量（周瑛等，2003）。珠三角废水排放总量呈现出上升趋势，且生活污水及工业废水排放总量一直较大，很多地区排放已经超过了当地水环境的承载负荷（罗承平和刘新媛，1997）。生活污水呈逐年增加的趋势，而工业废水排放呈先升后降的趋势，但总量依旧很大。如图5-14所示，2006年珠三角化学需氧量排放总量为43万t，氨氮排放总量为5.0万t，到2010年化学需氧量排放量上升到68万t，氨氮排放量上升到10万t，五年间化学需氧量排放增加了58.1%，氨氮排放量增加了100%。

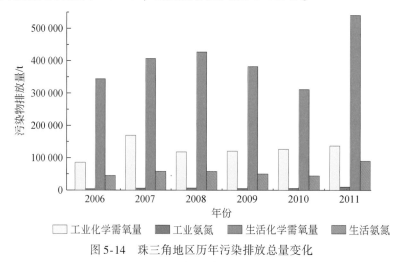

图5-14 珠三角地区历年污染排放总量变化

2014 年广东省废污水排放总量为 121.3 亿 t（不包括火核电直流冷却水排放量 35.3 亿 t 和矿坑排水量 0.1 亿 t）。相应地全省入河废污水量为 92.0 亿 t，占全省废污水排放总量的 75.8%，而全省 55.4% 的入河废污水量集中在珠三角。入河废污水量大于 5 亿 t 的地区为广州、深圳、东莞和佛山，其余各市在 1.0 亿～5.0 亿 t（广东省水利厅，2015）。

5.1.4 水环境变化的因子分析

综合水环境驱动机制和专家研究进展（周瑛等，2003；徐祥功等，2015；臧锐，2013），以及数据的可获得性，选取人口城市化率、经济活动强度、第一产业比例、第二产业比例、第三产业比例和城市用地面积 6 项指标为对象，研究 6 项指标与珠三角区域水环境变化的相关性，各数据见表 5-6。

表 5-6　流域水环境与社会经济要素的相关数据

年份	综合污染指数	人口城市化率 /%	经济活动强度	第一产业比例 /%	第二产业比例 /%	第三产业比例 /%	城市用地面积 /km²
2000	0.86	71.59	1538.79	5.46	47.60	46.93	5863
2001	0.50	72.74	1746.78	5.00	47.07	47.93	6031
2002	0.55	73.88	2001.85	4.56	46.85	48.59	6199
2003	0.57	75.03	2367.88	3.97	48.33	47.70	6367
2004	0.59	76.17	2829.76	3.62	49.40	46.98	6534
2005	0.52	77.32	3339.78	3.05	50.69	46.25	6702
2006	0.48	79.64	3962.21	2.59	51.36	46.05	6896
2007	0.48	79.61	4706.45	2.43	50.53	47.05	7089
2008	0.44	80.05	5471.23	2.41	49.87	47.72	7283
2009	0.42	80.19	5873.41	2.25	47.99	49.76	7476
2010	0.39	82.72	6883.09	2.15	48.60	49.26	7670

注：人口城市化率，以常住人口与总人口比值表示；经济活动强度为单位面积的万元 GDP 产值（万元/km²）；城市用地面积为城市建设用地面积，上述数据以《广东统计年鉴》为准。

用 SPSS 对表 5-6 数据进行相关分析，结果见表 5-7。相关分析的结果显示，珠三角区域水质综合污染指数与城市用地面积、人口城市化率在 sig.（显著性）= 0.01 层上显著负相关，与经济活动强度在 sig. = 0.05 层上显著负相关，与第一、第二、第三产业占 GDP 比例相关性不明显，但与第一产业保持有相同变化趋势。因此，珠三角区域水环境质量的驱动因子强度为：人口城市化率>城市用地面积>经济活动强度>第一产业比例>第三产业比例>第二产业比例。

表5-7　水质综合污染指数相关性检验结果

项目	人口城市化率	经济活动强度	第一产业比例	第二产业比例	第三产业比例	城市用地面积
相关系数	−0.782	−0.737	0.701	−0.280	−0.353	−0.779
显著性水平	0.004	0.10	0.16	0.403	0.287	0.005

同理，得出珠三角各市水环境的驱动因子的相关检验结果，见表5-8。结果显示。

表5-8　珠三角各市水环境相关性检验结果

城市	项目	人口城市化率	经济活动强度	第一产业比例	第二产业比例	第三产业比例	城市用地面积
广州	相关系数	0.012	−0.675	0.712	0.564	−0.710	−0.696
	显著性水平	0.973	**0.023**	**0.014**	0.071	**0.014**	**0.017**
深圳	相关系数	−0.637	−0.478	0.560	0.032	−0.098	−0.509
	显著性水平	**0.035**	0.129	0.073	0.925	0.773	0.110
珠海	相关系数	−0.464	−0.205	0.164	0.110	−0.257	−0.350
	显著性水平	0.150	0.545	0.630	0.747	0.446	0.291
佛山	相关系数	−0.836	−0.819	0.724	−0.629	0.579	−0.786
	显著性水平	*0.001*	*0.002*	**0.012**	**0.038**	0.062	*0.004*
江门	相关系数	−0.390	−0.259	0.334	−0.295	0.239	−0.306
	显著性水平	0.236	0.442	0.316	0.379	0.480	0.360
惠州	相关系数	−0.829	−0.811	0.768	0.282	−0.743	−0.830
	显著性水平	*0.002*	*0.002*	*0.006*	0.401	**0.009**	*0.002*
肇庆	相关系数	−0.430	−0.490	0.418	−0.451	0.152	−0.482
	显著性水平	0.186	0.126	0.201	0.163	0.655	0.133
东莞	相关系数	−0.910	−0.909	0.875	0.463	−0.673	−0.913
	显著性水平	*0.000*	*0.000*	*0.000*	0.151	**0.023**	*0.000*
中山	相关系数	−0.292	−0.391	0.092	0.342	−0.535	−0.195
	显著性水平	0.383	0.234	0.787	0.303	0.090	0.566

注：表中黑体加斜数据表示在sig.0.01层显著相关，黑体数据表示在sig.0.05层显著相关。

1）广州、深圳、佛山、惠州、东莞水环境有明显驱动因素，其他城市驱动因素不明显。

2）广州水环境主驱动因素为第一产业比例，即第一产业比例越小，水环境质量越好，第三产业比例、城市用地面积和经济活动强度也强烈影响广州水环境；深圳水环境主驱动因素为人口城市化率，即常住人口越多水环境质量越差；惠州水环境主驱动因素为城市用地面积，即城市建设用地面积越大，水环境质量越差，人口城市化率、经济活动强度和第一产业比例也对惠州水环境强烈影响；东莞市水环境主驱动因素为城市用地面积，其次为人口城市化率、经济活动强度和第一产业比例。

3) 其他城市水环境虽然与社会经济因素无明显相关性，但水环境变化与人口城市化率、经济活动强度和城市用地面积呈相反趋势变化，即人口城市化率越高，经济活动强度越强，城市用地面积越多，水环境质量越差。

5.1.5　小结

本节研究珠三角区域 2000~2010 年水环境质量的年际变化特征、空间变化特征、水期变化特征及城市污染特征，分析水环境质量变化的驱动因素，得出结论如下。

1) 珠三角地表水水质总体呈轻度污染状态，但仍以Ⅱ、Ⅲ类优良水质为主。河流主要污染因子为氨氮、总磷和五日生化需氧量；湖库主要污染因子为总磷（0.005~0.198mg/L）、总氮（0.108~5.480mg/L）和高锰酸盐指数（1.11~6.14mg/L）。

2) 河流水质综合污染指数明显下降，从 2000 年的 0.86 下降到 2010 年的 0.39，下降幅度达 54%；珠三角 9 个城市中，河流水质最好的为肇庆市，最差的为深圳和东莞。

3) 2000~2010 年珠三角区域水质综合污染指数分别出现在枯水期和平水期，其中，63.6%（7 个年份）枯水期综合污染指数最高，36.4%（4 个年份）平水期综合污染指数最高，丰水期综合污染指数无峰值出现。

4) 珠三角区域水环境质量的驱动因子强度：人口城市化率>城市用地面积>经济活动强度>第一产业比例>第三产业比例>第二产业比例。广州、深圳、佛山、惠州、东莞水环境变化有明显驱动因素，主要驱动因子为城市用地面积、经济活动强度、人口城市化率等，且水环境与驱动因子持相反趋势变化，即人口城市化率越高、经济活动强度越大、城市用地面积越大、水环境质量越差。而其他城市水环境驱动因素虽然不明显，但也有此趋势。

5.2　典型流域茅洲河水环境变化

5.2.1　茅洲河流域概况

5.2.1.1　基本概况

茅洲河流域位于深圳市西北部，跨越深圳、东莞两市，流域总面积为 388.23km²，其中深圳一侧面积为 310.85km²，占 80.1%，东莞一侧面积为 77.38km²，占 19.9%（图 5-15）。

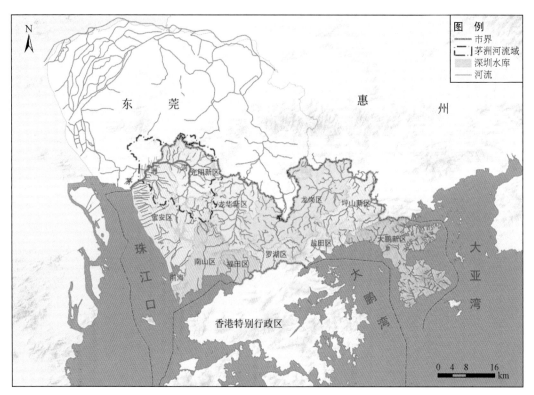

图 5-15　茅洲河流域位置示意图

茅洲河发源于深圳境内的羊台山北麓,干流全长为 31.29km,上游流向为自南向北,到中游后折向西,入伶仃洋出海,在深圳部分流经石岩、公明、光明、松岗、沙井 5 个街道,在东莞部分流经长安镇,塘下涌—河口的约 12km 的河段为深圳与东莞的界河(彭溢等,2014;崔小新和郭睿,2006)。

茅洲河流域水系发达,两岸支流众多,据初步统计流域内除石岩片区外共有各级支流 45 条,其中一级支流 24 条,二级支流 16 条,三级支流 5 条。其中流域面积大于 $10km^2$ 的支流有新陂头水、排涝河、沙井河、罗田水、新陂头水北支、鹅颈水、公明排洪渠、松岗河、西田水、上寮河、楼村水 11 条(图 5-16)。

5.2.1.2　人口

根据《2014 深圳统计年鉴》,2013 年茅洲河流域深圳一侧共有 176.88 万人(表5-9)。其中宝安区的沙井街道 57.34 万人,占流域总人口的 32.4%;松岗街道 43.06 万人,占 24.3%;石岩街道 26.84 万人,占 15.2%。光明新区的公明街道 42.75 万人,占 24.2%;光明街道 6.89 万人,占 3.9%。

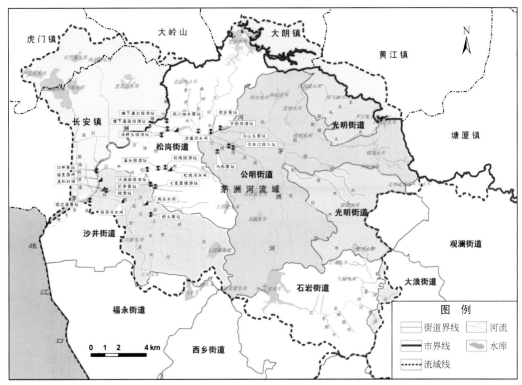

图 5-16 茅洲河流域水系图（含东莞侧）

表 5-9 茅洲河流域深圳侧各街道 2013 年人口统计表

行政区	街道	人口数量/万人	比例/%
宝安区	沙井	57.34	32.4
	松岗	43.06	24.3
	石岩	26.84	15.2
	小计	127.24	71.9
光明新区	公明	42.75	24.2
	光明	6.89	3.9
	小计	49.64	28.1
合计		176.88	100

5.2.1.3 社会经济

茅洲河流域（不含东莞长安）区内 2013 年的社会经济情况见表 5-10。可见，2013 年茅洲河流域深圳侧 GDP 约 1409 亿元，其中宝安区 828.44 亿元，光明新区 580.56 亿元，分别占流域深圳侧 GDP 总值的 58.8% 和 41.2%。

表 5-10 茅洲河流域深圳侧 2013 年社会经济概况

地市	区镇	街道	GDP/亿元
深圳	宝安区	沙井	337.92
		松岗	268.5
		石岩	222.02
		小计	828.44
	光明新区	公明	485.47
		光明	95.09
		小计	580.56
	合计		1409.00

5.2.2 污染特征

茅洲河流域面积深圳占 80%，本节以深圳为重点分析流域污染特征。

5.2.2.1 工业企业

如表 5-11 所示，根据 2013 年环境统计结果，茅洲河流域重点污染源共 477 家，其中市管 84 家，占 17.6%，区管 393 家，占 82.4%。其中宝安区的沙井街道有 138 家，占流域重点污染源数量的 28.9%；松岗街道 194 家，占 40.7%；石岩街道 25 家，占 5.2%。光明新区的公明街道 99 家，占 20.8%；光明街道 21 家，占 4.4%。重点污染源分布如图 5-17 所示。

表 5-11 茅洲河流域各街道 2013 年工业企业统计表

行政区	街道	重点污染源/家	比例/%	市管/家	比例/%	区管/家	比例/%
宝安区	沙井	138	28.9	41	8.6	97	20.4
	松岗	194	40.7	36	7.6	158	33.1
	石岩	25	5.2	2	0.4	23	4.8
	小计	357	74.8	79	16.6	278	58.3
光明新区	公明	99	20.8	3	0.6	96	20.1
	光明	21	4.4	2	0.4	19	4.0
	小计	120	25.2	5	1.0	115	24.1
合计		477	100	84	17.6	393	82.4

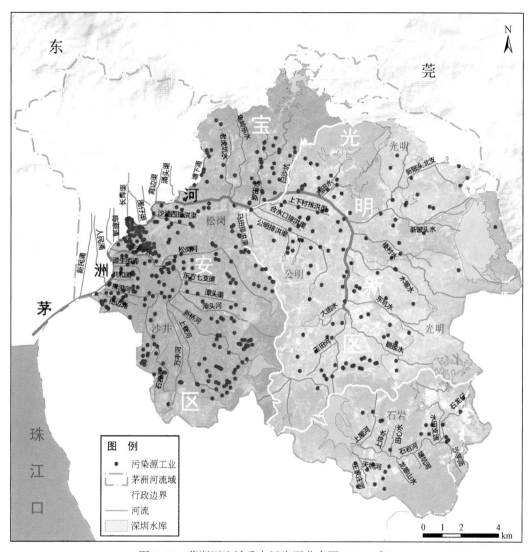

图 5-17 茅洲河流域重点污染源分布图（2013 年）

5.2.2.2 废水排放

（1）用水量

根据《2013 年深圳市水资源公报》，2013 年茅洲河流域用水量为 3.10 亿 m³。按流域内街道用水量划分，沙井街道 0.81 亿 m³，占 26.13%；松岗街道 0.78 亿 m³，占 25.16%；石岩街道 0.40 亿 m³，占 12.90%；公明街道 0.89 亿 m³，占 28.71%；光明街道 0.22 亿 m³，占 7.10%。按照用水类型划分，城市生活用水量为 0.92 亿 m³，占 29.68%；工业用水量为 1.35 亿 m³，占 43.55%；其他用水量为 0.83 亿 m³，占 26.77%（表 5-12）。

表 5-12　茅洲河流域各街道 2013 年用水量统计表

行政区	街道	生活		工业		其他		合计	
		用水量 /亿 m³	比例 /%	用水量 /亿 m³	比例 /%	用水量 /亿 m³	比例 /%	用水量 /亿 m³	比例 /%
宝安区	沙井	0.30	9.68	0.32	10.32	0.19	6.13	0.81	26.13
	松岗	0.22	7.10	0.35	11.29	0.21	6.77	0.78	25.16
	石岩	0.14	4.52	0.16	5.16	0.10	3.23	0.40	12.90
	小计	0.66	21.29	0.83	26.77	0.50	16.13	1.99	64.19
光明新区	公明	0.22	7.10	0.41	13.23	0.26	8.39	0.89	28.71
	光明	0.04	1.29	0.11	3.55	0.07	2.26	0.22	7.10
	小计	0.26	8.39	0.52	16.77	0.33	10.65	1.11	35.81
合计		0.92	29.68	1.35	43.55	0.83	27.77	3.10	100

（2）废水排放量

根据《2013 年深圳市水资源公报》，2013 年茅洲河流域废水排放量 2.29 亿 m³。按流域内街道废污水排放量划分，沙井街道 0.60 亿 m³，占 26.20%；松岗街道 0.58 亿 m³，占 25.33%；石岩街道 0.29 亿 m³，占 12.66%；公明街道 0.66 亿 m³，占 28.82%；光明街道 0.16 亿 m³，占 6.99%。按照排水类型划分，城市生活污水 0.74 亿 m³，占 32.31%；工业废水 1.11 亿 m³，占 48.47%；其他废水 0.44 亿 m³，占 19.21%（表 5-13）。

表 5-13　茅洲河流域各街道 2013 年废水排放量统计表

行政区	街道	生活污水		工业废水		其他废水		合计	
		排放量 /亿 m³	比例 /%	排放量 /亿 m³	比例 /%	排放量 /亿 m³	比例 /%	排放量 /亿 m³	比例 /%
宝安区	沙井	0.24	10.48	0.26	11.35	0.10	4.37	0.60	26.20
	松岗	0.18	7.86	0.29	12.66	0.11	4.80	0.58	25.33
	石岩	0.11	4.80	0.13	5.68	0.05	2.18	0.29	12.66
	小计	0.53	23.14	0.68	29.69	0.26	11.35	1.47	64.19
光明新区	公明	0.18	7.86	0.34	14.85	0.14	6.11	0.66	28.82
	光明	0.03	1.31	0.09	3.93	0.04	1.75	0.16	6.99
	小计	0.21	9.17	0.43	18.78	0.18	7.86	0.82	35.81
合计		0.74	32.31	1.11	48.47	0.44	19.21	2.29	100

5.2.2.3　污染负荷

（1）生活污染

根据第一次全国污染源普查城镇生活源产排污系数手册，深圳市居民生活污水产生系数为 185L/（人·d），化学需氧量（COD）、氨氮（NH$_3$-N）和总磷（TP）产生系数分别是 79g/（人·d）、9.7g/（人·d）和 1.16g/（人·d）。2013 年茅洲河流域生活污染 COD、NH$_3$-N 和 TP 污染负荷分别为 139.74t/d、17.16t/d 和 2.06t/d（表 5-14）。

表 5-14　茅洲河流域各街道 2013 年生活污染负荷情况表　　　　（单位：t/d）

行政区	街道	COD	NH$_3$-N	TP
宝安区	沙井	45.30	5.56	0.67
	松岗	34.02	4.18	0.50
	石岩	21.20	2.60	0.31
	小计	100.52	12.34	1.48
光明新区	公明	33.77	4.15	0.50
	光明	5.44	0.67	0.08
	小计	39.22	4.82	0.58
合计		139.74	17.16	2.06

（2）工业污染

根据 2013 年环境统计结果，茅洲河流域工业污染 COD、NH$_3$-N 和 TP 污染负荷分别为 7.22t/d、0.64t/d 和 0.08t/d（表 5-15）。

表 5-15　茅洲河流域各街道 2013 年工业污染负荷情况表　　　　（单位：t/d）

行政区	街道	COD	NH$_3$-N	TP
宝安区	沙井	1.26	0.12	0.01
	松岗	0.23	0.02	0.00
	石岩	2.94	0.29	0.04
	小计	4.43	0.42	0.05
光明新区	公明	0.55	0.04	0.01
	光明	2.25	0.17	0.02
	小计	2.80	0.21	0.03
合计		7.22	0.64	0.08

（3）畜禽养殖污染

根据深圳市 2013 年环境统计数据，茅洲河流域共有规模化畜禽养殖场 8 家，其中养殖奶牛有 5 家、肉鸡 1 家和生猪 2 家；养殖场栏舍总面积为 8.86 万 m^2。深圳市光明畜牧有限公司采用干清粪养殖方式生产有机肥，其余 7 家均以水冲粪养殖方式直接农业利用。

茅洲河流域内规模化畜禽养殖场主要污染物排放量见表 5-16，其中 COD、NH$_3$-N 和 TP 分别排放 1503.50t/a、27.00t/a 和 95.74t/a。其中深圳市光明集团有限公司牛奶公司凤凰牛场排放 COD 和 TP 最多，分别为 442.83t/a 和 27.16t/a；深圳市光明新区迳口猪场排放 NH$_3$-N 最多，为 6.48t/a。

表 5-16 茅洲河流域规模化畜禽养殖场主要污染物排放情况表 （单位：t/a）

序号	养殖场（小区）名称	COD	NH₃-N	TP
1	深圳市光明集团有限公司牛奶公司凤凰牛场	442.83	4.51	27.16
2	深圳市光明集团有限公司牛奶公司新陂头牛场	384.68	3.92	23.60
3	深圳市光明集团有限公司牛奶公司北山牛场	380.65	3.88	23.35
4	深圳市光明集团有限公司牛奶公司圳美牛场	186.30	1.90	11.43
5	深圳市光明农业高科技园有限公司光明农科大观园奶牛示范场	44.73	0.46	2.74
6	深圳市光明集团有限公司光明鸽饮食发展分公司光明大宝鸽场	12.47	0.99	1.11
7	深圳市光明畜牧有限公司	16.20	4.86	4.28
8	深圳市光明新区迳口猪场	35.64	6.48	2.07
合计（t/a）		1503.50	27.00	95.74
合计（t/d）		4.19	0.07	0.26

（4）其他面源污染

根据不同土地利用类型污染物面积输出速率，2013 年茅洲河流域其他污染 COD、NH₃-N 和 TP 分别为 62.29t/d、4.08t/d 和 1.21t/d（表 5-17）。

表 5-17 茅洲河流域各街道 2013 年其他污染负荷情况表 （单位：t/d）

行政区	街道	COD	NH₃-N	TP
宝安区	沙井	12.81	0.74	0.26
	松岗	14.69	0.91	0.29
	石岩	7.71	0.57	0.14
	小计	35.22	2.22	0.69
光明新区	公明	20.56	1.36	0.40
	光明	6.52	0.50	0.12
	小计	27.08	1.86	0.52
合计		62.29	4.08	1.21

（5）污染负荷汇总

按生活污染、工业污染、畜禽养殖污染及其他面源污染汇总，2013 年茅洲河流域 COD、NH₃-N 和 TP 负荷分别为 213.44t/d、21.95t/d 和 3.60t/d（表 5-18）。

表 5-18　茅洲河流域各街道 2013 年污染负荷汇总　　　（单位：t/d）

行政区	街道	COD	NH₃-N	TP
宝安区	沙井	59.37	6.42	0.94
	松岗	48.93	5.11	0.79
	石岩	31.86	3.46	0.49
	小计	140.16	14.99	2.22
光明新区	公明	54.89	5.55	0.90
	光明	14.20	1.34	0.22
	小计	69.09	6.89	1.12
畜禽养殖污染		4.19	0.07	0.26
合计		213.44	21.95	3.60

如图 5-18 所示，分析不同类型污染源的污染负荷占比可知，生活污染源污染负荷排放量最大，其 COD、NH₃-N 和 TP 排放负荷分别占 66%、78% 和 57%；其次是面源污染，其 COD、NH₃-N 和 TP 排放负荷分别占 31%、19% 和 41%；对于工业污染，本次仅分析了纳入环境统计的污染企业，因此工业污染负荷排放量占比相对较小，其 COD、NH₃-N 和 TP 排放负荷分别占 3%、3% 和 2%。

对于面源污染中的畜禽养殖污染，本次仅统计了规模化养殖场的污染排放负荷，其各类污染物的排放负荷占比均较小，其 COD、NH₃-N 排放负荷占比在 2% 以下，仅 TP 排放负荷占比稍高，为 7%。

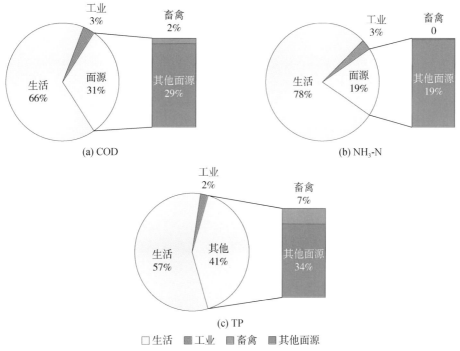

(a) COD　　　　　　　　　　(b) NH₃-N

(c) TP

□ 生活　■ 工业　■ 畜禽　■ 其他面源

图 5-18　茅洲河流域各类污染源污染负荷占比分析

5.2.3　污染治理

截至 2014 年底，茅洲河流域内建成集中式污水处理设施 4 座，处理规模为55 万 t/d。其中一级 A 出水标准的规模为 40 万 t/d，包括燕川污水处理厂、光明污水处理厂和公明污水处理厂；沙井污水处理厂出水标准为一级 B，处理规模为 15 万 t/d。建成污水处理厂配套管网 525.13km（表 5-19）。

表 5-19　茅洲河流域集中式污水处理厂基本情况表

序号	设施名称	建成时间	处理工艺	处理规模 /（万 t/d）	行政区	设计出水标准
1	沙井污水处理厂	2007 年	A2-O	15	宝安区	一级 B
2	燕川污水处理厂	2011 年 10 月	改良 A2-O	15	宝安区	一级 A
3	光明污水处理厂	2012 年 1 月	改良 A2-O	15	光明新区	一级 A
4	公明污水处理厂	2014 年 4 月	改良 A2-O	10	光明新区	一级 A
	合计			55		

5.2.3.1　污水处理厂

（1）沙井污水处理厂

沙井污水处理厂主要承担沙井及松岗南部部分污水量，规模为 15 万 m³/d，远期 2020 年控制用地规模 50 万 t/d。污水处理厂厂址位于沙井街道锦绣路西侧、帝堂路南侧空地。

（2）燕川污水处理厂

燕川污水处理厂规模为 15 万 t/d，受纳上游公明街道污水和下游松岗部分污水。燕川污水处理厂设在燕川大桥下游河南岸谷地，污水处理后，排入洋涌闸下游，作为下游茅洲河生态补水。

（3）光明污水处理厂

光明污水处理厂规模为 15 万 t/d，受纳光明高新技术产业园区、光明农场和公明东坑村上游 6 个居委会的污水。污水进行三级处理，出水作茅洲河生态补水。厂址位于茅洲河东侧，龙大公路西侧，木墩村西北侧。

（4）公明污水处理厂

公明污水处理厂规模为 10 万 t/d，受纳石岩街道（料坑社区除外）及公明街道的红星社区，服务面积约 65.2km²。厂址位于大外环与南光快速路交叉口西南侧（图 5-19）。

5.2.3.2　污水管网

以污水处理厂为中心，茅洲河流域内管网系统大致可以划分为沙井污水处理厂管网系统、燕川污水处理厂管网系统、光明污水处理厂管网系统及公明污水处理厂管网系统 4 套系统。由此确定了这四座污水处理厂的收集范围（图 5-20）。

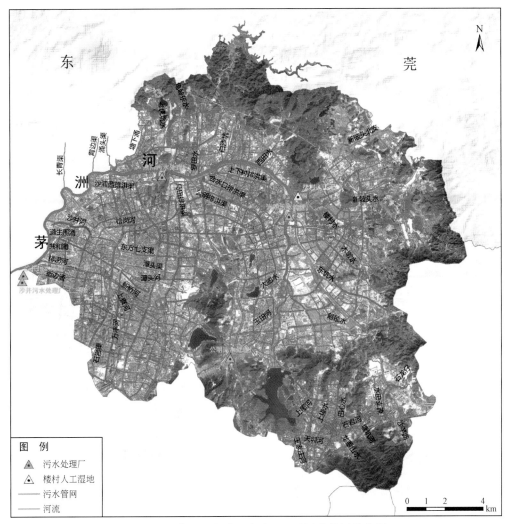

图 5-19　茅洲河流域污水处理厂及污水管网分布图

（1）沙井污水处理厂管网系统

西部工业组团内的沙井街道和松岗街道沙江路以南片区的污水进入沙井污水处理厂管网系统。该片区污水管网系统干管有两条：东西走向的北环干渠和南北走向的锦绣路污水主干管。两根干管形成各自的污水系统，相应形成两个污水系统：锦绣路污水系统和北环干渠污水系统。

（2）燕川污水处理厂管网系统

燕川污水处理厂管网系统分为松岗街道片区和公明街道片区。

松岗街道片区的污水以沙江路为界，南部属于沙井污水处理厂服务范围，北部属于燕川污水处理厂服务范围，污水进入燕川污水处理厂配套干管系统。燕川污水处理厂配套干管在工业组团松岗街道片区范围内包括：茅洲河干截流干管；象山大道、塘下涌工业路截流干管；老虎坑水截流干管；松罗路截流干管。

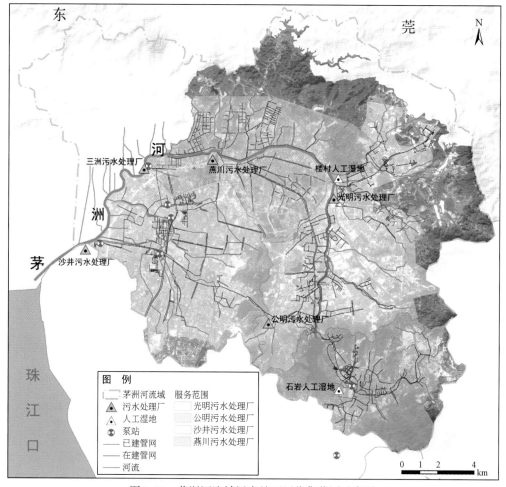

图 5-20 茅洲河流域污水处理厂收集范围示意图

公明街道片区主要在茅洲河两岸及各条支流的岸边设置截流干管，拦截进入茅洲河的污水。燕川污水处理厂配套干管在高新组团公明街道片区范围内包括：茅洲河干流截流干管；罗田水、西田水截流干管；上下村排洪渠截流干管；合水口排洪渠截流干管；公明街道排洪渠截流干管；马田排洪渠截流干管。

（3）光明污水处理厂管网系统

光明污水处理厂的服务范围包括光明高新技术产业园区和光明街道办中心区，公明街道办的松白路系统和公常路系统，南到大外环，北至新陂头河，西到根玉路，东至光侨路。分为：茅洲河干流系统、松白路系统、公常路系统、楼村水系统、木敦河系统、玉田河系统，高新园区系统（分为东区和西区）7 个干管系统进行，内部支管以现状污水干管为基础进行细化。

（4）公明污水处理厂管网系统

石岩街道污水属于公明污水处理厂服务范围。由塘头泵站（规模为 1.2 万 t/d）、松白路干管、浪心泵站（现状规模 15 万 t/d）、DN1200 压力管和 DN1500 石岩污水总管组成，总长 25km。同时石岩街道还在石岩河两侧修建了截污支干管，以及其他配套污水支管网。石岩街道内污水系统共分为四个片区系统：塘头-浪心污水系统、石岩河截污干管系统、石岩污水总管系统和麻布料坑污水系统。

5.2.4　水环境变化

5.2.4.1　监测点位与频次

根据《南粤水更清行动计划（2013—2020 年)》，茅洲河水环境整治目标为：通过实施综合整治，使茅洲河中上游段水质由现状劣 V 类分阶段逐步改善到满足功能要求的 IV 类目标；茅洲河下游界河段水质受感潮影响，污染物于感潮河段回荡，难以扩散影响水质，界河段分阶段逐步改善至基本达到 V 类。

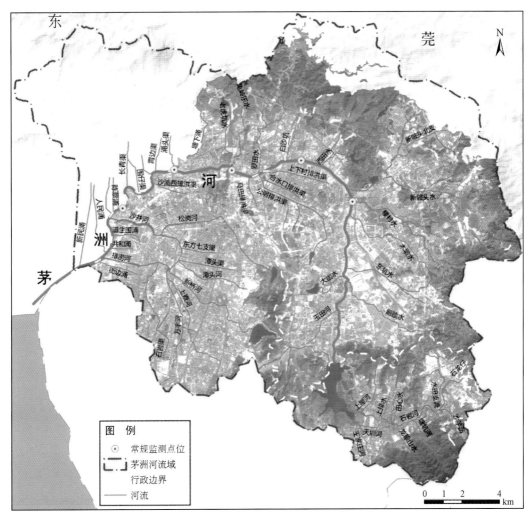

图 5-21　茅洲河干流常规监测点位示意图

茅洲河共设置了 5 个常规监测断面，由上游至下游分别为楼村、李松蓢、燕川、洋涌大桥及共和村，每月监测一次，主要检测指标包括流量、水温、电导率、悬浮物、pH、溶解氧、高锰酸盐指数、化学需氧量、五日生化需氧量、氨氮、总磷、总氮、铜、锌、氟化物、硒、砷、汞、镉、六价铬、铅、氰化物、挥发酚、石油类、阴离子表面活性剂、硫化物和粪大肠菌群 27 项（图 5-21）。

5.2.4.2 水环境质量现状

以 2015 年全年监测数据分析，茅洲河各断面均为劣 V 类水质，全流域氨氮、总磷超标，超 V 类标准的最大超标倍数分别为 10.3 倍和 7.1 倍（表 5-20）。

表 5-20 2015 年茅洲河水质状况

名称	断面名称	NH_3-N	TP	水质类别	主要污染指标及浓度超标倍数
茅洲河	楼村	3.21	0.55	劣 V	NH_3-N（0.6）、TP（0.4）
	李松蓢	7.03	1.39	劣 V	NH_3-N（2.5）、TP（2.5）
	燕川	14.43	2.86	劣 V	NH_3-N（6.2）、TP（6.2）
	洋涌大桥	13.09	2.66	劣 V	NH_3-N（5.5）、TP（5.7）
	共和村	22.67	3.23	劣 V	NH_3-N（10.3）、TP（7.1）
V 类标准		2	0.4		

2015 年 3 月（枯水期）对茅洲河流域进行了专项调查，同时对主要支流也进行了监测，水质监测数据见表 5-21。

结果显示，塘下涌、公明河、老虎坑河水质均受重度污染，主要污染指标为总磷、氨氮和化学需氧量。其中塘下涌污染最为严重，总磷、化学需氧量和氨氮最大值分别超 V 类标准 769 倍、514 倍和 41 倍；公明河河口总磷、氨氮、化学需氧量分别超 V 类标准 32 倍、29 倍和 6.7 倍；老虎坑水河口氨氮、总磷和化学需氧量分别超 V 类标准 39 倍、33 倍和 11 倍。

表 5-21 茅洲河主要支流专项调查监测结果

采样地点	采样日期	采样时间/批次	高锰酸盐指数/（mg/L）	COD/（mg/L）	NH_3-N/（mg/L）	TP/（mg/L）
塘下涌	2015-3-30	15：20	69.96	407.0	31.76	9.858
	2015-3-30	20：54	43.37	163.0	37.18	8.380
	2015-3-31	4：28	—	20 600.0	83.82	308.488
	2015-3-31	10：15	22.86	66.8	29.42	5.694
公明河河口	2015-3-30	12：32	52.26	230.0	56.28	13.142
	2015-3-30	14：55	44.17	310.0	60.97	12.570
	2015-3-30	21：00	39.40	145.0	53.87	9.664

采样地点	采样日期	采样时间 /批次	高锰酸盐 指数/（mg/L)	COD /（mg/L)	NH₃-N /（mg/L)	TP /（mg/L)
老虎坑水河口	2015-3-30	13：12	90.91	430.0	79.02	10.430
	2015-3-30	14：35	85.20	373.0	68.44	10.331
	2015-3-30	22：00	86.47	467.0	76.07	13.752
GB3838—2002 V类标准（≤）			15	40	2.0	0.4

5.2.4.3 水质年际变化

2006～2015 年，茅洲河水质年际变化主要特征如下。

1）茅洲河为典型的黑臭水体，水质长期呈重度污染状态。2006～2015 年，茅洲河水质均为劣 V 类，呈重度污染状态，主要污染因子为氨氮（22.23～33.65mg/L）、总磷（3.05～4.96mg/L）、阴离子表面活性剂（0.14～3.12mg/L）、生化需氧量（12.67～38.50mg/L）、化学需氧量（40.17～102.58mg/L）（表5-22）。

2）主要污染因子浓度呈下降趋势，污染有所减轻。主要污染因子呈不同幅度的降低，阴离子表面活性剂、生化需氧量和化学需氧量浓度持续大幅度降低，2015 年比 2006 年分别降低92.2%、54.3%和49.7%，氨氮和总磷浓度呈波动变化，降低幅度较小，分别降低11.0%和5.1%（图5-22、图5-24、图5-25）。

3）水质综合污染指数下降，水质好转。2015 年茅洲河水质综合污染指数较 2006 年下降45.7%，水质好转（图5-23），尤其 2011～2015 年综合污染指数持续下降，由 2011 年的 5.3 下降至 2.9。

5.2.4.4 水期变化特征

分析 2006～2015 年茅洲河各水期水质变化，结果显示如下。

（1）茅洲河各水期水质污染程度差异明显，枯水期污染最重

1）茅洲河枯水期综合污染指数最高（3.44～8.35），丰水期指数最低（2.28～6.24），呈点源污染特征（图5-26）。

2）主要污染因子普遍枯水期浓度高于丰水期和平水期，丰水期浓度相对最低。

氨氮枯、平、丰各水期平均浓度分别为 32.3mg/L、25.6mg/L 和 20.4mg/L，分别超 V 类标准 15.1 倍、11.8 倍和 9.2 倍（图5-27）；

总磷枯、平、丰各水期平均浓度分别为 4.4mg/L、3.8mg/L 和 2.9mg/L，分别超 V 类标准 10.0 倍、8.5 倍和 6.3 倍（图5-28）；

阴离子表面活性剂枯、平、丰各水期平均浓度分别为 1.8mg/L、1.1mg/L 和 0.8mg/L，分别超 V 类标准 5.0 倍、2.7 倍和 1.7 倍（图5-29）；

生化需氧量枯、平、丰各水期平均浓度分别为 33.3mg/L、26.7mg/L 和 21.3mg/L，分别超 V 类标准 2.3 倍、1.7 倍和 1.1 倍（图5-30）；

表 5-22　2006～2015 年茅洲河水质数据统计表　（单位：mg/L）

河流名称	年份	pH	溶解氧	高锰酸盐指数	化学需氧量	生化需氧量	氨氮	总磷	铜	锌	氟化物	硒	砷	汞	镉	六价铬	铅	氰化物	挥发酚	石油类	阴离子表面活性剂	硫化物
茅洲河	2006	7.13	0.82	13.81	102.58	37.79	26.45	3.56	0.40	0.20	2.09	0.0016	0.0030	0.00005	0.0007	0.0073	0.0077	0.09	0.02	0.79	2.06	0.40
	2007	7.04	0.55	12.83	92.72	38.50	28.35	3.88	0.54	0.43	2.62	0.0016	0.0022	0.00008	0.0005	0.0025	0.0140	0.02	0.02	1.56	3.12	0.34
	2008	7.01	0.69	12.21	84.03	29.63	22.23	3.05	0.16	0.33	1.59	0.0006	0.0017	0.00005	0.0002	0.0020	0.0059	0.01	0.01	1.08	1.49	0.75
	2009	6.82	1.60	15.58	100.26	28.42	26.31	4.96	0.79	0.29	2.08	0.0008	0.0022	0.00002	0.0003	0.0022	0.0044	0.04	0.01	0.98	0.70	0.14
	2010	6.86	0.49	15.28	92.73	28.65	30.65	4.33	0.37	0.19	1.86	0.0006	0.0022	0.00001	0.0002	0.0038	0.0037	0.07	0.02	0.41	1.33	0.10
	2011	6.92	0.80	15.29	93.43	30.50	33.64	3.92	0.31	0.21	1.86	0.0006	0.0016	0.00005	0.0001	0.0054	0.0026	0.17	0.04	0.33	1.23	0.37
	2012	6.95	0.78	12.35	60.34	25.46	24.03	3.49	0.22	0.18	2.78	0.0002	0.0009	0.00004	0.0001	0.0063	0.0035	0.08	0.02	0.28	0.89	0.05
	2013	6.89	1.59	11.60	50.65	22.69	23.96	3.49	0.29	0.21	1.54	0.0004	0.0003	0.00004	0.0001	0.0033	0.0028	0.05	0.01	0.16	0.88	0.04
	2014	7.08	1.36	9.22	40.17	12.67	22.41	2.98	0.10	0.13	1.40	0.0018	0.0025	0.00002	0.0001	0.0012	0.0001	0.07	0.01	0.06	0.61	0.06
	2015	7.18	0.60	11.27	47.22	14.73	23.33	3.05	0.03	0.04	1.24	0.0051	0.0003	0.00002	0.0001	0.0010	0.0001	0.03	0.02	0.03	0.14	0.17

注：■ 为劣Ⅴ类，■ 为Ⅴ类，■ 为Ⅳ类，■ 为Ⅰ～Ⅲ类。

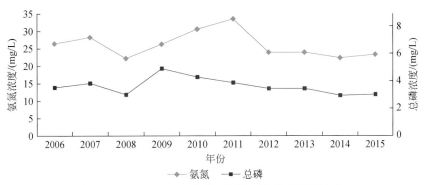

图 5-22　2006~2015 年茅洲河氨氮和总磷浓度变化

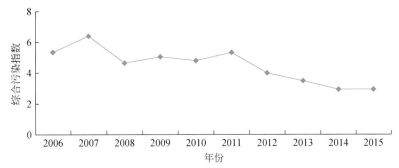

图 5-23　2006~2015 年茅洲河综合污染指数变化

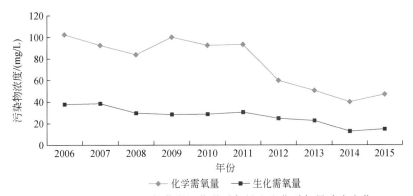

图 5-24　2006~2015 年茅洲河化学需氧量和生化需氧量浓度变化

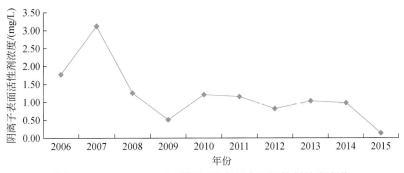

图 5-25　2006~2015 年茅洲河阴离子表面活性剂浓度变化

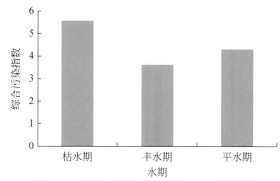

图 5-26　茅洲河综合污染指数多年水期均值

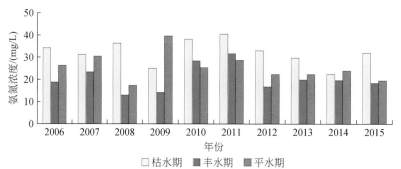

图 5-27　2006~2015 年茅洲河氨氮水期变化

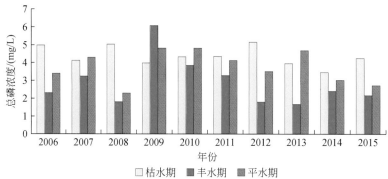

图 5-28　2006~2015 年茅洲河总磷水期变化

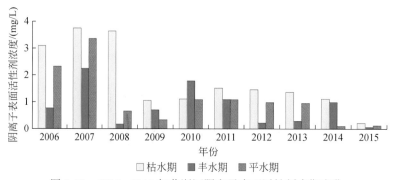

图 5-29　2006~2015 年茅洲河阴离子表面活性剂水期变化

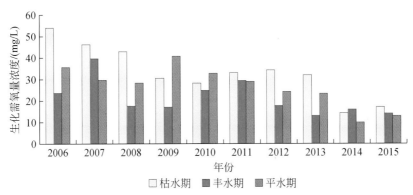

图 5-30　2006～2015 年茅洲河生化需氧量水期变化

化学需氧量枯、平、丰各水期平均浓度分别为 95.5mg/L、74.5mg/L 和 60.0mg/L，分别超 V 类标准 1.4 倍、0.9 倍和 0.5 倍（图 5-31）。

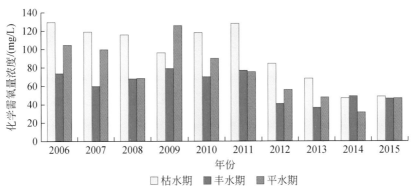

图 5-31　2006～2015 年茅洲河化学需氧量水期变化

（2）茅洲河综合污染指数下降明显，污染逐步减轻

2006～2015 年，枯、丰、平各水期综合污染指数呈明显下降趋势，枯水期和平水期综合污染指数下降尤为显著，分别下降 48.7% 和 48.0%，丰水期综合污染指数下降 32.4%（图 5-32）。

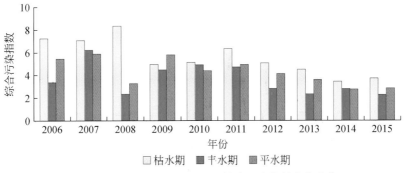

图 5-32　2006～2015 年茅洲河综合污染指数水期变化

5.2.5 水环境变化的驱动因素

5.2.5.1 产业结构

根据深圳市 2013 年环境统计数据，茅洲河流域共有工业污染源共 637 家，涉及金属制品业、计算机、通信和其他电子设备制造业、纺织业、化学原料和化学制品制造业等多个行业。

分析流域内各类企业数量可知，劳动密集型的产业占据了半壁江山。计算机、通信和其他电子设备制造业与金属制品业分别占 23% 和 39%，二者合计占比达到了流域内企业数量的 60% 以上，直接导致本区域人口过于集中，生活污染负荷排放量比例偏高，此外，金属电子等产业所带来的重金属污染也直接影响水质改善，并间接影响污水处理设施的处理效率（图 5-33）。

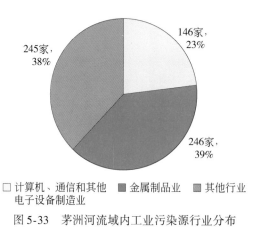

图 5-33 茅洲河流域内工业污染源行业分布

5.2.5.2 人口要素

2006~2014 年，茅洲河流域人口数量持续增加，共增加了 24.7%，直接导致生活污染负荷量增加（图 5-34）。

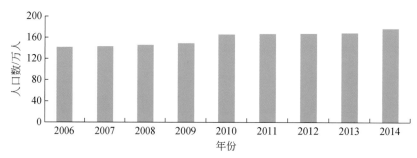

图 5-34 2006~2014 年茅洲河流域人口数量变化

5.2.5.3 土地利用

(1) 水系河网变化

近 40 年来（1969～2005 年），茅洲河流域河网水系变化较为显著，河网密度从 1969 年的 0.77km/km^2 略增加到 1983 年的 0.80km/km^2，而后快速下降到 2005 年的 0.71km/km^2。截至目前，茅洲河流域河流数量减少 46 条，其中 1969～1983 年减少 43 条，1983～2005 年减少 3 条，河流长度先增加后减少，总长度减少 17.08km。

该流域内主干河流为茅洲河，长度从前期（1969 年）的 39.66km，减少到城市化初期（1983 年）的 30.49km，后来经过治理，长度略有增加，到目前长度为 34.28km，总体减小幅度为 13.57%。一级支流共减少 10 条，其中 1969～1983 年减少 14 条，1983～2005 年增加 4 条；从 1969～1983 年河流条数减少，长度却表现出相反的趋势，增加了 59.55%，1983～2005 年长度缩短 24km，占 1983 年的 18.31%；总体长度增加 25km，占城市化前期的 30.34%。二级支流表现出持续的减少趋势，共减少 11 条，其中 1969～1983 年减少 10 条，1983～2005 年减少 1 条；长度变化表现为先减少后增加，从 85.68km 到 61.08km，再到目前的 68.52km，减小幅度占 1969 年的 20%。三级支流减少趋势明显，河流条数共减少 25 条，其中 1969～1983 年减少 19 条，1983～2005 年减少 6 条；长度变化剧烈，从前期的 64.47km，较少到初期的 20.26km，目前长度仅为 5.29km，减少幅度占 1969 年的 91.79%。

综上，近 40 年茅洲河流域水系河网变化明显：河流条数和长度均减少，同时表现出从主干河道到三级支流，变化幅度逐渐增大的趋势，尤其是河流条数变化，其中三级支流的减少（包括数量和长度）最为明显；不同时间段河网水系的变化程度不同，城市化前期到初期变化较大，主要是河网水系长度和数量的减少，从城市化初期到目前，变化幅度降低（史培军等，2012）。

(2) 城镇用地变化

20 世纪 90 年代中期后，茅洲河流域城镇用地总量增加较快，从 1996 年的 6061.31hm^2 增加到 2011 年的 15 470.61hm^2，总量增加了 3 倍多，其中 2001～2005 年城镇扩展尤为明显，从空间格局上看，空间拓展与一体化的趋势较为明显（图 5-35）。1996 年的 5 个城镇中，松岗和沙井在城镇用地上相互连接的区域较大，石岩、公明和光明呈现出各自独立生长的情况，其中石岩独立发展的情况突出，主要是受到自然山体的限制，流域城镇一体化的趋势并不明显。2001 年 5 个镇逐渐扩展蔓延形成一体，城镇群开始出现（许慧和肖大威，2013）。

5.2.5.4 处理能力

根据前述分析结果可知，虽然茅洲河水质仍为劣 V 类，但是经过环保投资、管网建设，污水处理能力在逐渐加强，然而还是存在一些问题。茅洲河流域废水排放量约为 60 万 t/d，而目前流域内的污水处理厂总设计处理规模仅为 55 万 t/d，尚存在 5 万 t/d 的处理缺口。

(a) 1996年　　　　　　　　　　　　　(b) 2001年

(c) 2005年　　　　　　　　　　　　　(d) 2011年

图 5-35　1996~2011 年茅洲河流域城镇用地变化

资料来源：许慧和肖大威，2003

　　2015 年，对茅洲河流域污水处理厂进行了调研，各污水处理厂实际处理规模、河水/截污箱涵来水和管网来水的比例见表 5-23。

表 5-23　茅洲河流域污水处理厂主要运行情况表

序号	名称 （处理能力）	实际处理量/（万 t/d）			进水比例/%	
		平均	旱季	雨季	河水/箱涵水	管网水
1	沙井污水处理厂（15 万 t/d）	16.9	11	18.5	80	20
2	燕川污水处理厂（15 万 t/d）	15.4	—	—	70	30
3	光明污水处理厂（15 万 t/d）	10	7	15	40	60
4	公明污水处理厂（10 万 t/d）	7.5	6.5	9	0	100

由表 5-23 可知, 污水处理厂旱季运行负荷普遍偏低。以光明污水处理厂为例, 其旱季运行负荷仅 7 万 t/d, 仅占设计处理能力的 46.7%, 即使运行负荷占比较高的沙井污水处理厂和公明污水处理厂, 其旱季实际处理量占设计处理能力也仅为 65% 左右, 由此可见, 污水处理厂在旱季有将近一半处理能力没有得到发挥, 其环境效益大打折扣。与旱季相比, 雨季各污水处理厂的实际处理量均有不同程度的提升, 沙井污水处理厂与光明污水处理厂均可达到满负荷运行甚至超负荷运行状态, 公明污水处理厂雨季运行负荷达 90% 以上。

究其原因, 茅洲河流域内污水管网不完善, 导致污水收集能力偏低, 各污水处理厂均存在不同程度的抽河水 (箱涵水) 现象。据初步统计, 2013 年, 茅洲河流域旱季实际处理量为 48.10 万 t/d, 其中通过管网收集的污水为 19.37 万 t/d, 抽取河水 (箱涵水) 28.73 万 t/d; 雨季实际处理量为 66.75 万 t/d, 其中通过管网收集的污水为 26.88 万 t/d, 抽取河水 (箱涵水) 39.87 万 t/d。从全流域来看, 污水处理厂进水中通过管网收集的仅占 40.3%, 其余 59.7% 均为河水 (箱涵水), 这也导致污水处理厂进水浓度偏低, 影响污水处理厂的正常运行。

此外, 这 4 座污水处理厂还存在一些其他问题。例如, 沙井污水处理厂进水以工业水为主, 经常伴有重金属铜超标、pH 超标现象, 导致进水碳氮比失衡, 总碱度不足; 光明污水处理厂在节假日、凌晨、大暴雨时经常发生 pH 超标现象, 在 pH 低于 6 时被迫停止进水; 公明污水处理厂位于光明新区, 但主要收集处理宝安区石岩街道污水, 协调工作困难, 其进水冬季也经常出现 TP、SS (悬浮固体)、pH 超标现象。

以上种种原因导致污水处理厂运行效率低, 所取得的环境效益低。流域内各污水厂的 COD 污染负荷去除量见表 5-24。

表 5-24 茅洲河流域污水处理厂 COD 去除量

名称	旱季 COD 浓度/(mg/L)		雨季 COD 浓度/(mg/L)		旱季 COD 去除量/(t/d)	雨季 COD 去除量/(t/d)
	原水	总排口	原水	总排口		
沙井污水处理厂	179.25	15.43	110.58	17.70	28.59	18.72
公明污水处理厂	182.33	8.00	98.33	15.70	11.33	7.43
燕川污水处理厂	138.10	8.75	135.00	10.60	18.21	20.51
光明污水处理厂	182.33	8.00	98.33	15.70	17.56	11.34
合计					75.69	58.00
流域污染负荷产生量 (2013 年)					146.96	209.25
差距					71.27	151.25

由表可知, 4 座污水处理厂旱季 COD 去除量合计为 75.69t/d, 与流域内旱季污染负荷产生量相比有近一倍的差距, 雨季 COD 去除量合计为 58.00t/d, 与流域内雨季污染负荷产生量相比差距更是接近 3 倍, 管网不完善导致的污水处理厂环境效益低下的问题由此可见一斑。

5.2.5.5 驱动机制分析

从上面可以看出，由于产业结构、人口、土地利用、污水处理能力等因素，茅洲河流域水质严重污染，呈劣 V 类。然而，茅洲河流域经济高速发展、人口高度密集、产业结构不断调整、环保投入逐渐增加，茅洲河水环境效应又具有多元动力推动的特点。根据城市生态系统驱动机制模型（Nancy et al., 2000）结合茅洲河流域发展及水环境特点，分析茅洲河水环境演变的驱动机制，结果如图 5-36 所示。

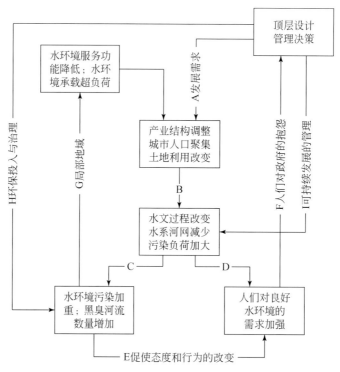

图 5-36　茅洲河流域水环境演变的驱动机制

图 5-36 中，方框内为要素变量，反应和反馈用箭头表示：A 由于区域经济发展的需求，政府制定相应的顶层设计、经济政策、管理决策，在一定周期内，促使产业结构快速调整，人口大量集聚，土地利用方式加速改变，从而带来了大量的经济效益；B 产业结构、人口和土地利用方式的变化，改变茅洲河流域的地表水文过程，如地表径流，促使水系河网数量减少，增加流域污染负荷；C 在水生态格局、生态过程改变和污染压力的情况下，促使水环境生境质量变差，加剧了水环境污染，黑臭河流数量增加（据统计，茅洲河流域 95% 以上河流为黑臭河流）；D、E 污染负荷加大，黑臭河流增加影响了人们生活的感知变化，促使人们对良好水环境的加强；F 人们通过投诉或社会舆论等途径，将有效信息反馈给政府；G 大量污染排放产生大量黑臭河流，在局部地域内降低了水环境服务功能，同时也使水环境承载力超过负荷；H 政府接到人们的反馈信息后，

重新做出管理决策，加大茅洲河流域的环保投入力度和治理力度，如建设污水处理设置，铺设纳污管网；I 在加大治理力度的同时，政府也注重了可持续发展的管理方法，通过产业结构调整、增加区域绿化等方式，来减少流域内污染负荷，预防水系河网的过度剧烈变化。

综合上述茅洲河流域水环境驱动机制的分析，我们可以得出以下结论。

1）茅洲河水环境演变的驱动机制是多元驱动、正负驱动、往复驱动的模式。多元驱动：流域水环境受人口、产业结构、土地利用方式、环保投入与治理力度、环保政策等多方面影响；正负驱动：流域内人口数量持续增加（负驱动），环保投入逐年加大（正驱动），水环境质量逐渐改善（图5-37），说明正驱动效益大于负驱动效益；往复驱动：流域水环境演变的过程是经济-社会-环境之间信息传递与反馈的过程，通过传递与反馈形成往复式驱动模式。

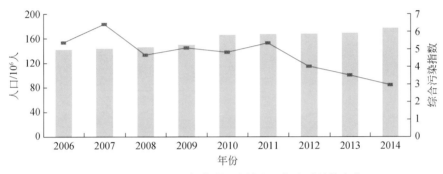

图5-37　2006~2014年茅洲河流域人口与水质总体变化

2）管理决策决定着水环境演变的发展趋势，地区发展与环境的好与坏由区域的管理决策来决定，调整产业结构，由劳动密集型向资本密集型转变，可有效减少工业企业对环境的污染贡献，同时也可以有效减少区域人口配置，减少生活源污染负荷。

5.2.6　小结

本节研究珠三角区域典型小流域水环境变化与驱动机制，得出结论如下：

1）茅洲河水质多年均为劣V类，呈重度污染状态，主要污染因子为氨氮、总磷、阴离子表面活性剂、生化需氧量、化学需氧量；枯水期污染最重，丰水期相对较轻；流域呈点源污染特征。

2）2006~2015年茅洲河水质综合污染指数下降45.7%，水质好转，得益于污水处理厂和污水管网建设进程加快。

3）茅洲河水环境演变的驱动机制受流域人口、产业结构、土地利用方式、环保投入与治理力度、环保政策等多元驱动，环保投入逐年加大等正驱动效益大于流域内人口数量持续增加等负驱动效益，水环境质量逐渐改善。

5.3 区域大气环境变化

5.3.1 区域大气环境质量变化

5.3.1.1 API 二级以上天数比例

2010 年，珠三角各市 API 达二级以上比例（优良天数比例）在 96.45%（佛山）~ 99.73%（珠海）。2002 ~ 2010 年珠三角各市 API 达二级以上比例总体呈波动上升变化，至 2010 年珠三角空气质量整体转好。广州在 2004 年之后上升变化最为显著，由 2004 年的 82.79% 升至 2010 年 97.54%。东莞市波动变化较大，在 2006 年降至 90.41%，其后上升至 2010 年。中山、珠海和惠州 API 达二级以上比例最高，2002 ~ 2010 年均维持在 98% 以上（图 5-38）。

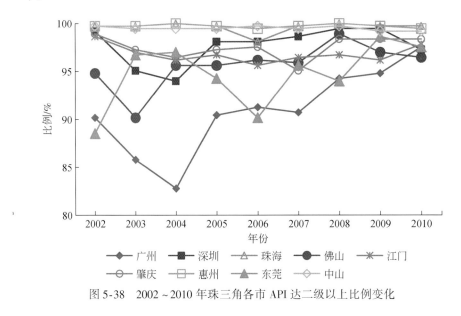

图 5-38 2002 ~ 2010 年珠三角各市 API 达二级以上比例变化

5.3.1.2 污染物年浓度变化

（1）SO_2

2001 ~ 2010 年，珠三角各市 SO_2 年均浓度基本在国家一级标准限值（0.02mg/m³）与二级标准限值（0.06mg/m³）之间。至 2010 年，各市 SO_2 年均浓度在 0.04mg/m³ 以下。各市 SO_2 年均浓度变化差异大。广州、佛山 SO_2 年均浓度在珠三角中最高，出现超过二级标准限值的年份。十年间呈下降趋势变化，相对 2001 年，两市 2010 年 SO_2 浓度分别下降 35.3%、37.2%。深圳、珠海 SO_2 年均浓度最低，十年间保持在一级标准限值左右，同时呈下降变化，2007 年后低于一级标准限值。肇庆 SO_2 年均浓度在 2001 ~ 2007 年显著上升，

2005年超过一级标准限值（图5-39）。

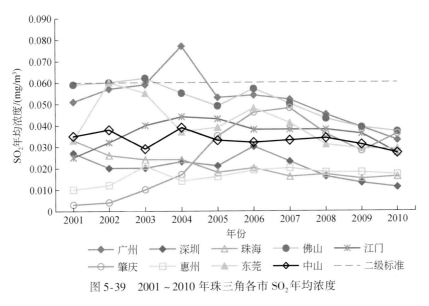

图 5-39　2001～2010 年珠三角各市 SO₂ 年均浓度

（2）NO₂

2001～2010 年，珠三角各市 NO₂ 年均浓度基本在国家二级标准限值（0.08mg/m³）以下。广州、深圳、佛山、东莞的 NO₂ 年均浓度高于珠三角其他城市，十年 NO₂ 平均浓度分别为 0.065mg/m³、0.052mg/m³、0.046mg/m³、0.050mg/m³。珠海、中山 NO₂ 年均浓度较高，十年维持在 0.034～0.044mg/m³。珠海、江门 NO₂ 年均浓度在 2005 年后保持最低，维持在 0.025～0.030 mg/m³。相对 2001 年，至 2010 年广州、深圳 NO₂ 年均浓度下降比例最大，分别达 25.4%、22.4%。肇庆 NO₂ 年均浓度呈上升变化，2005 年前在 0.03mg/m³ 以下，2005 年后在 0.03～0.04mg/m³（图5-40）。

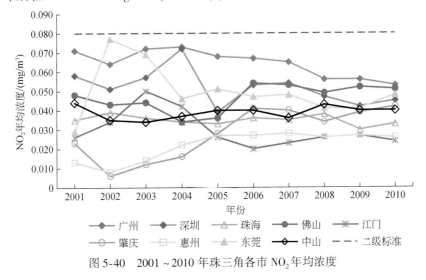

图 5-40　2001～2010 年珠三角各市 NO₂ 年均浓度

（3）可吸入颗粒物（PM_{10}）

2002～2010 年，珠三角各市 PM_{10} 年均浓度在国家一级标准限值（0.04mg/m³）与国家二级标准限值（0.1mg/m³）之间。广州、佛山、东莞、江门 PM_{10} 年均浓度最高，年均浓度分别为 0.082mg/m³、0.076mg/m³、0.073mg/m³、0.078 mg/m³；珠海 PM_{10} 年均浓度最低，为 0.047 mg/m³。总体来看，珠三角 PM_{10} 年均浓度变化以保持稳定与下降为主。广州、佛山、东莞 PM_{10} 年均浓度从 2004 年开始呈下降变化，至 2010 年降至 0.07 mg/m³ 以下。相对 2002 年，2010 年东莞 PM_{10} 年均浓度下降比例最大，达 35.7%。肇庆 PM_{10} 年均浓度上升比例最大，其 2010 年 PM_{10} 年均浓度为 0.058 mg/m³，比 2002 年上升 23.4%（图 5-41）。

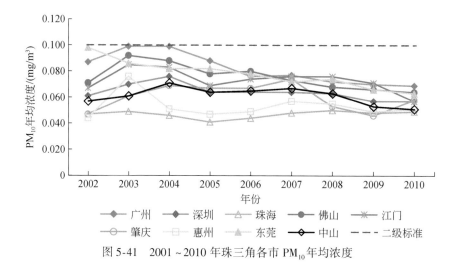

图 5-41　2001～2010 年珠三角各市 PM_{10} 年均浓度

5.3.1.3　酸雨污染

（1）降雨 pH

2000～2010 年，珠三角降雨 pH 年均值变化在 4.07～5.71，整体呈酸性。除中山外，其他城市降雨 pH 年均值低于 5.6。珠三角降水酸度基本保持稳定，酸雨污染尚未得到遏制。总体上，惠州和中山市降雨 pH 较高，2000～2010 年 pH 年均值分别为 5.14、5.33。广州和佛山降雨 pH 最低，2000～2010 年 pH 年均值分别为 4.56、4.52。其中佛山降雨 pH 年均值整体变化平缓，其均值范围为 4.35～4.6。在 2007 年之前，广州 pH 年均值较低且变化较为平缓，其后出现较大的上升，2010 年 pH 年均值达到 5，其降雨酸性得到一定改善（图 5-42）。

（2）酸雨频率

2000～2010 年，珠三角酸雨频率整体较高，除中山和肇庆外，其余城市 2000～2010 年平均酸雨频率均超过 50%。与 2000 年相比，2010 年珠三角总体酸雨频率基本未发生变化。佛山和广州酸雨频率为珠三角最高。其中佛山酸雨频率均在 72.5%～88.3%，广州在

2008 年之前酸雨频率在 77% 以上，其后 2010 年降为 50.7%（图 5-43）。

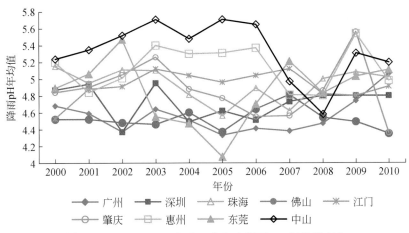

图 5-42　2000~2010 年珠三角各市降雨 pH 年均值变化

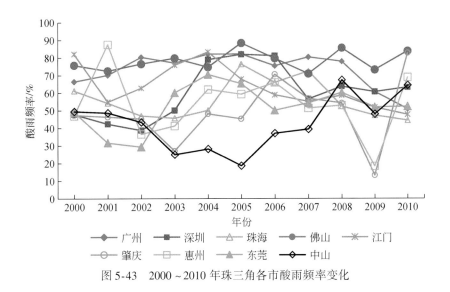

图 5-43　2000~2010 年珠三角各市酸雨频率变化

5.3.2　珠三角城市化对大气环境质量的影响

　　总体而言，珠三角地区属于重酸雨区（pH<4.5；4.5≤pH<5.0 且酸雨频率>50%），城市空气质量在 2000~2010 年有所改善，API 二级以上天数比例上升，SO_2、NO_2、PM_{10} 年均浓度基本在国家二级标准以下。但珠三角地区大气污染源密度，污染物排放量大。以 2010 年为例，珠三角地区 SO_2、NO_2 排放总量分别占广东省的 62.3%、68.22%。珠三角依然为广东省大气污染最严重的区域，区域大气复合型特征突出，表现为"三高一严重"（细粒子浓度高、臭氧浓度高、酸雨频率高、灰霾严重）（张永波和刘乙敏，2012）。

城市大气污染物主要来自人为活动，珠三角快速的城镇化过程对大气环境影响主要表现在三方面：一是产生大量的大气污染源，包括工业排放、能源设施、机动车尾气排放、城市建设扬尘；二是城市化过程改变局地风场，影响大气污染物扩散稀释；三是城市之间污染物传输现象显著，大气污染形成区域性格局。

5.3.2.1　城市大气污染源

（1）产业结构性污染特征突出

珠三角工业行业结构性污染特征仍然十分明显。依据《珠江三角洲环境保护一体化规划（2009~2020 年）资料显示，2007 年电力、非金属矿物制品业、纺织和造纸等行业是主要的工业 SO_2、NO_x 排放源，占工业 SO_2、NO_x 排放量的比例均在 80% 以上。

（2）区域火电数量多

珠三角燃煤火电厂数量多，耗能大，排放污染物多。2003 年珠三角地区火力发电的能源消耗量已占整个广东省的 70 % 以上，CO_2、多环芳烃、二噁英排放量占广东省排放的 70%（王翠萍等，2007）。火电厂也是 SO_2 和 NO_x 的主要来源，且火电厂污染排放多属高架源，能够通过大气进行远距离传输，影响周边城市和地区，从而加剧区域性酸雨污染。

（3）机动车量大

珠三角地区机动车保有量急剧增长，至 2010 年珠三角区域民用车数量达 636.54 万辆，广州、深圳、佛山、东莞民用车数量高于区域内其他城市（表 5-25）。珠三角相当大比例的机动车属高能耗、高污染和高排放，尚未达到国 I 排放标准。机动车尾气是珠三角地区 NO_x 和 VOCs（挥发性有机物）的重要来源，两种污染物在大气中通过光化学反应生成 O_3，引起光化学烟雾污染。

表 5-25　2010 年珠三角各市民用车数量

名称	民用车数量/万辆	占广东省比例/%
广州	159.89	20.41
深圳	166.97	21.31
珠海	20.97	2.68
佛山	91.24	11.65
江门	27.88	3.56
肇庆	14.74	1.88
惠州	25.64	3.27
东莞	92.08	11.75
中山	37.13	4.74
珠三角	636.54	81.25

资料来源：《2011 广东统计年鉴》。

（4）城市扬尘

珠三角城市道路、楼房、桥梁建设活动频繁，加之防尘措施不到位，易造成扬尘，进入大气环境形成颗粒物污染源。城市扬尘是珠三角一次颗粒物的重要来源，佛山、中山 $PM_{2.5}$ 首要的来源为道路扬尘和建筑活动扬尘（潘月云等，2015）。

5.3.2.2 局地风场

珠三角地区的风速是影响空气质量的重要因素，风速降低容易造成重污染天气（陈燕等，2005；张人文和范绍佳，2011）。城市化过程改变地表下垫面，大量的城市构筑物增大地面粗糙度，阻碍气流运动。珠江口两岸城市年均风速变化呈逐年降低趋势（周军芳等，2012），不利于城市污染物的稀释。另外，城市化引发热岛环流，导致污染从郊区输送回市区，并可能在城区内积累高浓度污染（吴蒙等，2015），大气能见度相应降低。

5.3.2.3 城市间污染物相互传输

珠三角地区城镇连绵，污染物通过大气在城市间输送，各城市的空气污染不同程度地受外地源的影响（王淑兰等，2005），SO_2、PM_{10}、O_3 等大气污染物形成区域性的时空重叠（杨柳林等，2012；胡晓宇等，2011；王志铭等，2012）。珠三角大部分城市市辖区平均 SO_2 与平均 NO_2 第一贡献为外来源，广州、东莞、佛山的污染输送对区域周边城市影响相对较大。

5.4 区域土壤环境变化

5.4.1 土壤形成及其主要特征

珠三角地区处于亚热带地区，光、热充足，雨量充沛，水源丰富，土壤风化淋溶程度高，土壤以地带性红壤和赤红壤为主，主要分布在三角洲东北部和三角洲冲击平原地区，分别占总面积的 22.4% 和 14.9%。由于各种地质水文及人为因素影响，形成了水稻土、人工堆叠土、菜园土、潮汐泥土、滨海盐渍沼泽土及滨海沙土等非地带性土壤，也由于垂直带的影响，在砖红性红壤之上，出现黄壤。珠三角地区由于气温高，降雨量多等气候条件，有利于土壤母质和土壤的风化淋溶作用，使得土壤易溶的盐基离子流失，土壤容易致酸（欧阳婷萍，2005；陆发熹，1988）。据调查，珠江三角洲土壤 pH 范围为 3.68 ~ 8.12，其中 80% 左右的土壤 pH 小于 6.5，绝大部分土壤为偏酸性，且受雨水冲刷强烈、有机质含量较少，导致珠三角经济区土壤重金属环境容量值较小。

5.4.2 区域土壤环境质量变化

根据 2014 年公布的《全国土壤污染状况调查公报》显示，土壤环境质量状况不容乐观，部分区域土壤污染严重，耕地土壤环境质量堪忧，工矿业废弃地土壤环境问题突出。

从分布上看，南方土壤污染重于北方；长江三角洲、珠江三角洲、东北老工业基地等部分区域土壤污染问题较为突出。珠三角地区作为全国土壤环境重点区域，土壤环境质量状况总体不容乐观，尤其是耕地土壤环境质量堪忧，且以轻微土壤污染物为主，主要分布在珠三角地区、粤北山区矿山及城市周围区域，以无机污染为主，主要特征污染物为镉、汞、铅、铜等，有机污染物污染较轻。区域比较表明，珠三角地区点位超标率远高于粤东、粤西和粤北地区，中山、佛山、广州和珠海等地土壤污染点位超标率较高。据文献报道显示，珠三角地区九市土壤镉平均浓度为（0.180±0.187）mg/kg，汞为（0.181±0.191）mg/kg，铅为（49.6±28.7）mg/kg，砷为（10.7±9.9）mg/kg，铬为（50.7±52.0）mg/kg，铜为（31.9±36.1）mg/kg，锌为（94.4±126）mg/kg，镍为（30.7±33.1）mg/kg。总体特征表现为城市土壤重金属浓度显著高于农用地土壤，西江流域和北江流域的中山、佛山和珠海土壤重金属显著高于东江流域的深圳、东莞和惠州（李芳柏等，2013；广东省生态环境与土壤研究所，2009）。

珠三角地区土壤重金属含量从流域上存在一定的显著性差异，一般表现于河网区的重金属含量显著高于东、西江流域，但不同重金属差异性较大。从金属含量区域分布差异上来看，金属 Cd、Cu、Ni、Zn、Cr 均表现出了河网区浓度显著（$p<0.05$）高于东、西江流域的分布特征（图 5-44）。非金属 As 则表现出截然不同的特征，东江流域 As 含量显著（$p<0.05$）高于河网区和西江流域含量。通过对土壤理化性质的研究发现，河网区的土壤黏粒含量显著（$p<0.05$）高于东、西江流域（图 5-45），而土壤黏粒矿物会对重金属等有强烈的吸持作用，使得重金属在土壤黏颗粒中滞留、累积于河网区流域。而 As 表现在河网区流域含量较低，可能主要与其污染源及其环境行为有关（Chang et al.，2013）。

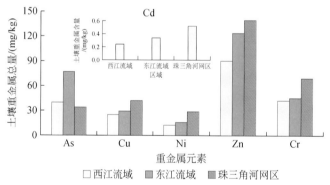

图 5-44　珠江三角洲不同区域土壤重金属总量分布特征

2006 年，利用珠三角地区土壤重金属含量与广东土壤中重金属环境背景值比较，对空间矢量图栅格化后分析表明，与 1990 年前后土壤重金属背景值调查数据相比较，2006 年前后珠三角大部分地区土壤重金属含量升高趋势明显（李芳柏等，2013）。从表 5-26 可以看出，重金属 Cd、Hg、Cu、Ni、Pb、Zn 和 Cr 含量升高倍数主要集中在 1～3 倍，分别占 80%、69%、66%、78%、69%、88% 和 44%，而重金属 Cd、Hg 和 Zn 含量升高 3～4 倍的也分别占 13%、10% 和 10%，累计趋于较高（李芳柏等，2013）。图 5-46 比较了长三角地区和珠三角地区菜地土壤重金属的含量，可以看出，重金属 Cu、Zn 和 Pb 两个区域的

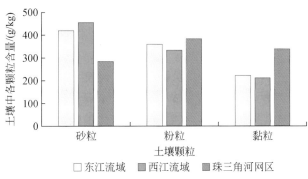

图 5-45　珠江三角洲不同区域土壤机械组成分布特征

含量较为接近，无显著性差异，而珠三角地区土壤的 Cd 含量则显著高于长三角地区，含量分别为 0.1mg/kg 和 0.18mg/kg，这可能主要与珠三角地区产业发展结构密切相关（李志博，2006；杨国义等，2007）。

表 5-26　珠江三角洲土壤重金属含量演变统计结果　　　　（单位:%）

倍数	Cd	Hg	Cu	Ni	Pb	Zn	Cr
<1	8	21	33	20	31	1	57
1~1.5	18	29	46	36	47	49	23
1.5~2	27	20	15	26	17		14
2~3	35	20	5	16	5	39	7
3~4	13	10	0	2	0	10	0
4~5	0	0	0	0	0	2	0

注：倍数 = 2006 年土壤重金属含量/1990 年土壤重金属含量。

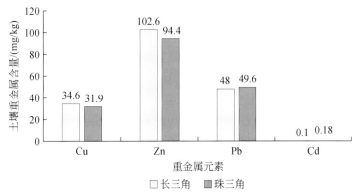

图 5-46　珠三角地区和长三角地区菜地土壤重金属含量对比

胡振宇（2004）研究了珠三角地区重金属排放规律，发现珠三角地区在 1998 年重金属排放达到最高值，1999 年大幅下降后，又在 2000 年呈现上升趋势，之后成为全省重金属排放的主要来源区域（图 5-47）。其工业布局对重金属的排放量贡献较大。广州市的重金属重点排放行业为金属制品业和纺织业，但目前大部分已经进行改造调整。深圳市的电子及通信设备制造业是主要的支柱产业，也是重金属排放的重要行业。珠海市以电气机械及器材制造业和电子及通信设备制造业为主，化学纤维制造业也是重金属排放的主要来源。惠州市则以金属制品业和电子及通信设备制造业为主，佛山市主要为陶瓷、轻纺、水泥制造业，东莞市的金属制品业、电子及通信设备制造业为重点排放行业。江门市的化学原料及化学制品制造业、食品行业、造纸及纸制品是主要的重金属来源行业。中山市重点排放行业为金属制品业、纺织业，肇庆市的金属制品业、电子及通信设备业、化学原料及化学品制造业和皮革、皮毛制造等行业为重金属排放的主要来源。以上大部分行业会产生较多的污染物（表5-27），通过大气、污水或固体废弃物等形式进入土壤，进而污染土壤环境。

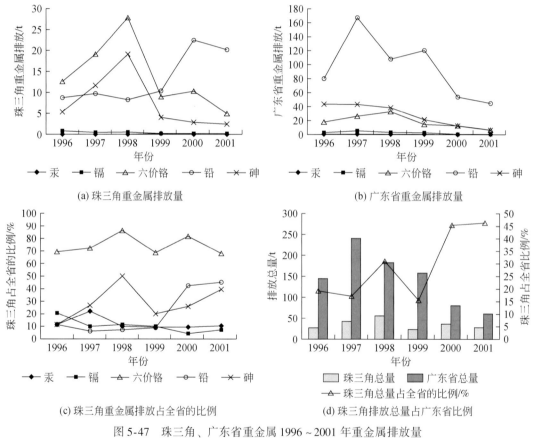

图 5-47　珠三角、广东省重金属 1996～2001 年重金属排放量
及珠三角占全省比例比较（胡振宇，2004）

表 5-27　常见行业企业类型及其特征污染物

行业分类	场地类型	潜在特征污染物类型
制造业	化学原料及化学品制造	挥发性有机物、半挥发性有机物、重金属、持久性有机污染物、农药
	电气机械及器材制造	重金属、有机氯溶剂、持久性有机污染物

续表

行业分类	场地类型	潜在特征污染物类型
制造业	纺织业	重金属、氯代有机物
	造纸及纸制品	重金属、氯代有机物
	金属制品业	重金属、氯代有机物
	金属冶炼及延压加工	重金属
	机械制造	重金属、石油烃
	塑料和橡胶制品	半挥发性有机物、挥发性有机物、重金属
	石油加工	挥发性有机物、半挥发性有机物、重金属、石油烃
	炼焦厂	挥发性有机物、半挥发性有机物、重金属、氰化物
	交通运输设备制造	重金属、石油烃、持久性有机污染物
	皮革、皮毛制造	重金属、挥发性有机物
	废弃资源和废旧材料回收加工	持久性有机污染物、半挥发性有机物、重金属、农药
采矿业	煤炭开采和洗选业	重金属
	黑色金属和有色金属矿采选业	重金属、氟化物
	非金属矿物采选业	重金属、氰化物、石棉
	石油和天然气开采业	石油烃、挥发性有机物、半挥发性有机物
电力燃气及水的生产和供应	火力发电	重金属、持久性有机污染物
	电力供应	持久性有机污染物
	燃气生产和供应	半挥发性有机物、半挥发性有机物、重金属
水利、环境和公共设施管理业	水污染治理	持久性有机污染物、半择发性有机物、重金属、农药
	危险废物的治理	持久性有机污染物、半挥发性有机物、重金属、挥发性有机物
	其他环境治理（工业固废、生活垃圾处理）	持久性有机污染物、半挥发性有机物、重金属、挥发性有机物
其他	军事工业	半挥发性有机物、重金属、挥发性有机物
	研究、开发和测试设施	半挥发性有机物、重金属、挥发性有机物
	干洗店	挥发性有机物、有机氯溶剂
	交通运输工具维修	重金属、石油烃

5.4.3 城市化对区域土壤环境质量的影响

5.4.3.1 区域土壤环境负荷与土壤环境问题

（1）区域污染负荷大，产业布局不合理

长期粗放型经济增长方式尚未得到根本改变，还存在大量涉重金属企业，部分企业污染防治水平低。部分地区工业布局较为分散、缺乏统一规划，产业结构调整速度过慢，淘汰落后产能效果不显著，许多高污染企业与居民生活区、水源保护区、农田保护区交叉分布，造成大量的有毒有害物质直接进入敏感环境。此外，农业生产中施用的化肥、农药和化学制剂，部分区域的污水灌溉等现象，都造成了农业面源污染负荷加重，土壤污染风险大。

（2）珠三角地区产业转移过程中产生的新的污染转移

珠三角地区的电镀、陶瓷、化工、制药、五金等行业企业大规模向粤北、粤西、粤东等欠发达地区转移，在原来的场址区域遗留了大量存在潜在风险的污染场地，同时在新的场址有可能造成新的土壤污染。

（3）土壤环境监管起步较晚，工作积累较少，责任意识不强

由于土壤污染具有隐蔽性、滞后性、累积性等特点，长期以来没有将土壤污染防治工作放到与水、大气污染防治工作同等重要的位置，土壤环境保护历史欠账较多，相关工作起步晚，资金投入、监测监管能力严重不足。同时，由于发展地方经济的需要，许多地方政府为了 GDP 等政绩工程，甚至鼓励发展经济见效快的高污染行业，"边发展，边污染，再治理"的经济发展模式一直存在。尤其城市用地的土壤污染治理修复工程，涉及地方政府、开发企业等相关方的利益，关系到土地是否能被批准开发建设，因此"被动"重视程度较高。

（4）土壤污染防治技术储备薄弱，环保产业支撑能力不足

一般来说，土壤中的污染物较复杂，浓度差异较大、污染物类型多样，加上土壤环境管理与政策法规滞后，土壤污染防治技术储备较少，土壤治理与修复经验不足，土壤污染防治基础研究、风险评估、技术研发、示范工程等均难以满足实际的需求。近年来，我国环保产业的发展大多以水环境与大气环境治理为主，土壤环境产业刚刚起步，难以支撑我国土壤污染防治的实际需求。此外，因土壤类型与气候的差异，发达国家已成熟应用的技术是否适宜于我国实际情况，还需要进一步检验。

5.4.3.2　区域土壤环境变化及其原因分析

影响城市土壤环境质量的主要因素有两类：①自然因素，如土壤成土母质和理化性质；②人为因素，如交通运输、城市用地规划、矿产资源冶炼活动和化石燃料燃烧的大气污染物沉降、畜禽粪便、农药化肥、污水灌溉和工业废物等。但影响城市土壤环境质量及土壤污染物分布和累积的因素也会因为地域、具体污染状况的不同而存在较大差异，即使同一区域不同研究方法所得出的结论也不尽相同。城市土壤环境受多种人为活动的干扰，原有继承特性受到强烈改变，其广泛分布于公园、道路、城市河道、垃圾填埋场、废弃工厂、矿山周围等，土壤环境质量受影响程度较为严重（张甘霖等，2003）。

（1）土地利用方式变化对土壤的影响

由于城市土地表面的普遍封闭，土壤中的的植物生长、水分过滤、热量转换、污染物迁移转化等关键生态学过程大幅弱化甚至完全消失，这种不可逆转的过程将"活"的土壤转化为"死"的物体。有研究称，因机械压实、人为扰动等的影响，城市土壤环境的物理化学性质变差，具体体现在土壤机械组成的极端化、土壤原始结构被严重毁坏、土壤容重增加、通气和持水孔隙降低、部分元素完全丧失等方面。李铖等（2015）研究表明，土壤样点缓冲区内水体、林地和城市用地的数量构成（比例和平均斑块规模）、部分空间格局（破碎化程度、景观形状复杂度和聚集度/连接度）以及距离工业用地的距离对部分土壤重金属（Pb、Cd 和 Ni）污染水平具有较好的指示作用，能够为珠三角地区农业土壤重金属污染防治提供理论依据。土壤 Pb 与城市用地（包括商业、居住、道路和工业用地）的多数景观格局指数呈显著正相关；相反，缓冲区内林地的存在往往能缓解部分土壤重金属元素的污染，如林地比例、平均斑块规模和聚集度与农业表层土壤 Pb 和 Ni 的污染水平呈显著负相关。从距离和密度因素来看，距离工业用地越近，农业土壤 Pb、Cd 和 Ni 的污染程度就越高。此外，重金属元素可以随地表径流、地下水以及粉尘等迁移到别处并沉积（徐晟徽等，2007），所以更大范围内的道路密度也会影响土壤重金属分布（Deschenes et al.，2013）。Lin 等（2002）发现县域尺度上土壤 Cd、Cr 和 Ni 与景观多样性呈显著正相关。宋成军等（2009）系统综述了土地利用和覆盖变化对土壤重金属的影响，结果显示无论在场地、县域还是流域/区域尺度，土地利用和覆被类型均是控制土壤重金属空间分布和累积的重要因素。

（2）城市污水及处理对土壤的影响

一般来说，城市活动产生的生活污水和工业废水大多最终排入江河，很多城市污水没有经过充分处理或处理处置不达标，致使江河水体和农用灌溉水受到一定程度的污染。河涌污染会导致部分城镇农用灌溉出现水质性缺水，如深圳宝安区部分农用灌溉水由于被工业废水和生活污水污染而禁止用于灌溉，导致部分农田丢弃，土壤性质也随之变差。城市污水是一种污染源，但从某种意义上说来，也是一种资源，一方面污水可以补充水源，另一方面污水中含有较丰富的 N、P、K、Cu、Zn 等，是作物生长的营养元素。但污水灌溉也使部分土壤和作物污染。有研究表明，广州市郊区由于使用污水灌溉农田，造成污染面积高达 2000 多公顷，施用不达标的淤泥导致 1000 多公顷农田土壤被污染（Cai et al.，2013）。广州市郊某污灌区土壤中 Cd、Pb、Hg、Zn、Cr 的质量浓度为清灌区的 1.8 ~ 4.5 倍（表 5-28），污灌区土壤 Hg 的浓度含量最高达 2.3mg/kg，Zn 的浓度含量最高达 1320mg/kg。此外，城市污水中盐分总量浓度较高，会引起土壤盐渍化，这种现象尤其在北方较为普遍；城市污水一般还会含有大量悬浮物，经长期使用这种污水灌溉，还会导致土壤容重增加，土壤透水性下降，土壤板结现象严重。

表 5-28　广州市郊污灌区与清灌区土壤中元素的质量浓度　　（单位：mg/kg）

项目	Cd	Pb	Hg	Zn	Cr	Cu	As
样点数/个	34	34	34	34	34	12	28
污灌区最大值	228.0	920	2.3	1320	616.0	216	72.5
污灌区平均值	2.1	99.7	0.28	142.8	28.0	87.9	25.1
清灌区平均值	0.47	48.67	0.16	46.0	9.0	21.1	22.1
污灌区/清灌区	4.5	2.0	1.8	3.1	3.1	4.2	1.1

资料来源：廖金凤，2001。

（3）城市废气对土壤环境的影响

工业废气对土壤的影响。工业企业一般较多分布在城市郊区或城乡结合部，城市中心区一些污染较重的企业会向市郊或农村搬迁转移，致使污染转移，导致市郊土壤污染加重。目前，工业能源多数还是来源于煤、石油类能源，煤和石油中含有较多的重金属和类金属污染物，如 Hg、Sn、Cr、Pb、As 等元素，煤和石油燃烧后，含有污染物的工业废气排放，最终沉降进入土壤，造成土壤环境污染。据统计，世界范围内，每年通过大气废弃物向土壤中释放的重金属量的范围如下：As 0.84 万～18 万 t、Cd 0.22 万～0.84 万 t、Cr 0.51 万～3.8 万 t、Cu 1.4 万～3.6 万 t、Hg 0.063 万～0.43 万 t、Ni 1.1 万～3.7 万 t、Pb 20.2 万～26.3 万 t、Zn 4.9 万～13.5 万 t（Alloway，1995）。酸雨是大气环境污染的直接后果，酸雨对生态环境及人居环境的危害日益严重，在工业较发达地区尤为突出，珠三角地区已成为我国的酸雨重灾区之一，有数据显示广州市、佛山市酸雨频率都在 70% 以上，酸雨的最低 pH 达 3.13，为极强酸性。酸雨使南方的偏酸性土壤酸性更强，一方面直接影响作物生长，另一方面土壤酸性增加会加速土壤 Cu、Zn 等必需元素的淋失，而对于重金属等污染元素，酸度增加则增加了其生物有效性，进而增加了对作物生长的毒害作用。

机动车废气对土壤的影响。城市中心区域机动车辆频繁出入，机动车排放的废气不仅使得公路两侧土壤中氮氧化物、碳氧化物和碳氢化合物明显增加，而且公路两侧土壤中铅的含量也明显增加，且距公路越近，铅浓度越高，机动车废气会降低土壤环境质量。已有研究表明距离道路的距离和道路密度会影响某些土壤重金属元素的分布，陈玉娟等（2005）研究了珠三角地区主要城市郊区公路两侧土壤 Pb 含量情况，结果显示随着距道路距离的增加，Pb 的浓度逐渐降低并在 100m 左右趋于稳定。

（4）城市固体废弃物对土壤环境的影响

城市固体废弃物主要包括工业废渣及生活垃圾，城市工业企业每天都会产生大量工业废渣，人口密集的城市每天产生大量生活垃圾，有数据显示广州市人均每天产生生活垃圾约 1.5kg。工业废渣及生活垃圾的堆放场会对周围土壤环境产生污染，佛山市南海区黄岐沙溪铬渣堆放场周围菜园土铬的质量浓度在 330mg/kg 以上，比该地区正常土壤高 2～3 倍。许多国家和城市往往把生活垃圾用于堆肥，施入农田和绿地。堆肥的养分、重金属元素含量因城市垃圾组成不同而有很大差异，如广州市垃圾中有机质含量为 20.9%、全氮含量为 0.53%、全磷含量为 0.21%、全钾含量为 1.58%、Zn 含量为 253.3mg/kg、Cd 含量为 0.23mg/kg，也有研究表明广州市长期施用垃圾的土壤有机质含量、全磷、有效磷、速效钾的含量分别为未施用的 4.9 倍、6.3 倍、5.0 倍和 1.8 倍，充分显示施用垃圾后土壤中植物养分明显增加，但施用垃圾使土壤变得渣砾化，同时土壤侵入体如煤渣、玻璃、塑料、瓦片等明显增加，不利幼苗生长和耕作。施用垃圾增加了土壤中重金属含量，广州市郊未施用垃圾的菜园土中 Cd、Pb、Cu、Zn 的含量分别为 0.65mg/kg、41.5mg/kg、31.2mg/kg、70.0mg/kg，施用垃圾后分别增加到 1.3mg/kg、98.8mg/kg、73mg/kg、187.5mg/kg，重金属含量显著增加。

5.5　环境质量综合评估

5.5.1　环境质量综合评估方法

采用环境质量评价指标中的河流监测断面水质优于Ⅲ类比例、全年 API 指数达二级天数比例、降雨 pH、酸雨频度的标准化值，取平均权重构建环境质量指数（environmental quality index，EHI）以反映各市环境质量状况。

$$EHI_i = \sum_{j=1}^{n} w_j r_{ij} \tag{5-9}$$

式中，EHI_i 为第 i 市环境质量指数；w_j 为各指标相对权重；r_{ij} 为第 i 市各指标的标准化值；n 为评价指标个数，$n=4$。

5.5.2　环境质量综合评估结果

依据环境质量指数结果（图 5-48），2010 年珠三角环境质量指数排序为中山>江门>珠海>惠州>广州>东莞>肇庆>佛山>深圳。各市三期环境质量指数变化差异较大，城市间的排名发生变化。

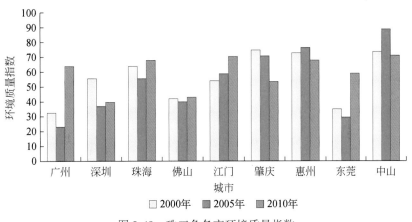

图 5-48　珠三角各市环境质量指数

2000～2010 年中山环境质量指数值为珠三角最高（2005 年为 88.68），主要由于该市年降雨 pH 较高，十年均在 5.1 以上，且其二级优良天数比例为珠三角最高，维持在 98%以上。2000 年和 2005 年，广州、深圳、佛山、东莞环境质量指数低于其他城市，且两期环境指数呈下降变化，2005 年环境质量指数均在 40 以下。至 2010 年，广州、东莞环境质量改善显著，环境指数分别升至 63.7、58.9，深圳与佛山环境质量则改善不大，分别为 39.7、43.0，排在珠三角末尾。广州和东莞在河流水质和大气质量上得到提升，2010 年河流水质优于Ⅲ类比例分别为60%、40%，相对2005年提高7%~10%，2010年API二级天数比例达到97%。肇庆环境质量指数在十年间呈下降变化，相对2000年，2010年其环境质量指数排名由第二降至第七。肇庆环境指数下降主要受酸雨污染影响，2010年其受酸雨污染程度仅次于佛山，降雨pH降为4.36，酸雨频率达到82.6%。

根据珠三角各城市的河流水质优于Ⅲ类比例、API达二级天数比例、降雨pH、降雨频率的特征，将珠三角的9个地级市划分为三类，对比不同城市特点。

第一类：广州、东莞。各指标值都小于80%，2000~2010年，两市的四指标值变化存在差异，但总趋势相同，到了2010年，两市环境质量指标值相近（图5-49）。

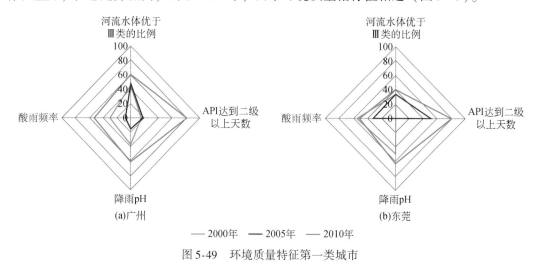

图5-49　环境质量特征第一类城市

第二类：深圳、珠海。这类城市大气质量较好，API达到二级以上天数的值为珠三角前两名，远高于其他指标值，并且基本没有变化（图5-50）。

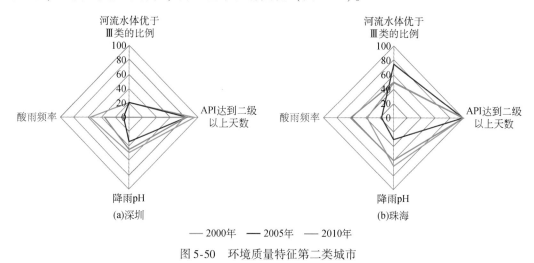

图5-50　环境质量特征第二类城市

第三类：佛山、珠海、肇庆、惠州、中山。这类城市的河流水体优于Ⅲ类的比例和

API 达到二级以上天数比例占优，但酸雨频率和降雨 pH 较低，受酸雨污染干扰程度大（图 5-51）。

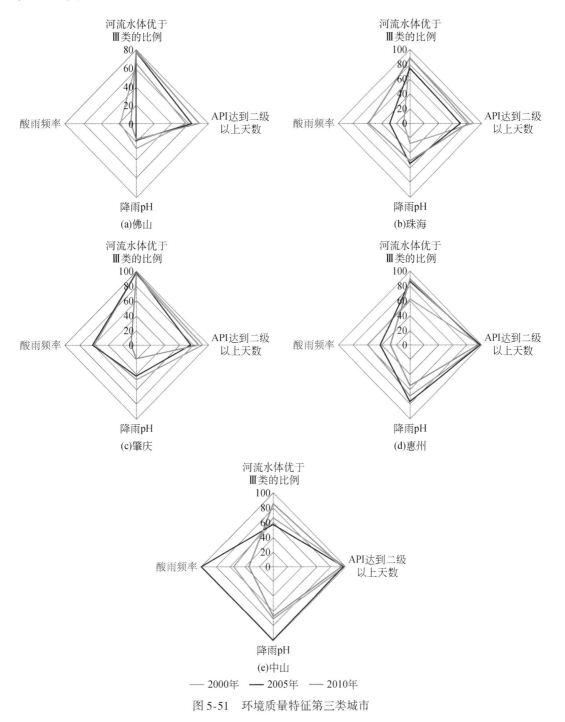

图 5-51　环境质量特征第三类城市

从总体上看，2000～2010 年珠三角区域的环境质量指数并无一定规律。从各地级市看，中山、惠州和珠海的环境质量指数分别在 75～85、65～75 和 55～65 内变化。广州、深圳、东莞、江门变化幅度最大，变化幅度超过 20；而佛山的环境质量指数最稳定，基本稳定在 40 左右（图 5-52）。

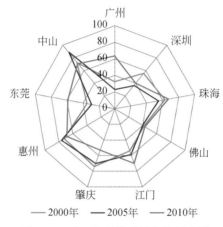

图 5-52　珠三角环境质量指数雷达图

第6章 珠三角热环境变化

本章从气象监测、遥感反演两种途径揭示珠三角城市热岛变化趋势，研究广州、深圳、佛山、东莞建成区内部地表热岛的空间分布与变化，并深入研究广州中心城区地表热环境季相变化及其与非渗透地表的定量关系。长时间序列气象数据显示，1981~2010年珠三角区域热岛强度增加了约0.8℃，增温为0.26℃/10a。2000~2010年珠三角地表温度逐渐形成环珠江口高温带，其中以广州、佛山、东莞、深圳为热力核心。在广州、深圳、东莞、佛山建成区内部，热岛斑块受城市形态、建设用地扩展方向影响，呈现不同类型分布。广州、深圳、东莞建成区地表热岛强度升至2.8℃左右。广州中心城区2005年下半年内地表温度热岛/冷岛集聚区分布格局季相差异十分明显，地表温度与非渗透地表的正相关关系随季相变化逐渐减弱，二者关系趋于复杂。

6.1 研 究 方 法

6.1.1 基于气温的城市热岛评价方法

由于地面气象站固定观测获取的近地面空气温度数据真实可靠，仍是当前城市区域尺度热岛强度评价的主要技术（孙铁钢等，2016）。本章采用1981~2010年珠三角地区气象站年均温度数据，揭示珠三角地区及各市热岛强度近30年演变过程。

参照曾侠等（2004）的研究，采用城区气象站点观测值与郊区站点的气温差值作为城市热岛强度。以从化站、台山站、怀集站和上川岛站作为珠三角热岛评估的气象对比站；选用位于各市较为固定的站点作为城区气象点，包括番禺站、深圳站、顺德站、中山站等，这些站点处于城市活动较活跃的区域，有很好的代表性（表6-1）。气象站站点分布如图6-1所示。

取城区站点的气温平均值与对比站气温均值（从化站、四会站、台山站、上川岛站）的差值计算热岛强度，如式（6-1）：

$$H_t = T_c - T_s \tag{6-1}$$

式中，H_t为热岛强度；T_c为城区气象站气温；T_s为郊区气象站气温。以各市站点年均气温与郊区站点年温均值之差表示各市热岛强度。

表 6-1　珠三角各市气象站点表

站点类别	城市	站点名
城区站	广州	番禺站
	深圳	深圳站
	珠海	珠海站
	佛山	顺德站
	江门	新会站
	肇庆	高要站
	惠州	惠阳站
	东莞	东莞站
	中山	中山站
郊区站	从化站、台山站、怀集站、上川岛站	

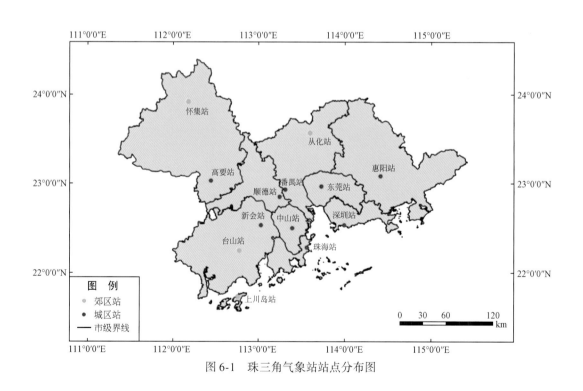

图 6-1　珠三角气象站站点分布图

6.1.2 基于遥感数据的地表温度获取

6.1.2.1 基于 MODIS 数据的地表温度

1978 年美国发射热惯量卫星（HCMM），首次用卫星来观测地球表面的温度差异，标志着热红外卫星遥感的发展（赵英时等，2003）。MODIS 数据产品具有覆盖范围大、时空分辨率高、获取途径简单等诸多优点，其已成为评估大范围区域尺度热环境状况的重要数据源，并得到广泛的应用。

本章采用数据为 MODIS 的 MOD11 陆地 2、3 级地表温度和辐射率标准数据产品，Lambert 投影，空间分辨率为 1km，地理坐标为 30s，每日数据为 2 级数据，通过 2000年、2005 年和 2010 年 9 月份的日数据合成月数据，作为珠三角地区地表温度研究数据。

6.1.2.2 基于 Landsat TM/ETM+数据的地表温度

在广州、深圳、佛山、东莞建成区的热环境与广州中心城区的热环境研究中，本章基于 Landsat TM/ETM+数据，采用单窗算法（Qin et al.，2001a）获取得到城市地表温度分布图，建成区热环境分别采用 2005 年 7 月 18 日、10 月 22 日和 11 月 23 日 Landsat TM/ETM+数据。

6.1.2.3 建成区地表热岛强度

广州、深圳、东莞、佛山建成区城市热岛计算公式。

$$\mathrm{TNOR}_i = (T_i - T_{\min}) / (T_{\max} - T_{\min}) \tag{6-2}$$

式中，TNOR_i 表示第 i 个像元正规化后的值，处于 $0 \sim 1$；T_i 为第 i 个像元的绝对地表温度；$T_{\min}$ 表示绝对地表温度的最小值；$T_{\max}$ 表示绝对地表温度的最大值。根据 TNOR 的数值可以对不同时期遥感影像的热岛空间分布进行比较分析。

6.1.3 广州中心城区的城市热岛/冷岛聚集区提取

传统的地表温度分级方法是基于单一像元的连续特征值转化为离散的空间数据。这种等级划分方法会产生"椒盐效应"（苏伟等，2007），各像元会被零碎化，忽略了数据中丰富的空间信息 [图 6-2（a）]。面向对象分割的影像分析技术近年来已经成为遥感研究的热点，它可以有效解决传统划分方法的一些局限性问题（Blaschke，2003，2010；Blaschke et al.，2000）。本章提出一种面向对象的热环境分析方法，对各季相地表温度数据进行影像分割，分割后能获得感兴趣区的温度边界，边界内各温度像元值具有相似的特征（如强度、纹理等）[图 6-2（b）]。

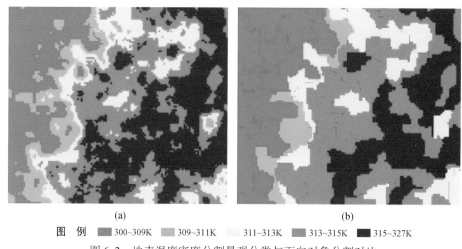

图　例　■ 300~309K　■ 309~311K　■ 311~313K　■ 313~315K　■ 315~327K

图 6-2　地表温度密度分割景观分类与面向对象分割对比

空间自相关分析具有空间集聚度识别功能，主要应用在探索地理分布变量的非随机性空间分布上，已在地理、经济等诸多领域得到应用（Yang et al., 2012）。空间自相关分析包括两个工具，即全局空间相关性和局部空间相关性。采用局部莫兰指数进行地表温度对象的空间聚集度识别，计算如下（Anselin, 1995; Anselin et al., 2006）。

$$I_i = n \times \frac{(x_i - \bar{x})}{\sum_i (x_i - \bar{x})^2} \times \sum_j w_{ij}(x_i - \bar{x}) = \frac{z_i}{m_0} \times \sum_j w_{ij}z_j, \qquad (6\text{-}3)$$

其中，$m_0 = \sum_i \dfrac{z_i}{n}$。

式中，x_i 表示观测变量 x 在 i 位置上的值；$\bar{x}$ 表示所有观测变量 x 的平均值；n 表示观测变量 x 的个数。w_{ij} 表示权重矩阵，以避免参数的依赖性及变异进行空间插值 z_i 和 z_j 是背离平均值的程度。热岛/热岛聚集区提取在 GeoDa software environment（http://geoda.software.informer.com/）中完成。

通过莫兰指数计算，获得五种地表温度对象空间集聚类型：高–高（H-H）、低–低（L-L）、高–低（H-L）、低–高（L-H）和不显著（not significant），各种类型意义如下。

高–高（热岛聚集区）：地表温度对象的温度值较高（高于所有对象的平均水平），并且被同等级的高温对象包围，暗示着热岛聚集区的存在；

低–低（冷岛聚集区）：地表温度对象的温度值较低（低于所有对象的平均水平），并且被同等级的低温对象包围，暗示着冷岛聚集区的存在；

高–低：地表温度高温对象，对较低温度的对象包围；

低–高：地表温度低温对象，被较高温度的对象包围；

不显著：地表温度对象与周边对象局部空间关系不明显。

6.1.4　非渗透表面提取

首先运用小波分析结合 IHS ［intensity（强度）、hue（色相）、saturation（饱和度）］

变换的方法对 SPOT5 多光谱波段和全色波段进行融合，然后对两景 SPOT 融合影像进行拼接，得到 2.5m 空间分辨率的多光谱影像。对融合数据进行面向对象分类，主要分类类型包括：水体、植被、裸地、阴影和非渗透地表 5 种类型，面向对象分类过程在 eCognition Developer 8.7 中完成。完成分类后，将水体、植被、裸地、阴影 4 种地表类型进行合并，并赋予编码为 0，而非渗透地表重编码为 1，最后生成非渗透地表二值图层。利用 ArcGIS 生成 250m×250m 的网格，将该网格与训练区分类得到的非渗透地表二值图进行叠加运算，即可计算整个研究区域逐个网格内非渗透地表的比例。

6.1.5 回归树模型

回归树模型属于数据结构挖掘的一种技术（Walton，2008；肖荣波等，2007）。数据挖掘技术是一个数据分析的非参数统计过程，其特点是在分析过程中充分利用数据的二叉树结构，通过对数据样本的不断细分，二叉树节点使得上层数据变量的变异最大，同枝节内部数据变量同质性越近，最后同枝节内样本趋于同质或剩余数量过少而无法继续分支而结束分析（张立彬和张其前，2002），回归树模型的实质在于以不同规则（rule）下多组线性模型的方式挖掘数据样本之间的非线性关系。本章使用回归树模型来构建地表温度与非渗透地表的关系模型，目的在于揭示其关系的内部异质性和空间分布特征（Wylie et al.，2007）。回归树模型通过 Cubist 2.08[①] 实现。

6.2 区域热环境时空变化

6.2.1 基于气温的热岛强度变化

1981~2010 年，珠三角热岛强度增加了约 0.8℃（1980 年、2010 年热岛强度差值），增温为 0.26℃/10a。其中，2000~2010 年热岛强度整体上升较快，至 2010 年珠三角热岛强度达 0.89℃，相对 2000 年上升 0.23℃。珠三角热岛强度呈非线性上升变化，不同时期的上升速率有差异。1981~1995 年，珠三角热岛强度呈缓慢上升，由 1981 年的 0.29℃上升至 1995 年的 0.58℃，1995~2005 年，珠三角热岛强度在 0.6~0.7℃波动，这一时期表现较为平稳。2005~2010 年，惠州、肇庆、江门等站点年均气温快速提高，导致珠三角热岛强度上升较大，这一时期热岛强度超过 0.8℃，2008 年达到 1.05℃，达到最大值（图 6-3）。

1981~2010 年，珠三角各市热岛强度呈波动上升变化。1981 年，珠三角各市热岛强度在 0.06（广州、肇庆）~0.7℃（珠海）。2010 年珠三角各市热岛强度范围上升至 0.56（肇庆）~1.36℃（佛山）。其中，佛山、深圳、珠海、广州的热岛强度排在前列，热岛强度均在 1℃以上，其余城市热岛强度在 0.8℃以下（图 6-4）。

---

① http：//www.rulequest.com/cubist-info.html。

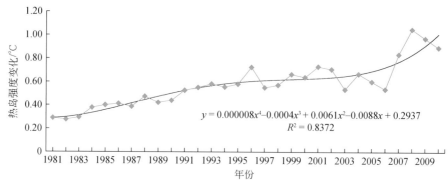

图 6-3　1981～2010 年珠三角历史热岛强度变化

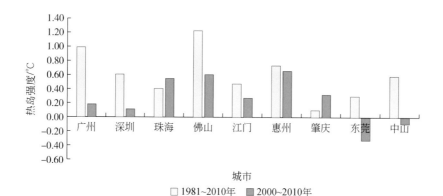

图 6-4　珠三角不同时期热岛强度变动

取 1981 年、2000 年、2010 年各市热岛强度差值计，各市在不同时期增长有差异。珠三角各市热岛强度在 1981～2010 年平均上升 0.6℃，佛山、广州为热岛强度上升最大的两个城市，分别上升 1.23℃、0.99℃，肇庆热岛强度上升最小，仅为 0.32℃。2000～2010 年，惠州、佛山、珠海为这一时期热岛强度增长最大的 3 个城市，分别上升 0.66℃、0.61℃、0.55℃（图 6-5）。

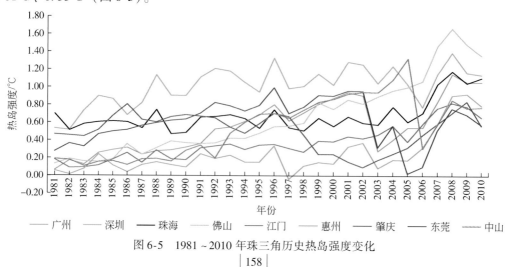

图 6-5　1981～2010 年珠三角历史热岛强度变化

6.2.2 地表温度变化

　　珠三角地区在大规模城市化进程下，城市间建设用地连接成片，存在明显的区域热岛现象。2000～2010 年珠三角地表高温区域与城镇用地的空间布局具有较高相关性，2000～2010 年高温区域分布变化表现为由广佛城市圈向西北、东南方向延伸，最终形成环珠江口高温蔓延带。

　　2000 年，地表温度高温区十分集中，呈现条形蔓延状态，这一时期以广州、佛山城市连接区为高温连绵带，另外广州中南部、东莞市中北部、深圳的沿珠江口地带为主要高温中心。地表温度低值区主要分布在肇庆北部、广州北部和惠州东北部等海拔较高、林地覆盖状况相对较好的地区。2005 年，珠三角腹地热力斑块进一步扩张，分布在广州萝岗区与东莞相连的条形高温斑块宽度增加，同时中山小榄镇与佛山顺德相连。2010 年，广州、佛山地表温度形成大面积的热力核心，高温斑块随着城市建设用地的扩展，向广州市西北部（白云区、花都区）、广州市南部（番禺区）和佛山市西部延伸。而东莞市和深圳市形成的城市连绵带更为明显，已形成以两市西部沿珠江口为走廊，东莞市中北部和深圳市中部为核心的地表温度热力中心。

　　至 2010 年，珠三角热力景观格局已形成环珠江口高温带，其中以广州、深圳、佛山、东莞为热力核心，珠海、中山成为珠江口西岸的主要高温区域（图6-6）。

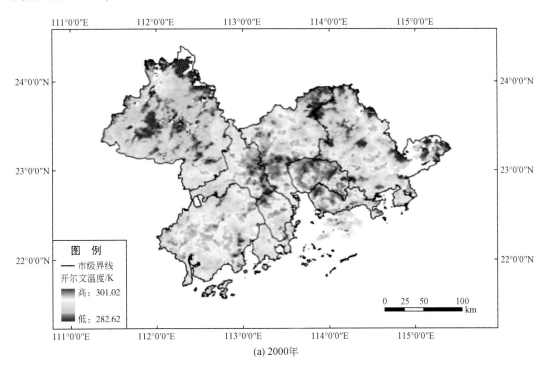

(a) 2000年

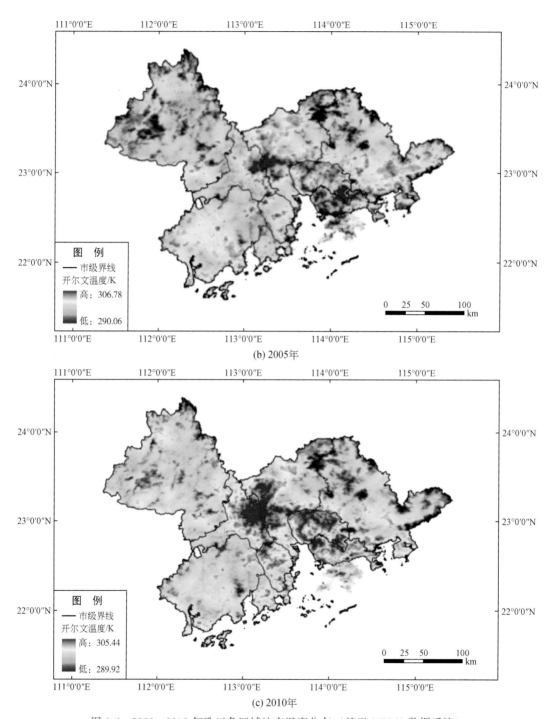

(b) 2005年

(c) 2010年

图 6-6　2000～2010 年珠三角区域地表温度分布（基于 MODIS 数据反演）

6.2.3　重点城市建成区地表热岛变化

6.2.3.1　广州建成区地表热岛空间变化

广州建成区高温斑块主要集中在荔湾区、越秀区、海珠区西部等主城区位置，此外，黄埔区和萝岗区的城镇中心温度也比较高，且与建设用地的分布有比较高的切合。2005年后，广州热岛效应扩张态势十分明显，表现在黄埔区、萝岗区等东部开发区高温斑块的大面积增加。因为在这个时期，广州市加快了"东进"的进程，在黄埔区与萝岗区新建了科学城、智慧城等新城开发区，促进了东部热岛斑块的形成。2009年后，建成区东部热岛状况趋缓，但白云区区域内热岛斑块增加显著，这与该时期内白云区大面积建设开发密切相关（图6-7）。

6.2.3.2　深圳建成区地表热岛空间变化

深圳城市热岛呈多中心式分布。2000年热岛区域主要集中在南山区、福田区、罗湖区，且温度分布密切反映了城市道路和建筑的分布特征。2005年，南山区与福田区的高温斑块有所增加，主要表现为团状的高温热岛斑块数量增加，且较高温斑块在城市边缘区的扩张十分明显。2009年，南山区的西南部温度增加十分明显。此外，盐田区的城镇重点热岛效应十分明显（图6-8）。

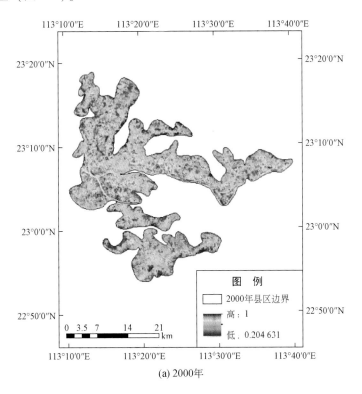

(a) 2000年

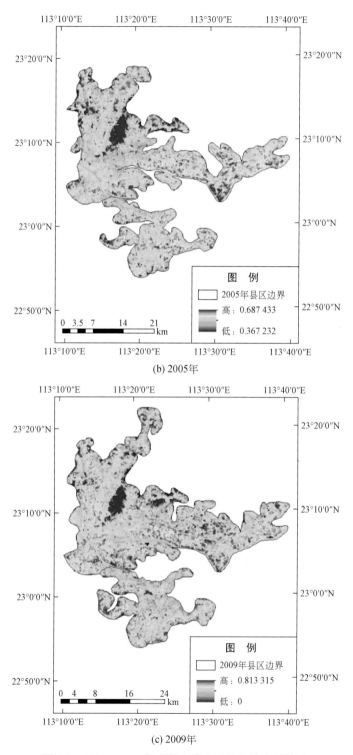

(b) 2005年

(c) 2009年

图 6-7　2000～2009 年广州市建成区热岛效应评价图

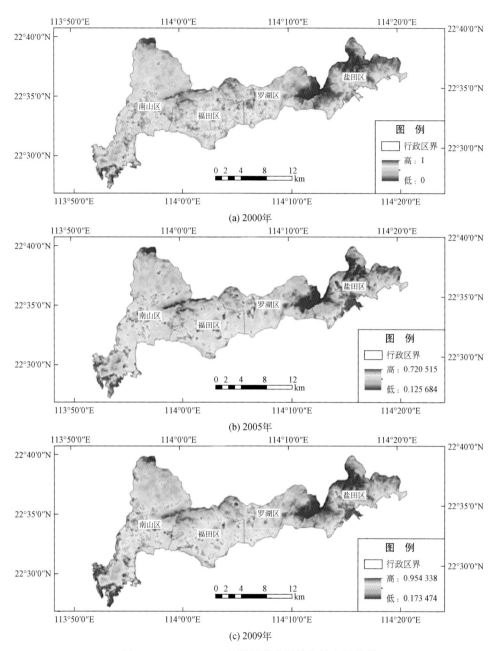

图 6-8　2000～2009 年深圳建成区热岛效应评价图

6.2.3.3　佛山建成区地表热岛空间变化

　　佛山城镇早期多沿道路发展，因此佛山城市热岛呈多中心式分布，同时具有沿马路分布的条状特点。2000 年热岛区域沿着道路和禅城区、南海区的主城区分布十分明显，热岛集中区往往是建筑开发强度比较大的区域。到 2005 年，热岛效应范围扩大态势明显，在禅城区和南海区，热岛斑块基本在 2000 年的基础上有所扩张。值得注意的是，顺德区南部高温斑块增加十分明显。这与顺德区陈村花卉产业的扩张、大棚面积增加密切相关。2009 年基本延续了 2005 年的热岛效应发展势头，并且区域内的冷岛斑块开始减少（图 6-9）。

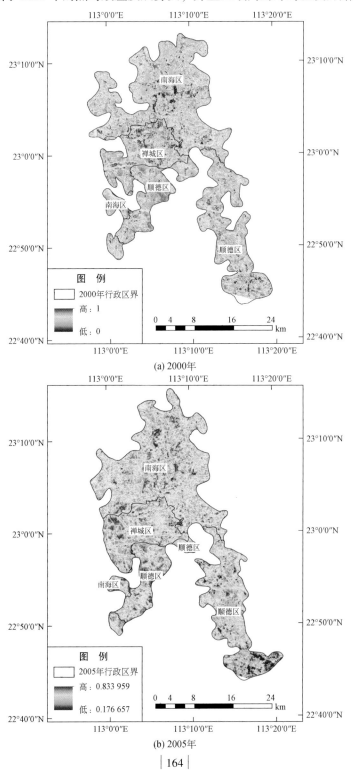

(a) 2000年

(b) 2005年

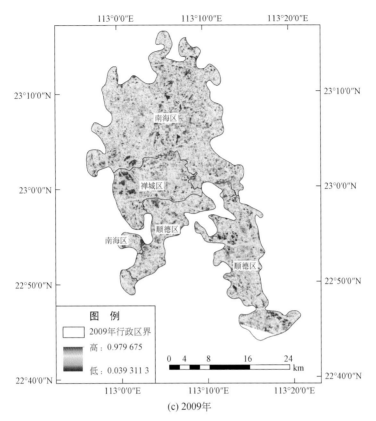

(c) 2009年

图 6-9　2000～2009 年佛山建城区热岛效应评价图

6.2.3.4　东莞建成区地表热岛空间变化

东莞建成区热岛分布具有显著的条状特点，沿城市道路由莞城区城镇中心向四围放射分布。2000 年，东莞区域高温斑块沿道路和建筑用地分布十分明显，其中，大型热岛斑块主要集中在莞城中心区、莞穗路和东莞大道周边。2005 年以后，热岛斑块位置有所变化，开始退出莞城区中心，零散分布至城市周边开发区位置，这个与东莞市对城市前沿地带的建设用地开发有关。2009 年，热岛面积进一步增大，并且开始扩张到南部松山湖、大屏嶂等地（图 6-10）。

6.2.3.5　重点建成区地表热岛强度比较

根据遥感信息提取的建成区"主城区"和"郊区"范围，并分别计算"主城区"和"郊区"地温的均值及其差值，即为热岛强度。

至 2009 年，广州、深圳和东莞建成区热岛强度相近，分别为 2.7℃、2.9℃、2.8℃（图 6-11），佛山建成区热岛强度最低为 2.2℃（图 6-12）。2000～2009 年广州、深圳、佛山和东莞建成区城市热岛强度均上升，其中东莞热岛强度上升最大，达 0.7℃，佛山建成区热岛强度上升最小，为 0.3℃。从分时期来看，重点城市建成区热岛强度在 2005～2009 年上升幅度较大，广州、深圳和东莞建成区在 2005～2009 年分别上升 0.4℃、0.4℃、

0.5℃，占研究期的 66% ~ 88% 。

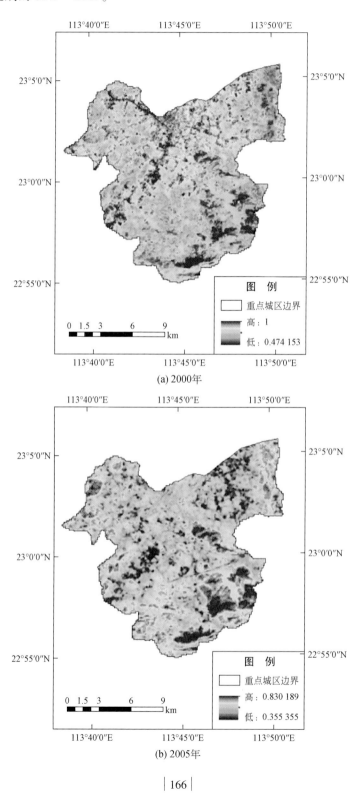

(a) 2000年

(b) 2005年

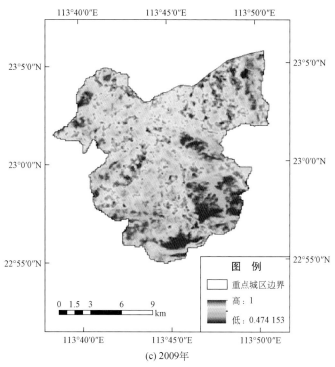

(c) 2009年

图 6-10　2000～2009 年东莞建城区热岛效应评价图

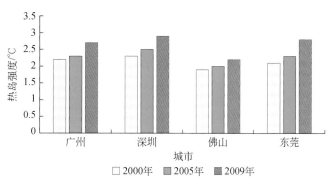

图 6-11　2000～2009 年重点城市建成区热岛强度

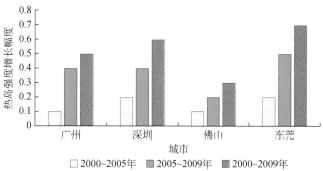

图 6-12　2000～2009 年重点城市建成区热岛强度增长

6.3 广州中心城区热环境季相变化

6.3.1 研究区与数据预处理

广州中心城区包含 126 个镇/街道办行政单位，面积约 1461.66km²，基本上涵盖了广州市城市化主要地域，对城市热环境研究具有一定的代表性（图 6-13）。

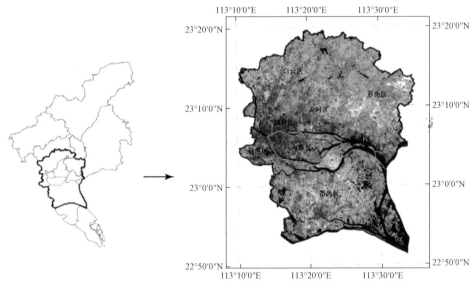

图 6-13　研究区位置示意图

本章采用数据源主要为 2005 年下半年的 Landsat TM 遥感影像（行列号：122/44，时相为 7 月 18 日、10 月 22 日和 11 月 23 日）和 SPOT 5 融合数据（行列号：284-303 和 284-304 和，时相分别为 2006 年 1 月 26 日和 2005 年 12 月 20 日）。Landsat TM 卫星拍摄时间均在上午 10：45 左右，卫星拍摄当天天气状况见表 6-2。从中可知不同季相影像天气状况差别较大，对不同季相背景下广州市城市热环境状况具有一定的代表性。TM 影像数据为 Level A 级产品，参考已通过正射校正和几何校正 2000 年 Landsat TM 影像，对三景 TM 影像进行几何精校正，校正时候共选取 58 个控制点，利用最近邻插值进行重采样，校正后 TM 影像均方根误差均低于 0.5 个像元（15m）。最后使用单窗算法获取城市地表温度分布图。

表 6-2　Landsat TM 影像获取日期天气状况

季相	风速/（m/s）	气温/℃	气压/hPa	相对湿度/%
7 月 18 日	1.7	33.7	287	56
10 月 22 日	2	23.5	166	58
11 月 23 日	2	18	110	55

6.3.2　地表温度分区统计

分析各行政区不同季相地表温度变化状况（表6-3）可知，广州市不同季相地表温度格局变化十分明显。7月18日荔湾区和越秀区地表温度较高，平均温度均达314K以上，其次是海珠区、天河区和黄埔区，萝岗区、白云区和番禺区平均温度较低。这是因为荔湾区和越秀区是广州市老城区，内部高密度建筑景观比例较大。10月22日温度分布情况与前一时期分布格局变化不大。但到11月23日，地表温度最高值出现在黄埔区、海珠区、荔湾区和番禺区，温度均在297K左右，天河区和越秀区温度反而较低，温度最低为白云区和萝岗。初步分析结果可以看出，在夏季、秋季再到深秋季节这段时期内，高温区有从广州市中心向番禺区等郊区转移的趋势。

表6-3　广州各行政区不同季相地表温度平均值　　　　　　（单位：K）

行政区	季相		
	7月18日	10月22日	11月23日
白云区	311.61	300.12	294.28
番禺区	311.81	300.88	297.01
海珠区	313.36	302.51	297.12
黄埔区	312.92	302.41	297.86
荔湾区	314.07	302.88	297.11
萝岗区	311.04	300.19	294.93
天河区	312.96	301.78	296.26
越秀区	314.14	302.39	296.21

6.3.3　城市热岛/冷岛聚集区时空变化

图6-14和表6-4结果表明不同季相热岛/冷岛聚集区格局变化十分明显：7月18日热岛聚集区主要集中在市中心及周边行政区中心镇位置［图6-14（a）］，如海珠区中西部、白云区南部和番禺区市桥镇，其中荔湾区热岛面积比例最大，为52.14%，其次为越秀区和海珠区、萝岗区面积比例最少。10月22日热岛聚集区开始出现退出市中心的态势［图6-14（b）］，特别是越秀区和荔湾区热岛比例分别降至6.96%和15.46%，番禺区中心位置热岛面积则快速增加，至11月23日面积比例达29.95%（表6-4）。广州冷岛集聚区主要集中在林地景观面积较大的北部山区和以水塘、农田景观为主的东南部区域，随时间推移，南部冷岛聚集区开始消失，如番禺冷岛面积比例降至3.51%，且主要分布在番禺西部的几大森林公园位置［图6-14（c）］。

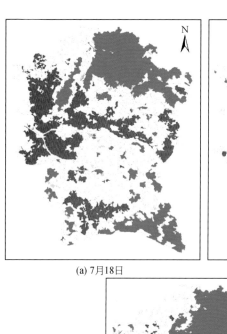
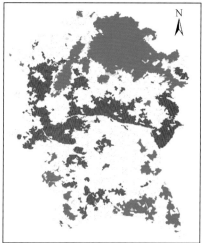

(a) 7月18日　　　　　　　　　　　(b) 10月22日

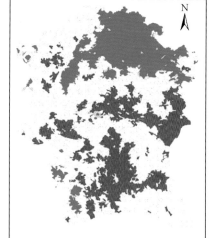

(c) 11月23日

图　例　☐ 不显著　■ 高-高(热岛)　▨ 低-低(冷岛)　▨ 高-低　　低-高

图 6-14　研究区不同季相热岛/冷岛聚集区分布特征

表 6-4　各行政区季相日期热岛/冷岛面积比例　　　　　　　（单位:%）

行政区	7 月 18 日		10 月 22 日		11 月 23 日	
	热岛	冷岛	热岛	冷岛	热岛	冷岛
白云区	16.66	36.07	11.89	39.17	4.49	41.98
番禺区	10.10	21.22	9.04	15.56	29.95	3.51
海珠区	39.92	1.27	44.22	0.00	27.13	0.69
黄埔区	28.08	3.60	40.85	0.57	52.09	0.00
荔湾区	52.14	0.00	38.75	0.00	15.46	0.00
萝岗区	8.74	44.78	13.08	40.38	15.56	45.78
天河区	34.75	12.81	36.26	13.38	27.06	16.57
越秀区	43.16	1.09	22.40	3.29	6.96	3.35

采用重心模型（段翰晨等，2012）定量热岛/冷岛移动格局。结果如图 6-15 所示，总体上热岛重心位于西部，随季相变化有南移的趋势，冷岛重心相对偏东，且有北移趋势。7 月 18 日至 10 月 22 日，虽然两期数据相差约三个月，但其热岛和冷岛重心变化相比后一个时间段要小，热岛重心向东移动 2.5km，冷岛重心向西北移动 3.4km。10 月 22 日至 11 月 23 日，冷岛重心向西北移动 9km，热岛重心向东南移动 8km。结合图 6-15 可以看出，11 月 23 日广州市东南位置上冷岛基本消失，热岛面积优势十分明显，这可能是因为该地区水田较多，天冷时节大量水体温度比周边陆地地表温度高，表现为"热岛"。由上述分析可知，广州市中心区的热环境格局受季相变异特征十分明显。

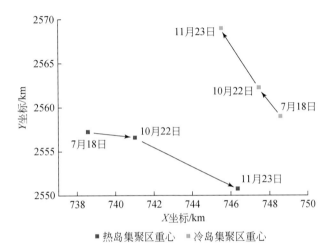

图 6-15　不同季相影像热岛/冷岛重心转移状况

6.3.4　地表温度与非渗透地表回归树关系建模

已有研究表明城市非渗透表面对地表温度具有很强的指示意义（Li et al.，2011；Xiao et al.，2007）。短时间内城市非渗透表面变化是微乎其微的，本小节重点揭示地表温度与非渗透地表的统计关系及其季相变异性。

首先统计非渗透地表每个 1% 的间距范围内平均地表温度值，绘制相关性散点图 [图 6-16（a）~图 6-16（c）]。从图中可以看出，总体上地表温度与非渗透地表呈正相关关系，并随季相变化这种正相关呈现减弱态势：7 月 18 日地表温度与非渗透地表的线性关系 R^2 为 0.9882 以上，相关系数达 0.9941；10 月 22 日，这种线性关系稍有减弱，用二次多项式方程能更好表达它们之间的关系，R^2 也达到 0.9887。到 11 月 23 日，线性回归方程仅能表达 75% 的地表温度变异性，而利用二次多项式时可以提高到 93%。由此可知，从夏季到深秋季节，二者线性关系不断减弱，非渗透地表对城市热环境的指示作用下降，二者二次多项式关系逐渐增强，其影响机制也趋于复杂。

已有很多文献利用线性回归方法构建地表温度和非渗透地表的关系模型，这里引入回

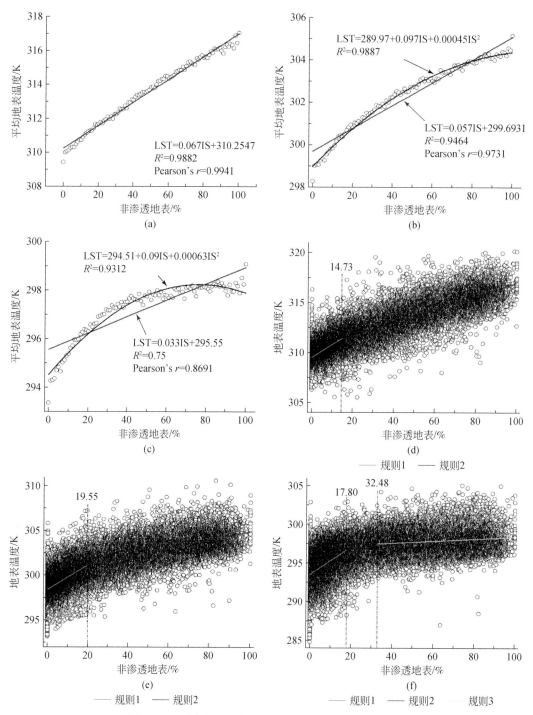

图 6-16 不同季相影像地表温度与非渗透地表散点图

注：（a）、（b）、（c）分别为 7 月 18 日、10 月 22 日和 11 月 23 日使用间距平均方法统计的地表温度和非渗透地表散点图；（d）、（e）、（f）为回归树挖掘二者关系内部异质性。

归树的方法尝试建立二者的非线性关系。图 6-16（d）~图 6-16（f）为基于回归树规则划分的地表温度和非渗透地表散点图状况，图中显示随季相变化二者关系趋于复杂，前两个时期用两个规则就可以把二者的复杂关系表达出来，样本分割的阈值分别为 14.73 和 19.55；11 月 23 日二者关系比较复杂，回归树结果得到三个规则，样本分割阈值分别为 17.80 和 32.48。

此外，本章对比了回归树和传统线性回归模型在预测地表温度时的性能表现，结果见表 6-5，其中 IS 为非渗透地表，相关性为 Pearson 计算得到的相关系数。在预测性能方面，回归树在各个季相上均优于线性回归模型，如对于 10 月 22 日影像线性回归得到的表达式仅能表达地表温度 58% 的空间异质性，而回归树模型可以提高到 62%。而且，对比不同季相相关性和 R^2 两个参数发现，随季相变化研究区地表温度异质性增强，回归树模型的优势也更为突出，如 7 月 18 日回归树比线性回归 R^2 提升 1%，到 11 月 23 日则提升了 8%。

表 6-5　不同季相地表温度与非渗透地表回归树模型及其与线性回归模型比较

季相	规则	样本比例 /%	表达式	回归树模型		线性回归模型	
				相关性	R^2	相关性	R^2
7 月 18 日	IS>14.729	56.97	LST=310.339+0.066IS	0.87	0.75	0.86	0.74
	IS≤14.729	43.03	LST=309.50+0.129IS				
10 月 22 日	IS>19.548	51.10	LST=300.155+0.046IS	0.79	0.62	0.76	0.58
	IS≤19.548	48.90	LST=298.417+0.137IS				
11 月 23 日	IS>32.484	40.32	LST=296.838+0.0137IS	0.64	0.41	0.58	0.33
	IS≤17.806	46.88	LST=293.682+0.1772IS				
	IS>17.806, IS≤32.484	12.80	LST=295.068+0.067IS				

注：表中相关性及 R^2 的统计对象为两种模型的模拟值和实测值，各统计指标均通过了 1% 的显著性检验。

与传统回归模型相比，回归树模型得到的是不同情景下的关系方程，而这些关系方程显示非渗透地表对地表温度的增温显然是不一样的（表 6-5）。分析发现，在非渗透地表高值区中，非渗透地表的增温作用远小于低值区，如 7 月 18 日影像的非渗透地表比例大于 14.73% 时，非渗透地表提高 1% 地表温度仅增加 0.066 K，而在低值区 1% 的非渗透地表增加会形成 0.129 K 的增温，其他季相数据也有类似的结论。

为进一步揭示地表温度与非渗透地表关系模型的空间异质性，将各个季相获得的规则投影到研究区上（图 6-17），并利用 IKONOS 高空间分辨率影像识别与规则相对应的典型地表景观特征（图 6-18）。总体上，由于回归树结果的规则划分（表 6-5），地表温度与非渗透地表的关系模型在空间上可以分为建筑区和植被水体区（图 6-18）：建筑区内以建筑用地为主导，绿地、水体等生态用地面积比例较少 [图 6-18（a）]；植被水体区内建筑用地较少，主要的地表景观类型为大面积的植被覆盖和水体 [图 6-18（b）]，如广州北部林区和珠江河道。在 11 月 23 日，规则 1 的斑块变得零散，规则 3 主要沿规则 1 和规则 2 的边界零星分布，地表景观类型主要为农田裸地和遍布沙土的开发区［图6-18（c）］。不同季相规则格局对比发现，规则1减少趋势比较明显（表6-5），减少的位置主要集中在南部番禺区中心位置。

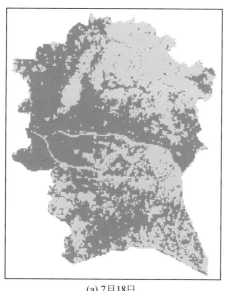

(a) 7月18日

(b) 10月22日

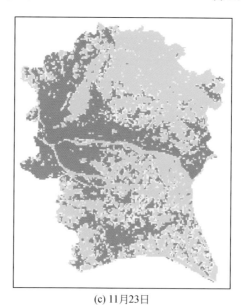

(c) 11月23日

图　例　██ 规则1　░░ 规则2　██ 规则3

图6-17　不同季相影像回归树模型规则空间分布

(a)规则1　　　　　　　　(b)规则2　　　　　　　　(c)规则3

图 6-18　不同规则下典型地表景观状况

6.3.5　小结

　　广州市中心区 2005 年下半年内地表温度热岛/冷岛集聚区分布格局季相差异十分明显，7 月 18 日广州市城区内热岛面积较大，热岛效应十分显著，而随季相变化和城市整体地表温度下降，热岛开始出现从市中心区退出的态势，到 11 月下旬，广州市城市热岛主要集中在南部的番禺区，同时原本在南部大片分布的冷岛也开始消失。

　　地表温度与非渗透地表的正相关关系随季相变化逐渐减弱，二者关系趋于复杂，说明非渗透地表对地表温度的指示作用在下降，二者空间上的正相关格局变得不完全重合。表明除非渗透地表外，还有其他随季相变化的生态参数密切影响着城市热环境的演变过程。此外，利用回归树模型建立地表温度与非渗透地表的关系模型表明，相对于传统的线性回归方法，回归树模型能在不同季相更好地模拟地表温度的异质性，同时揭示出不同等级非渗透地表的增温作用差异。回归树模型的优势在于挖掘地表温度和非渗透地表数据样本的潜在关系，识别出分割阈值而产生不同的规则，使得非渗透地表能够在多个层面表达地表温度的异质性，从而提高模拟精度。

第7章 珠三角资源环境效率变化

本章采用不变价方法计算单位 GDP 用水量、能源使用量及主要污染物排放量等，定量评价 2000~2010 年珠三角资源环境效率的变化。研究表明，珠三角多项资源环境利用效率显著提高，其中单位 GDP 用水效率提高 280%，2005~2010 年单位 GDP 能源利用效率提高 13%；单位 GDP 污染排放物强度呈逐年下降趋势，SO_2 效率提高显著，年均效率提高 15.61%。重点城市资源环境效率高于非重点城市，非重点城市工业发展相对滞后，经济规模小，GDP 增长对资源环境要素投入的依赖性相对更大。

7.1 研 究 方 法

7.1.1 资源环境效率评价指标

本章从用水效率、能源利用效率、SO_2 排放效率、COD 排放效率、烟粉尘排放效率等指标评价珠三角资源利用效率的变化，在珠三角区域尺度与重点城市（广州、深圳、佛山、东莞）尺度选取相应评价指标（表 7-1）。

表 7-1 资源环境效率评价指标

研究尺度	评价内容	评价指标	数据来源
区域尺度	用水效率	万元 GDP 用水量	广东省水资源公报（2000~2010 年）
	能源利用效率	万元 GDP 能源消费量	广东省能源统计数据（2005 年、2010 年）
	SO_2 排放效率	万元 GDP SO_2 排放量	广东省和各地级市环境质量公报（2000~2010 年）
	COD 排放效率	万元 COD SO_2 排放量	广东省和各地级市环境质量公报（2000~2010 年）
重点城市尺度	用水效率	万元 GDP 用水量	广东省水资源公报（2000~2010 年）
	能源利用效率	万元 GDP 能源消费量	广东省能源统计数据（2005 年、2010 年）
	SO_2 排放效率	万元 GDP SO_2 排放量	广东省和各地级市环境质量公报（2000~2010 年）
	COD 排放效率	万元 COD SO_2 排放量	广东省和各地级市环境质量公报（2000~2010 年）
	烟粉尘排放效率	万元 GDP 烟粉尘排放量	广东省和各地级市环境质量公报（2000~2010 年）

7.1.2　资源效率指数

资源效率指数（resource efficiency index，REI）：用水资源利用效率、能源利用效率、SO_2 与 COD 排放效率等指标并取平均权重，构建资源效率指数，用来反映各市资源利用效率状况。

$$REI_i = \sum_{j=1}^{n} w_j r_{ij}$$ （7-1）

式中，REI_i 为第 i 市资源效率指数；w_j 为资源效率主题中各指标相对权重；r_{ij} 为第 i 市各指标的标准化值；n 为评价指标个数，$n=4$。

7.2　区域资源环境效率变化

7.2.1　区域水资源利用效率

7.2.1.1　用水量和用水结构

珠三角用水总量呈先增后降趋势，但总量依旧很大（图7-1）。2000～2004年，用水总量逐年增长，2004年达到峰值256.1亿 m^3，累计增长20.3%；2004年以后，用水总量呈现波动下降趋势，2010年用水总量为236.1亿 m^3，相比2004年下降7.8%。

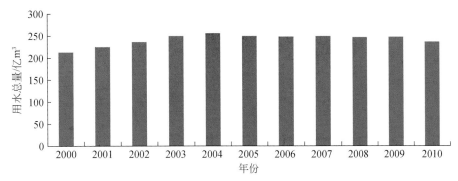

图7-1　2000～2010年珠三角用水总量变化

从用水结构来看，珠三角以生产性用水（农业和工业）为主，其次是生活用水，生态用水量最少（图7-2）。其中，生产性用水占81%～86%，且2003年后生产性用水比例呈逐年下降趋势；生活性用水量占比在12%～19%，多数年份生活性用水量所占比例维持在15%左右。随着对生态保护工作的重视，生态性用水占比呈现逐年增加趋势，2010年达到2.5%，相比2003年增长近1个百分点。

从用水量的空间分布来看，广州和佛山用水量最大，两地用水量占比达到45%以上，

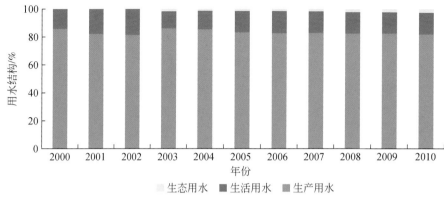

图 7-2 2000~2010 年珠三角用水结构变化

其中广州 35% 左右,佛山 15% 左右;其次是江门,用水量占比 12% 左右;惠州、东莞、中山、肇庆和深圳用水量占比次之,8% 左右;最小的是珠海市,用水量占比 2% 左右。总体上,广州、江门、珠海、肇庆和惠州用水量占比呈现波动下降趋势;深圳和中山用水量占比有所增长;佛山 2004 年前用水量占比有所增加,但 2004 年后用水量占比呈现稳中有降的趋势(图 7-3)。

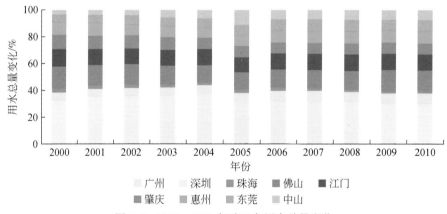

图 7-3 2000~2010 年珠三角用水总量变化

7.2.1.2 用水效率

珠三角各市用水效率差异较大(图 7-4)。单位 GDP 耗水量最大城市分别是江门、肇庆、惠州和中山,分别为 190.8m³/万元、182.3m³/万元、125.4m³/万元和 104.4m³/万元,远高于珠三角的平均水平(62.7m³/万元);其他城市除广州单位 GDP 耗水量略高于珠三角平均水平外,单位 GDP 耗水量均较低,低于珠三角的平均水平。与全国和全省的平均单位 GDP 耗水量相比,珠三角用水效率属于国内较高水平,其单位 GDP 用水量仅为全国(150.1m³/万元)的 41.8%,比广东省(101.93m³/万元)少消耗水约 40m³,但珠三角江门和肇庆用水效率低于全国水平，比全国平均水平低 20% 以上；惠州用水效率低于全省平均水平，单位 GDP 耗水量比广东省高出 23%；中山则略高于广东省，其余城市单位 GDP 用水量均低于广东省。与国内城市化程度较高的城市相比，仅深圳单位 GDP 耗水量低于北京（24.9m³/万元）、天津（24.4m³/万元）和上海（73.6m³/万元）；广州、珠海、佛山和东莞单位 GDP 耗水量低于上海，但高于北京和天津；其余城市单位 GDP 耗水量均高于北京、天津和上海。

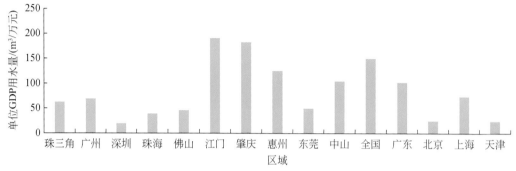

图 7-4 2010 年珠三角用水效率与其他地区比较
注：全国、广东、北京、上海、天津数据根据《2011 中国统计年鉴》计算。

由于珠三角经济转型、传统高水耗高污染行业逐步淘汰以及全社会节水意识的提高，2000～2010 年珠三角单位 GDP 用水量逐年下降，用水效率逐年提高（图 7-5）。2010 年，珠三角单位 GDP 用水量为 62.67m³/万元，相比 2000 年单位 GDP 用水量下降 190m³/万元，年均降低 19m³，用水效率累计提高了 280%。

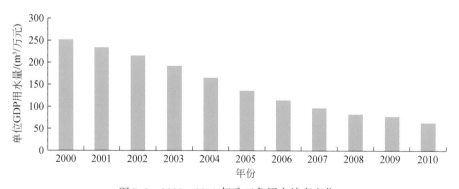

图 7-5 2000～2010 年珠三角用水效率变化

与珠三角水资源利用效率的变化趋势一致，各地市单位 GDP 用水量呈现逐年下降趋势，用水效率持续提高，但下降幅度有所差异（图 7-6）。总体上，2000～2010 年单位 GDP 用水量基数较小的地市如深圳，下降幅度最小，累计下降 36.4%；单位 GDP 用水量基数最大的肇庆下降幅度最大，累计下降 742.6%；广州、佛山、江门、肇庆和惠州累计降幅超过珠三角的平均降幅，降幅均超过 200%；珠海、东莞降幅低于珠三角。

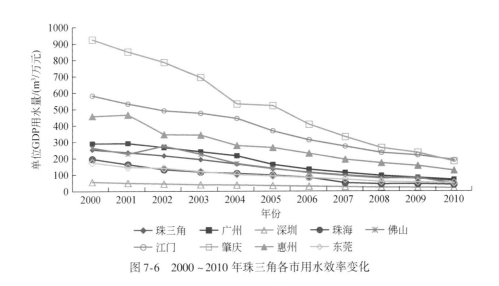

图 7-6　2000～2010 年珠三角各市用水效率变化

7.2.2　区域能源利用效率

7.2.2.1　能源利用总量变化

2010 年珠三角能源消费总量为 2859.7 万 tce，相比 2005 年增长 1322.70 万 tce。从能源消费量的区域分布来看，广州、深圳、佛山和东莞居于珠三角能源消费量的前四位，四个城市能源消费量之和占到珠三角能源消费总量的 77% 以上（图 7-7）。2010 年，广州和深圳的能源消费量最高，分别消费 6020.2 万 tce 和 4835.5 万 tce；其次是佛山和东莞，能源消费量分别达到 3228.4 万 tce 和 2812.6 万 tce；惠州和中山能源消费总量也超过 1000 万 tce；珠海和肇庆能源消费总量相对较小，不超过 800 万 tce。

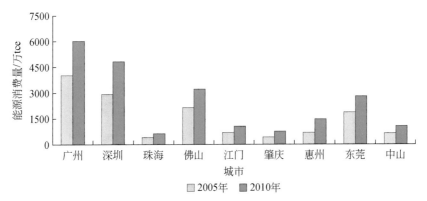

图 7-7　2005 年、2010 年珠三角各市能源消费量

相比 2005 年，2010 能源消费增长率达 57.51%。从不同地市能源增长率来看，惠州

为增长最快的城市，5 年能源消费增长率 112.96%；其次是肇庆、深圳和中山，能源消费增长率超过珠三角地区的平均增长速率，累计增长率分别为 76.85%，64.77% 和 64.65%（图 7-8）。

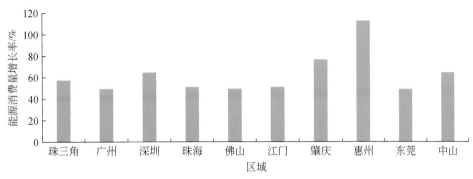

图 7-8 2005～2010 年珠三角能源消费量增长率

7.2.2.2 能源利用效率变化

由于产业结构的差异，珠三角各市能源利用效率差异明显（图 7-9）。按 2010 年单位 GDP 能耗水平的高低可分为三大类：第一类为深圳和珠海，能源使用效率均明显低于珠三角平均水平，原因在于两市第三产业比例较高，同时两市高效低耗的电子信息业等技术含量高的产业在工业占了很大的比例，而且产业链层次都比较高；第二类为中山和广州，处于中游水平，略低于区域平均水平；第三类为东莞、江门、肇庆和惠州，均高于珠三角平均水平，这是由于这些地市火力发电等高耗能产业也占有一定比例，加上第三产业发育不如深圳、广州、珠海等地，单位工业增加值能耗较高，能耗水平仍高于区域平均水平。

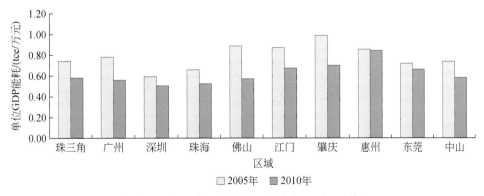

图 7-9 2005 年、2010 年珠三角能源利用效率

由于珠三角能源消费总量控制以及节能减排措施的持续落实，单位 GDP 能耗水平下降明显，能源利用效率显著提高。珠三角单位 GDP 能耗由 2005 年的 0.75tce/万元下降至 2010 年的 0.58tce/万元，降幅达到 22.7%。相比 2005 年，各市 2010 年单位 GDP 能源消耗均有

不同程度下降，即 2010 年能源利用效率均比 2005 年有所提高（图 7-9）。珠三角城市能源使用效率的提高主要源于工业能源利用效率的提高，2005～2010 年各市单位工业增加值能耗均下降（表 7-2），与珠三角各市能源效率提高的水平基本一致。以佛山市为例，佛山为珠三角能源利用效率提高最大的城市，单位工业增加值能耗由 2005 年的 0.57tce/万元降至 2010 年 0.57tce/万元，能源利用效率提高近 36%，这主要得益于 2008 年前后珠三角地区的产业转移和产业结构调整，广东实施的"腾笼换鸟"产业转移战略加速了珠三角陶瓷企业在清远的布局，其中以佛山陶瓷企业尤甚，佛山关停并搬迁了大部分陶瓷企业。惠州为珠三角中能源利用效率提高最低的城市，5 年效率提升不足 2%。

表 7-2 珠三角各市单位工业增加值能耗 （单位：tce/万元）

市别	2005 年	2006 年	2009 年	2010 年
广州	1.3	1.22	0.89	0.78
深圳	0.6	0.57	0.51	0.49
珠海	0.96	0.85	0.93	0.83
佛山	0.89	0.83	0.52	0.57
惠州	0.61	1.2	1.22	1.01
东莞	1.14	1.02	0.82	0.73
中山	0.54	0.45	0.35	0.33
江门	1.35	1.44	0.94	0.82
肇庆	1.81	1.52	1.03	0.95

资料来源：《2011 广东省统计年鉴》。

7.2.3 区域环境利用效率

7.2.3.1 SO_2 和 COD 排放量

(1) SO_2 排放变化

2010 年，珠三角 SO_2 排放总量为 56.44 万 t，珠三角"十一五"期间实现 SO_2 排放量下降 14.7%。2000～2010 年，珠三角 SO_2 排放量先上升后平稳下降。2000～2003 年，珠三角 SO_2 排放总量处于上升的趋势（图 7-10），在 2003 年达到最大值，为 64.67 万 t；2004～2010 年，SO_2 排放总量呈逐年下降趋势，累计下降 26.4%。

除深圳外，经济总量大的城市，SO_2 排放量大（图 7-11）。广州、东莞、佛山是 SO_2 排放量最高的城市，三市的 SO_2 排放量占整个珠三角排放量的比例由 2000 年的 74.1%下降至 2010 年的 53%。广州、东莞十年间 SO_2 排放量下降显著，其中广州年均约下降 1 万 t SO_2，至 2010 年与整个珠三角 SO_2 排放量变化趋势基本一致，大部分城市 SO_2 排放量

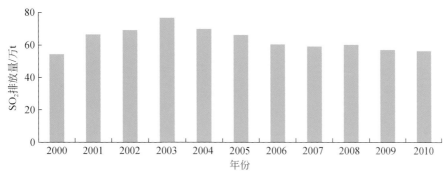

图 7-10　2000～2010 年珠三角 SO_2 排放量变化

在 2003 年达到峰值，2003 年后 SO_2 排放量逐年下降。与 2000 年相比，排放量下降的有广州、东莞和深圳。深圳在 2000～2004 年小幅上升，其后平稳下降，至 2010 年则为珠三角中排放最低的城市。惠州、江门、肇庆、珠海、中山的 SO_2 排放量在 2006～2010 年上升变化显著。相对 2006 年，2010 年惠州增长了 150%，江门、中山则分别增长 60%、66%，肇庆、珠海则增长较低分别增长 29.5%、18.2%。可以看出，珠三角的 SO_2 减排重点在广州、东莞、佛山。

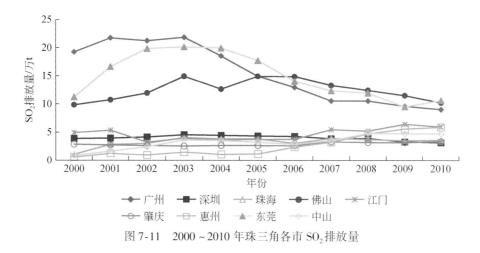

图 7-11　2000～2010 年珠三角各市 SO_2 排放量

（2）COD 排放变化

COD 排放量变化是反映区域水体有机污染面临压力的一项重要指标。珠三角 COD 排放主要是生活源，2000～2010 年生活源 COD 排放量占总量的 60%～70%。2001～2010 年珠三角的 COD 排放总量呈波动变化，但总体呈现明显下降趋势。2001 年为 COD 排放量最大的年份，为 63.51 万 t，2006 年为 COD 排放量最少的年份，为 44.23 万 t。2007～2010 年 COD 排放量处于下降趋势，至 2010 年 COD 排放总量相比 2001 年下降 28.11%（图 7-12）。

不同城市的 COD 排放量及其变化趋势不完全一致（图 7-13）。从 2001～2010 年年均

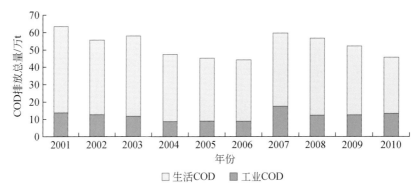

图 7-12　2000～2010 年珠三角 COD 排放总量

排放量来看，广州和东莞的 COD 排放量最大，分别达到 13.4 万 t、12.23 万 t；其次是江门、深圳和佛山，COD 年均排放量分别为 6.2 万 t、5.2 万 t 和 5.4 万 t；最小的是珠海、中山和肇庆，COD 年均排放量均不超过 3 万 t。从整体变化趋势来讲，相对 2001 年，2010 年深圳、江门、广州年均 COD 排放量下降率最大，分别下降 63.12%、52.17% 和 37.87%；珠海、佛山和肇庆年均 COD 排放量有所增加，其中佛山年均 COD 排放量增长最明显，达到 31.1%，珠海增长 20% 左右。

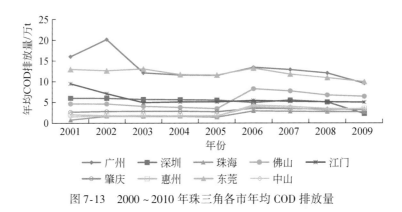

图 7-13　2000～2010 年珠三角各市年均 COD 排放量

7.2.3.2　SO_2 效率与 COD 效率

(1) SO_2 排放效率

SO_2 排放效率以单位 GDP SO_2 排放量来表征，单位 GDP SO_2 排放量越低，其经济效益越高，对大气环境胁迫程度越小。2000～2010 年，珠三角单位 GDP SO_2 排放量不断降低（图 7-14），珠三角地区 SO_2 排放效率显著提升。2010 年单位 GDP SO_2 排放量为 1.5kg/万元，累计减少 4.9kg/万元，年均下降 15.61%。

珠三角各市单位 GDP SO_2 排放量有所差异，广州、深圳、佛山、东莞的 SO_2 排放效率高于其他城市，并且大部分城市单位 GDP SO_2 排放量呈现逐年下降的趋势，即 SO_2 排放效

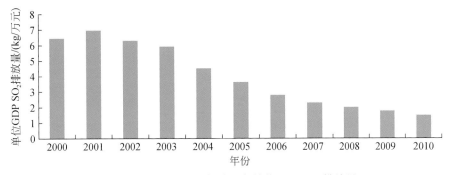

图 7-14 2000 ~ 2010 年珠三角单位 GDP SO_2 排放量

率升高（图 7-15）。2010 年，SO_2 排放效率最高的前四个城市分别是深圳、广州、佛山和肇庆，单位 GDP SO_2 排放量分别为 0.33kg/万元、0.84kg/万元、1.81kg/万元和 1.91kg/万元；东莞、中山和珠海的单位 GDP SO_2 排放量在 2.50kg/万元左右；惠州和江门的单位 GDP SO_2 排放量较大，分别为 5.42kg/万元和 3.79kg/万元，SO_2 排放效率相对较低。从趋势来讲，相比 2000 年，除惠州和中山外，其他市单位 GDP SO_2 排放量均呈现下降趋势，珠海下降幅度相对较小，仅为 7.38%；广州、深圳和东莞下降幅度最大，均超过 80%；江门和肇庆下降幅度也超过 60%。尽管相比 2000 年，惠州和中山单位 GDP SO_2 排放量增加，但近年来单位 GDP SO_2 排放量也表现出逐年下降的趋势。其中，中山单位 GDP SO_2 排放量在 2003 年达到峰值，随后逐年下降；惠州在 2008 ~ 2010 年已经出现逐年下降趋势。

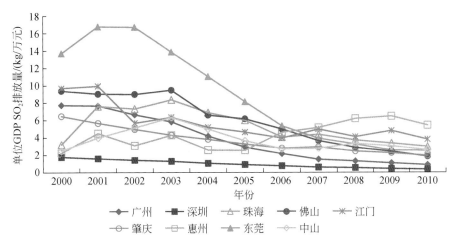

图 7-15 2000 ~ 2010 年珠三角各市单位 GDP SO_2 排放量

珠三角 SO_2 排放主要来自于工业排放源，以第二产业单位 GDP SO_2 排放量来表征工业 SO_2 排放量效率更能体现珠三角 SO_2 排放效率的变化。从空间分布来看，广州、深圳和佛山的第二产业单位 GDP SO_2 排放量低于珠三角平均值（3.03 kg/万元），分别为 2.15kg/万元、0.68kg/万元和 2.88kg/万元；江门和肇庆第二产业单位 GDP SO_2 排放量最大，是珠三角平均值的 2 倍以上。从变化趋势来讲，除惠州外，2000 ~ 2010 年珠三角城市第二产业单位 GDP 的工业 SO_2 排放量显著下降（图 7-16）。相对 2000 年，珠三角第二产业单位 GDP 的工业 SO_2 排放量下降 77.6%。其中广州、深圳、佛山、东莞在十年间加大对 SO_2 排放企业的管控，第二产业单位 GDP 的工业 SO_2 排放量均下降 80% 以上，为珠三角整体 SO_2 效率提升做出重要贡献。

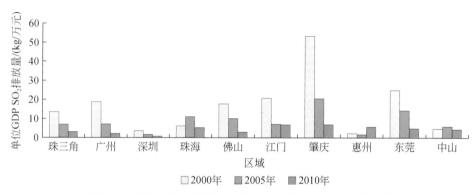

图 7-16　2000～2010 年珠三角各市工业单位 GDP SO_2 排放量

（2）COD 排放效率

COD 排放效率用单位 GDP COD 排放量来表征，单位 GDP COD 排放量越低，其排放效率越高。2001～2010 年，珠三角单位 GDP COD 排放量整体呈现下降趋势。2001 年单位 GDP COD 排放量最大，为 7.6kg/万元。至 2010 年，珠三角单位 GDP COD 排放量降至最低，为 1.5kg/万元，仅为 2001 年的五分之一，COD 排放效率显著提升（图 7-17）。

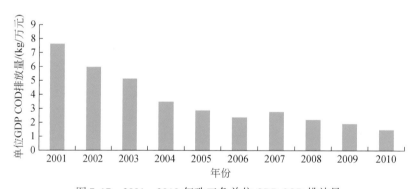

图 7-17　2001～2010 年珠三角单位 GDP COD 排放量

珠三角各市单位 GDP COD 排放量差异较大，但各市之间的差异正逐步缩小，并且各市单位 GDP COD 排放量呈现逐年下降的趋势（图 7-18）。2010 年，惠州单位 GDP COD 排放量最大，达到 8.96kg/万元；其次是江门、珠海和肇庆，单位 GDP COD 排放量达到 3kg/万元左右；单位 GDP COD 排放量不超过 1kg/万元的城市是广州、佛山和深圳，其中深圳仅为 0.4kg/万元。总体上，非重点城市平均单位 GDP COD 排放量要高于重点城市，2010 年非重点城市平均单位 GDP COD 排放量达到 4.0kg/万元，同期重点城市排放量仅为 1.0kg/万元；最高的惠州市是最低的深圳市的 22 倍之多，差距明显。就单位 GDP COD 排放量变化趋势来讲，2001～2010年深圳降幅最大，达到91.3%；珠海降幅最小，仅为43.3%；东莞和中山的降幅相对也较大，超过80%；其他市降幅也超过70%。总之，珠三角地区COD排放效率大幅提升。

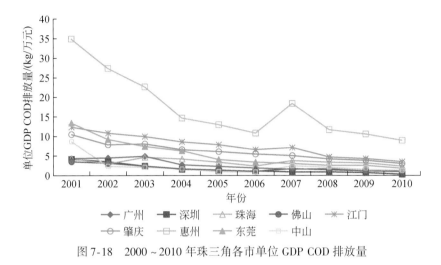

图7-18　2000～2010年珠三角各市单位GDP COD排放量

7.3　重点城市资源环境利用效率变化

重点城市广州、深圳、佛山和东莞是珠三角大气和水体污染物的排放大户，但同时也是珠三角资源环境效率最高的区域。本节以这4个城市作为重点研究城市，进一步比较重点城市环境效率的差异及其年度动态变化。

7.3.1　资源利用效率

7.3.1.1　水资源效率

总体上，广州、深圳、佛山和东莞4个重点城市的单位GDP用水量逐年下降，水资源利用效率呈上升趋势（图7-19）。重点城市中，深圳的单位GDP用水量最低，2010年单位GDP用水量仅为19.8m³/万元，水资源效率最高；其次是东莞和佛山，2010年单位GDP用水量分别为49.6m³/万元和46.2m³/万元；广州的单位GDP用水量最高，2010年单位GDP用水量为69.17m³/万元。十年间，广州与佛山的水资源效率提高最显著，相对2000年，2010年单位GDP用水量分别下降76%和83%，至2010年与深圳、东莞的差距缩小。

除了经济发展质量，如GDP总量的影响，造成重点城市用水效率差异的主要原因是四个城市的生产性用水存在差距，广州生产用水量最高，十年间在62亿～115亿m³波动，而佛山、东莞、深圳的生产用水量仅为广州的50%或以下（图7-20）。

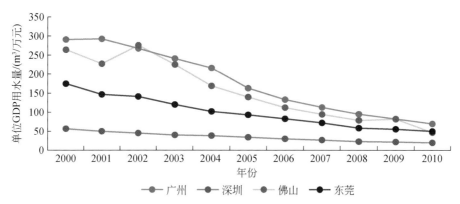

图 7-19　2000～2010 年珠三角重点城市单位 GDP 用水量

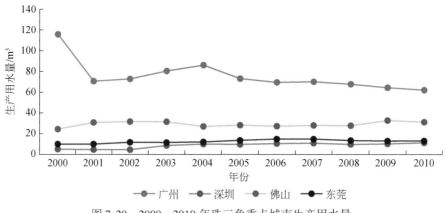

图 7-20　2000～2010 年珠三角重点城市生产用水量

7.3.1.2　能源效率

2005～2010 年，广州、深圳、佛山和东莞 4 个重点城市单位 GDP 能耗呈下降趋势，能源利用效率上升。深圳能源效率最高，2010 年单位 GDP 能耗为 0.49t 标准煤/万元。广州和佛山单位 GDP 能耗在 2005 年均高于东莞，但在 2010 年单位 GDP 能耗则低于东莞，能源效率大幅提升。2005～2010 年，佛山能源效率提升最快，单位工业增加值能耗由 0.89tce/万元降至 0.57tce/万元，能源效率提升近 36%（图 7-21）。

7.3.2　环境利用效率

环境利用效率重点考虑主要污染物排放强度（即单位 GDP 所排放的 SO_2、烟粉尘和 COD）的变化。总体上看，重点城市单位 GDP 污染物排放强度逐年下降，3 种主要污染物的利用效率均在提高（图 7-22～图 7-24）。

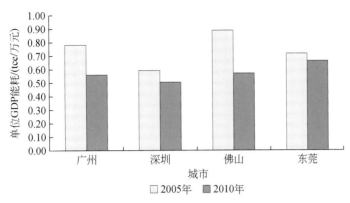

图 7-21　2005 年、2010 年珠三角重点城市单位 GDP 能源使用量

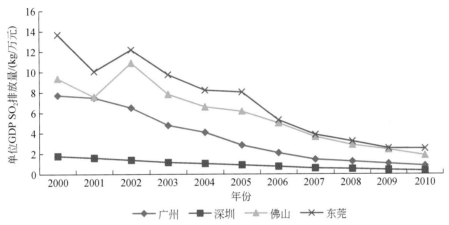

图 7-22　2000～2010 年珠三角重点城市单位 GDP SO₂排放量

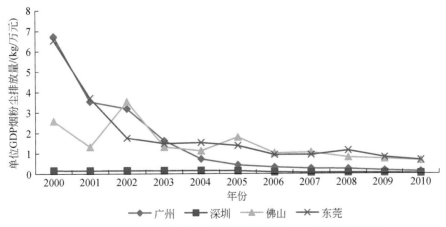

图 7-23　2000～2010 年珠三角重点城市单位 GDP 烟粉尘排放量

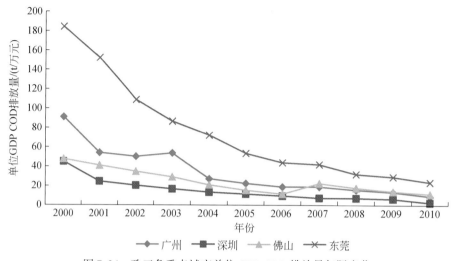

图 7-24　珠三角重点城市单位 GDP COD 排放量年际变化

在 4 个重点城市中，深圳单位 GDP 污染物排放强度最低，环境利用效率最高，这主要得益于深圳长期坚持大力发展第三产业与高新技术产业，截至 2010 年第三产业占比为52.4%，高新技术产业增加值占比 32.2%，而第三产业与高新技术产业经济效益高，主要污染物排放量少。东莞则是四个城市中环境利用效率最低的城市，这是由于东莞城市产业主要是基于"三来一补"的模式发展起来的，截至 2010 年全市第二产业所占比例为51.4%，制造业固定资产投资额占全社会固定资产投资总额的 30.4%，制造业工厂众多，经济增长方式相对粗放，污染排放强度高，十年间单位 GDP 所排放 SO_2、烟粉尘、COD均高于其他重点城市。广州与佛山环境效率居中，但由于佛山分布陶瓷、火电厂较多，其SO_2、烟粉尘效率低于广州。

7.4　资源环境效率综合评估

以资源环境指标体系中的水资源利用效率、能源利用效率、SO_2 与 COD 排放效率等指标的标准值构建资源效率指数（resource efficiency index，REI），用来反映珠三角各市资源环境利用效率状况，如图 7-25 所示。

总体上，广州、深圳、珠海、佛山、东莞、中山的资源环境效率高于其他城市，珠三角各市资源环境效率指数均呈现稳步增长趋势。2010 年广州、深圳、佛山和珠海 4 市资源环境效率指数大于 90，资源环境效率最高；中山、东莞和肇庆资源环境效率指数大于 80，资源环境效率相对较好；江门和惠州资源环境指数分别为 77.6 和 63.4，资源环境效率相对较差。就资源环境效率的变化幅度而言，肇庆、江门和广州的资源环境效率指数增长幅度最大，均大于 90%；其次是东莞、惠州和佛山，其资源环境效率指数增幅超过 80%；中山、珠海和深圳的资源环境效率指数增长幅度相对较小，不超过 60%，其中中山的增幅最小，仅增长 36.3%。

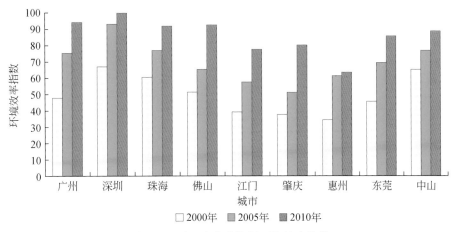

图 7-25 珠三角各市资源环境效率指数

环珠江口岸的广州、深圳、珠海、佛山、东莞、中山的城市资源环境效率较高，原因可归纳为两个方面：一是这些城市工业发展相对较为成熟，生产规模大，资源利用与污染排放的边际成本小；二是这些城市对企业环境管控有较高门槛，促进了企业节能减排技术的使用。

根据珠三角各城市的单位 GDP 水资源效率、能源效率和环境利用效率，将珠三角的 9 个地级市划分为 3 类，对比不同类别城市的发展特点。

第一类：深圳。该类城市经济实力雄厚，经济总量位居珠三角前列，各项资源环境效率指标值相对比较均衡，且与珠三角其他各市相比，均处于中上水平（图 7-26）。

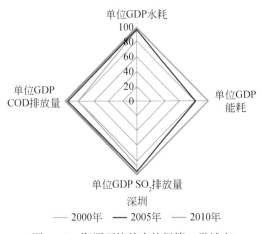

图 7-26 资源环境效率特征第一类城市

第二类：包括广州、珠海、中山、东莞。该类城市的共同特征是单位 GDP 水耗和单位 GDP COD 排放量都较高，单位 GDP 能耗出现不同程度的增长（图 7-27）。

第三类：包括佛山、江门、肇庆、惠州。这类城市在 4 个指标中，单位 GDP COD

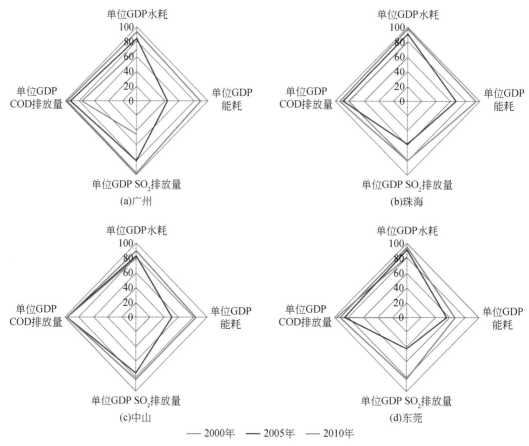

图 7-27　资源环境效率特征第二类城市

排放量相对稳定，其余 3 个指标均有不同程度的增长，单位 GDP 能耗指标增幅最大（图 7-28）。

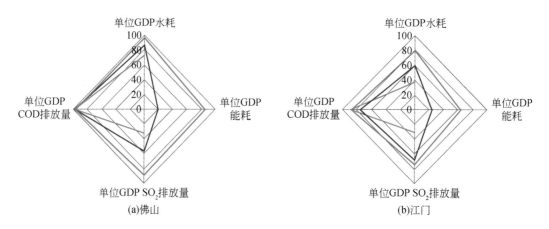

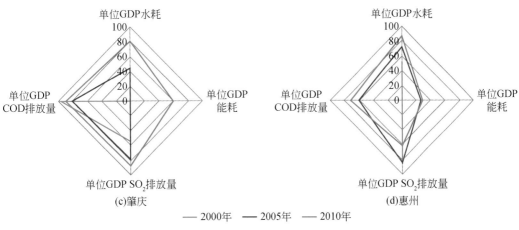

图 7-28　资源环境效率特征第三类城市

从珠三角各市的资源环境效率指数来看，深圳每个时段的资源环境效率都高于其他市。惠州资源环境效率指数相对较低，这主要是由于经济发展水平在珠三角各城市中相对靠后，十年间承接深圳等周边大城市的产业转移，产业发展科技水平相对较低，并且石油化工企业所占比例大（图 7-29）。

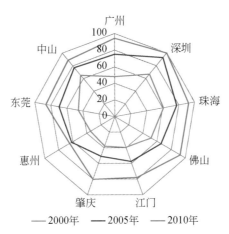

图 7-29　资源环境效率指数特征雷达图

第8章　珠三角生态环境胁迫变化

2000~2010 年，珠三角人口密度、经济密度、水资源利用强度等各项生态胁迫均呈上升变化。其中珠三角经济密度年均增速达 16.16%，水资源利用强度上升至 45.10%，能源利用强度近五年增长 57.51%。珠三角污染排放物排放强度得到控制，SO_2 先升后降，2010 年下降至 2000 年水平，COD 排放下降了 42.9%。重点城市所受胁迫较大，承载着密集人口与巨大的经济规模，水资源与能源开发强度大，但环境污染胁迫得到改善。

8.1　研究方法

8.1.1　生态环境胁迫评价指标

本章从人口密度、经济活动强度、水资源开发强度、能源利用强度、SO_2 排放强度、烟粉尘排放强度、COD 排放强度、工业固体废物排放强度等指标评价珠三角生态环境胁迫强度的变化，在珠三角区域尺度与重点城市（广州、深圳、佛山、东莞）尺度选取相应评价指标（表 8-1）。

表 8-1　生态环境胁迫评价指标

研究尺度	评价内容	评价指标	数据来源
区域尺度	人口密度	单位土地面积人口数量	广东省统计年鉴（1982 年、1990 年、2000 年、2005 年、2010 年）
	经济活动强度	单位土地面积 GDP	广东省统计年鉴（1987~2010 年）
	水资源开发强度	水资源开发利用量占当地水资源总量的比例	广东省水资源公报（2000~2010 年）
	能源利用强度	单位土地面积能源消费量	广东省能源统计数据（2005 年、2010 年）
	SO_2 排放强度	单位土地面积 SO_2 排放量	广东省和各地级市环境质量公报（2000~2010 年）
	烟粉尘排放强度	单位土地面积烟粉尘排放量	广东省和各地级市环境质量公报（2000~2010 年）
	COD 排放强度	单位土地面积 COD 排放量	广东省和各地级市环境质量公报（2000~2010 年）
重点城市尺度	人口密度	单位土地面积人口数量	广东省统计年鉴（1982 年、1990 年、2000 年、2005 年、2010 年）
	经济活动强度	单位土地面积 GDP	广东省统计年鉴（1987~2010 年）

研究尺度	评价内容	评价指标	数据来源
重点城市尺度	水资源开发强度	水资源开发利用量占当地水资源总量的比例	广东省水资源公报（2000~2010 年）
	能源利用强度	单位土地面积能源消费量	广东省能源统计数据（2005 年、2010 年）
	SO_2 排放强度	单位土地面积 SO_2 排放量	广东省和各地级市环境质量公报（2000~2010 年）
	烟粉尘排放强度	单位土地面积烟粉尘排放量	广东省和各地级市环境质量公报（2000~2010 年）
	COD 排放强度	单位土地面积 COD 排放量	广东省和各地级市环境质量公报（2000~2010 年）
	工业固体废物排放强度	单位土地面积固体废物排放量	广东省和各地级市环境质量公报（2000~2010 年）

8.1.2　生态环境胁迫指数

采用生态环境胁迫指标体系中人口密度、水资源开发强度、能源利用强度、大气污染、水污染和经济活动强度等指标和各指标在该主题中的相对权重，构建生态环境胁迫指数（eco-environmental stress index，EESI），用来反映各市生态环境受胁迫状况。

$$EESI_i = \sum_{j=1}^{n} w_j r_{ij} \tag{8-1}$$

式中，$EESI_i$ 为第 i 市生态环境胁迫指数；w_j 为生态环境胁迫主题中各指标相对权重；r_{ij} 为第 i 市各指标的标准化值；n 为评价指标个数，$n=8$。

8.2　区域生态环境胁迫

8.2.1　区域人口密度

珠三角人口密度呈逐年增长态势（图 8-1）。2010 年人口密度达到 1040 人/km²，相当于 1982 年人口密度的 3 倍。其中，1990~2000 年，人口密度迅速从 438 人/km² 增长至 795 人/km²，增幅达到 81.5%；2000~2005 年，人口密度增速逐渐放缓，年均增速仅有 1.2%；2005~2010 年增速又有所提高，年均增速达到了 4.3%，是 2000~2005 年增速的约 3.6 倍。

珠三角各市人口密度均呈现逐年增长的趋势，但各市人口密度差异较大，广州、深圳、珠海、佛山、东莞、中山的人口最为密集，人口密度高于其他城市，江门、肇庆、惠州 30 年间人口密度较低，均低于 1000 人/km²（图 8-2）。2010 年，深圳与东莞是人口密度最大的两个城市，其人口密度分别为 5490 人/km²、3360 人/km²；其次，广州、佛山和中山人口密度在 1800 人/km² 左右，密度仅低于深圳和东莞；江门、肇庆和惠州的人口密度最小，

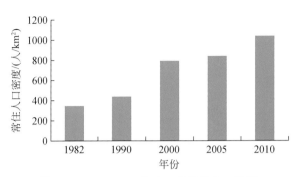

图 8-1　2000~2010 年珠三角常住人口密度

均小于 500 人/km²；珠海人口密度处于中游水平，2010 年的人口密度为 1054 人/km²。就人口密度增长幅度来看，1982~2010 年，深圳人口密度增长了 22 倍，东莞人口密度增长了 6 倍，佛山和中山的人口密度增长了 2 倍左右，广州和惠州人口密度增长了 1.5 倍左右，肇庆和惠州人口增长约 0.4 倍。总体而言，2000 年以前，珠三角各市人口密度增长最为明显，特别是 1990~2000 年人口密度增长速度最快。如在 1990 年，广州、深圳、珠海、佛山、东莞、中山人口密度相近，人口密度在 700~890 人/km²，但在 1990~2000年，深圳、东莞人口密度增长 3 倍以上，2000 年两市人口密度分别为 3712 人/km²、2634人/km²，已大大超出其他城市，成为珠三角人口最密集的城市。

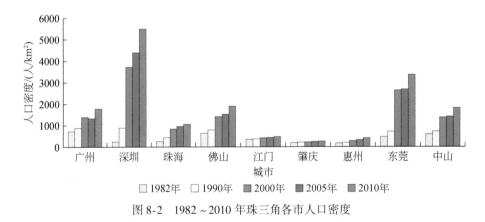

图 8-2　1982~2010 年珠三角各市人口密度

8.2.2　区域经济活动强度

改革开放以后，珠三角经济活动强度（单位土地面积 GDP）逐年递增，但表现出一定的阶段性特征（图 8-3）。1987~1990 年是珠三角改革开放经济发展起步期，单位土地面积 GDP 年均增速相对较慢，仅为 9.5%；1990~1995 年是珠三角经济发展加速期，单位土地面积 GDP 年均增速比改革发展初期明显加快，达到 67.7%；1995~2010 年是珠三角经济发展腾飞期，单位土地面积 GDP 年均增速达到 91.3%。1987 年珠三角单位土地面积

GDP 为 49. 67 万元/km², 2000 年为 1560. 29 万元/km², 到 2010 年为 6979. 29 万元/km², 2000～2010 年单位土地面积 GDP 年均增长 492. 63 万元/km²。

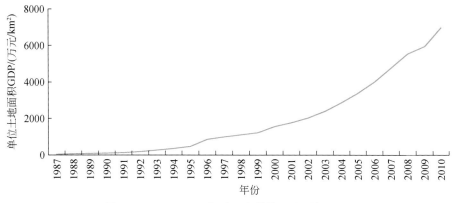

图 8-3　1987～2010 年珠三角单位土地面积 GDP

珠三角各市的经济活动强度差异明显，但均呈逐年上升趋势。从各市经济活动强度横向比较来看，经济活动强度较高的主要集中在广州、深圳、佛山和东莞，中山、珠海经济活动强度次之（图 8-4）。深圳单位土地面积 GDP 最高，2010 年为 50 724 万元/km²，远高于其他城市；广州、佛山和东莞单位土地面积 GDP 为 15 000 万元/km² 左右；肇庆、江门和惠州的经济活动强度较小，2010 年仍不到珠三角经济活动强度的 30%。从经济活动强度变化趋势来看，深圳是单位土地面积 GDP 增长最为迅速的第一梯队，广州、佛山和东莞属于第二梯队，中山和珠海属于第三梯队，惠州、江门和肇庆是增长最慢的第四梯队。

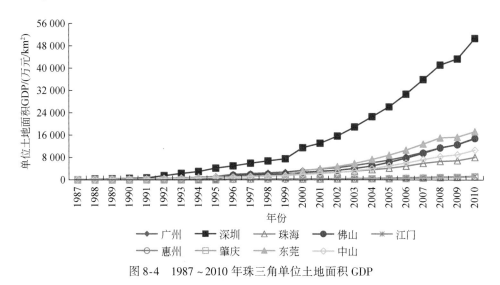

图 8-4　1987～2010 年珠三角单位土地面积 GDP

8.2.3 水资源开发强度

水资源开发强度以区域用水量占本区域水资源量的比例来评估。2000～2010 年，珠三角水资源开发强度变化不大，常年水资源开发强度维持在 43% 左右（图 8-5）。

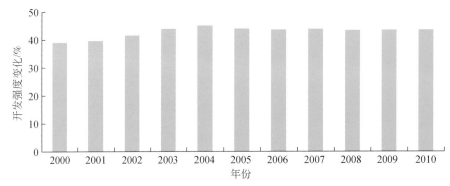

图 8-5 2000～2010 年珠三角水资源开发强度变化

珠三角各市水资源开发强度存在一定差异。2000～2010 年，广州和佛山两市水资源开发强度长期保持在 90% 以上，并且有超过当地水资源承载力的趋势；深圳、东莞和中山三市的水资源开发强度呈现逐年快速增长态势，到 2010 年水资源开发强度已经达到 90% 以上，甚至中山的水资源开发强度已经超过 100%；珠海、惠州、江门和肇庆的水资源开发强度较小，均低于 40%，变化幅度也较为平缓（图 8-6）。

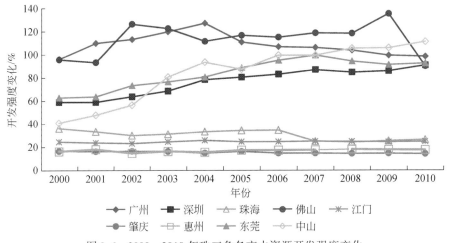

图 8-6 2000～2010 年珠三角各市水资源开发强度变化

8.2.4 能源利用强度

能源利用强度以单位土地面积能源消耗量进行评价。2005 年和 2010 年，珠三角的能源利用强度分别为 2574.49tce/km² 和 4055.06tce/km²。相比 2005 年，2010 年珠三角能源利用强度增长了 57.51%（图 8-7）。

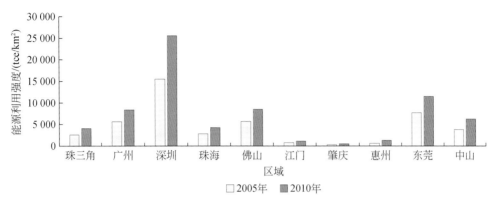

图 8-7　2005 年、2010 年珠三角各市能源利用强度

对比珠三角各市能源利用强度发现，深圳能源利用强度最高，2005 年和 2010 年均为珠三角能源利用强度的 6 倍以上；其次为东莞、广州和佛山，能源利用强度是珠三角的 2 倍以上。江门、肇庆和惠州的能源利用强度一直较小，远低于珠三角平均水平。综合来看，广州、深圳、佛山与东莞的能源利用强度要远远高于其他城市，2005 年与 2010 年广州、深圳、东莞与佛山四市的平均能源利用强度分别为 8634.91tce/km² 和 13 496.04tce/km²，同期其他城市平均能源利用强度仅为 1655.33tce/km² 和 2695.48tce/km²，分别为广州等四市的 19.17% 和 19.97%。从能源开发利用强度变化来看，惠州、肇庆能源增长速度为珠三角地区最大的两个城市，达 75% 以上；深圳和中山能源开发利用强度增长约 65%，其他城市在 50% 左右。

8.2.5　区域环境污染排放

8.2.5.1　大气污染胁迫

（1）单位土地面积 SO₂ 排放量

2000~2010 年珠三角单位土地面积 SO_2 排放量整体上呈现先上升后下降的变化过程（图 8-8）。其中，2000 年、2010 年 SO_2 的排放强度为 10.0t/km² 左右，十年中单位土地面积 SO_2 排放量峰值出现在 2003 年，达到 12.3t/km²，2010 年单位土地面积 SO_2 排放量相比峰值下降 26.4%。

总体来说，广州、深圳、佛山和东莞的单位土地面积 SO_2 排放量高于其他城市。以 2005 年为例，广州、深圳、东莞和佛山四市平均排放量为 38.77t/km²，而同期珠三角其他城市平均排放量仅为 10.2t/km²，两者相差将近 20t/km²。但二者差距逐渐减小，到 2010 年二者差距不足 12t/km²。从变化趋势来看，珠三角各市的单位土地面积 SO_2 排放量的变化趋势有所差异，如广州一直呈现下降趋势，江门和肇庆则呈现先下降后上升趋势，

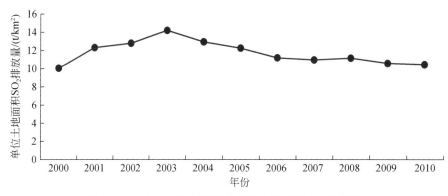

图 8-8　2000～2010 年珠三角单位土地面积 SO_2 排放量

中山则一直表现出上升的趋势。十年间,东莞为珠三角单位土地面积 SO_2 排放量最高的城市,2005 年最高上升至 $70t/km^2$,远高于珠三角其他城市。惠州、江门、肇庆三市的 SO_2 排放强度在珠三角当中处于最低的层次,SO_2 排放强度均小于 $10t/km^2$(图 8-9)。

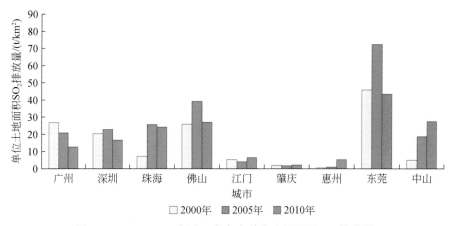

图 8-9　2000～2010 年珠三角各市单位土地面积 SO_2 排放量

(2) 单位土地面积烟粉尘排放量

2000～2010 年,珠三角单位土地面积烟粉尘排放量先迅速下降后有小幅增长(图 8-10)。2010 年单位土地面积烟粉尘排放量为 $3.58t/km^2$,相比 2000 年降低 42.8%。2000～2004 年单位土地面积烟粉尘排放量迅速下降 56.6%,2005～2010 年单位土地面积烟粉尘排放量小幅增长,其后单位土地面积烟粉尘排放量稳定在 $3.5t/km^2$ 左右。

珠三角各市单位土地面积烟粉尘排放量及其变化趋势均有较大差异。广州、深圳、佛山和东莞同比其他城市单位土地面积烟粉尘量排放强度高,如 2000 年广州、深圳、佛山和东莞四市平均排放强度为 $5.67t/km^2$,而其他城市则仅为 $1.4t/km^2$,2010 年广州、深圳、佛山和东莞四市与其他城市平均排放强度分别为 $5.67t/km^2$ 和 $4.71t/km^2$。东莞为珠三角中单位土地面积烟粉尘排放量最大的城市,2005 年和 2010 年达到了 $12t/km^2$。其次是佛

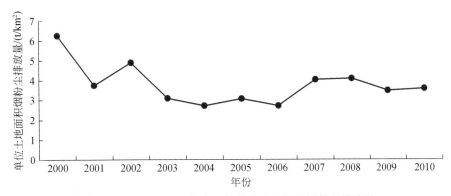

图 8-10　2000～2010 年珠三角单位土地面积烟粉尘排放量

山，十年间年均排放量达到 7t/km²，2010 年更达到 9t/km²。江门、肇庆、惠州的烟粉尘排放强度为珠三角最低，3 市的烟粉尘排放强度均在 3.5t/km² 以下。广州单位土地面积烟粉尘排放量下降显著，其中单位土地面积烟粉尘排放量由 2000 年 23.32t/km² 下降至 2005 年 2.95t/km²，五年间下降 87.34%（图 8-11）。

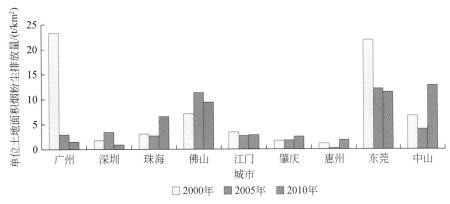

图 8-11　2000～2010 年珠三角各市单位土地面积烟粉尘排放量

8.2.5.2　水污染胁迫

2000～2010 年，珠三角单位土地面积 COD 排放量整体呈波动下降趋势（图 8-12）。2010 年为 8.45t/km²，相对 2000 年单位土地面积 COD 排放量下降达 36%。2000 年单位土地面积 COD 排放量为 13.60t/km²，至 2006 年降至 8.19t/km²，到 2007 年有所上升，但之后逐年下降。

珠三角各市单位土地面积 COD 排放量差异较大，并且变化趋势也有差别（图 8-13）。广州、深圳、佛山、东莞的单位土地面积 COD 排放量高于其他城市。2010 年东莞单位土地面积 COD 排放量最大，达到 40.47t/km²；中山、佛山、珠海、深圳和广州的单位土地面积 COD 排放量低于东莞，但均大于 10t/km²；惠州、江门和肇庆的单位土地面积 COD 排

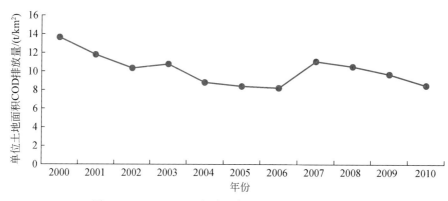

图 8-12　2000~2010 年珠三角土地面积 COD 排放量

放量最小，均不超过 5t/km²。除佛山外，2000~2010 年广州、深圳和东莞 3 市则单位土地面积 COD 排放量均呈下降趋势；其他城市中，除江门单位土地面积 COD 排放量下降外，中山、珠海、肇庆和惠州均有所增加。深圳和东莞的单位土地面积 COD 排放量每五年下降的幅度都在 5t/km² 以上。惠州和肇庆的单位土地面积 COD 排放量一直处于珠三角较低水平。

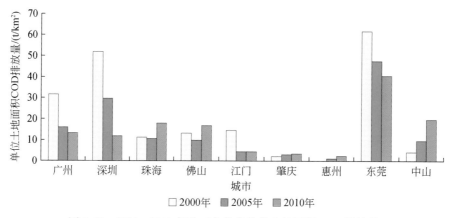

图 8-13　2000~2010 年珠三角各市单位土地面积 COD 排放量

8.3　重点城市生态环境胁迫

基于区域生态胁迫指标体系，以广州、深圳、佛山和东莞为重点研究城市进行生态环境胁迫水平评估。但由于较难获得重点城市建成区不同行政区域内的水资源、能源消耗数据，因此重点城市的生态环境胁迫部分分析指标主要为市域辖区面积。

8.3.1　人口密度

珠三角重点城市间人口密度存在较大差异（图 8-14），2000~2010 年重点城市人口密度逐年增加。2010 年，深圳人口密度最高，达到 5490 人/km²，其次为东莞，为 3360 人/km²；广州与佛山人口密度较为相近，人口密度在 1800 人/km²，仅为深圳的 32% 左右。重点城市人口密度上升变化主要在 2005 ~ 2010 年，五年间深圳与东莞人口密度分别增加 1108 人/km²、680 人/km²，广州和佛山增长幅度相对较小，人口密度增长 400 人/km² 左右。

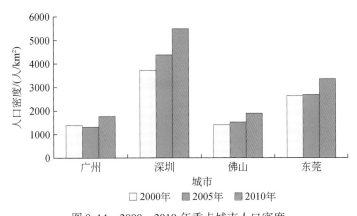

图 8-14　2000 ~ 2010 年重点城市人口密度

8.3.2　经济活动强度

由于重点城市间经济发展水平不同，经济活动强度也存在差异，但在 2000 ~ 2010 年重点城市经济活动强度均有显著的上升趋势。深圳经济活动强度最高，2010 年单位土地面积 GDP 达 50 724 万元/ km²，为其他三市的 3 倍；东莞经济活动强度较高，达 17 300 万元/ km²；广州和佛山经济活动强度在 14 900 万元/ km² 左右。重点城市经济活动强度在 2005 ~ 2010 年的增长量高于前五年。其中，前五年经济活动强度增长了 8.5%，后五年却增长了 26.3%（图 8-15）。

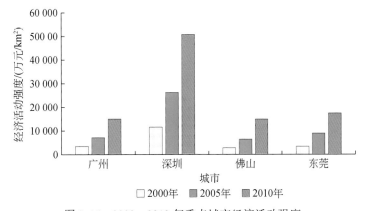

图 8-15　2000 ~ 2010 年重点城市经济活动强度

8.3.3 水资源开发强度

由于重点城市经济总量和人口总量相对较大，导致重点城市对水资源开发强度已经超过或者接近当地的水资源量。2010 年 4 个重点城市水资源开发强度在 90% ~100% 范围。广州与佛山两市水资源开发强度，常年达到 95% 以上，且多数年份超过 100%。深圳和东莞两个城市水资源开发强度呈现逐年上升态势，由 2000 年 60% 左右上升至 2010 年 90%，水资源开发强度年均上升幅度达到 3%（图 8-16）。

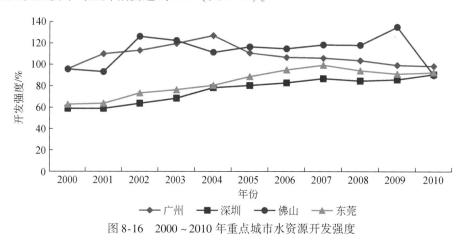

图 8-16　2000~2010 年重点城市水资源开发强度

8.3.4 能源利用强度

重点城市能源利用强度差异较大，且随着社会经济的持续发展，能源利用强度不断增加（图 8-17）。深圳能源利用强度最高，东莞次之，广州与佛山能源开发强度较为相近，能源开发强度最低。2005~2010 年，深圳能源利用强度增长最快，达到 64.8%，其他 3 市能源利用强度增长速率在 49% 左右。辖区可开发利用土地面积相对有限是造成深圳市能

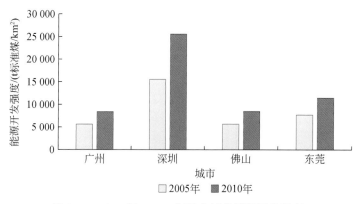

图 8-17　2005 年、2010 年重点城市能源开发强度

源利用强度高的重要原因之一。深圳土地面积为 1889km²，广州的土地面积为 7434km²，深圳土地面积不到广州的三分之一，但需支撑与广州相近的人口规模与经济规模，因而深圳能源利用强度高，其能源利用强度是广州的 3 倍。

8.3.5 大气污染胁迫

总体上珠三角重点城市中，东莞受大气污染胁迫水平最高，其单位面积 SO₂ 排放量与烟粉尘排放量最高，2010 年单位面积 SO₂ 排放量与烟粉尘排放量分别为 43.38 t/km² 和 11.44 t/km²，其次为佛山（26.96 t/km² 和 9.44 t/km²）；广州与深圳大气污染胁迫相对较低，2010 年单位面积 SO₂ 排放量分别为 12.58 t/km² 和 16.57 t/km²，单位面积烟粉尘排放量分别为 1.52t/km² 和 0.88 t/km²（图 8-18、图 8-19）。

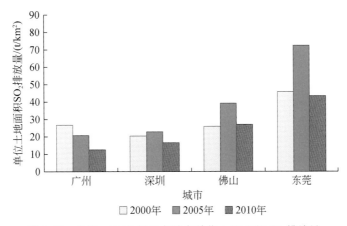

图 8-18　2000～2010 年重点城市单位土地面积 SO_2 排放量

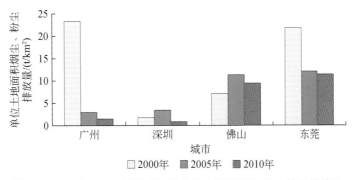

图 8-19　2000～2010 年重点城市单位土地面积烟尘、粉尘排放量

相对 2000 年，2010 年重点城市大气污染胁迫指标值整体降低。2000～2005 年，佛山与深圳单位面积 SO₂ 排放量与烟粉尘排放量均有所上升。广州大气污染胁迫水平迅速下降，其单位面积烟粉尘排放量五年间下降 87.3%。东莞在此期间单位面积 SO₂ 排放量上升 58%，单

位面积烟尘、粉尘排放量下降44.6%。2005~2010年，重点城市大气污染胁迫指标均呈不同程度的下降。其中东莞单位面积SO$_2$排放量下降最大达40%，其次为佛山下降31%。

8.3.6 水污染胁迫

重点城市水污染胁迫主要源自生活源污染物的排放，总体水污染胁迫强度呈下降趋势。2010年单位土地面积COD排放量东莞（40.48t/km^2）>佛山（16.76t/km^2）>广州（13.25t/km^2）>深圳（11.77t/km^2）；2001年和2005年，单位土地面积COD排放量东莞>深圳>广州>佛山。东莞水污染胁迫最大，三期单位土地面积COD排放量为其他重点城市的2~3倍，2001年最高达到61.73t/km^2，2010年下降至40.48t/km^2。2001~2010年，除佛山单位土地面积COD排放量先降后升外，广州、深圳和东莞的单位土地面积COD排放量连续下降。广州、深圳、东莞生活COD排放量占COD总量的75%以上。2001~2010年重点城市单位土地面积生活COD排放量总体下降，深圳在2005~2010年下降最为显著，下降率达66%。除广州单位面积工业COD排放量下降外，深圳、东莞、佛山的单位面积工业COD排放量呈现逐渐增长态势。佛山单位土地面积工业COD排放量十年增长速度最快，2010年达到6.3t/km^2，为2001年的3倍（图8-20）。

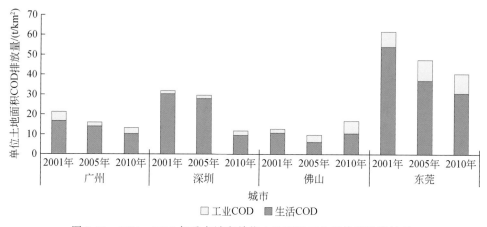

图8-20 2001~2010年重点城市单位土地面积工业固体废物排放量

8.3.7 工业固体废物污染胁迫

工业固体废物污染胁迫水平采用单位土地面积工业固体废物排放量进行评价。2010年，佛山和深圳的工业固体废物污染胁迫水平较高，单位土地面积工业固体废物排放量分别为0.87t/km^{2}和0.26t/km^2，广州与东莞则在0.1t/km^{2}以下，固体废物污染胁迫水平相对较低。

重点城市的工业固体废物污染胁迫水平变化趋势与变化幅度有所差异。广州单位土地面积工业固体废物排放量下降趋势最为明显，2000年单位土地面积工业固体废物排放量达

$2.98t/km^2$，到 2005 年大幅下降 88%，2010 年降至 $0.04t/km^2$。东莞单位土地面积工业固体废物排放量则表现为先升后降，2005 年达到最大值 $2.98t/km^2$。深圳单位土地面积工业固体废物排放量呈上升趋势，2005 年与 2010 年持平，但均大于 2000 年单位土地面积工业固体废物排放量。佛山单位土地面积工业固体废物排放量呈先降后升的变化趋势，到 2010 年单位土地面积工业固体废物排放量与 2000 年基本持平（图 8-21）。

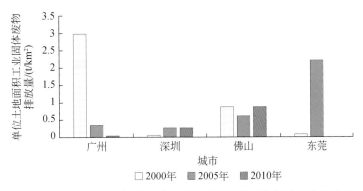

图 8-21　2000～2010 年重点城市单位土地面积工业固体废物排放量

8.4　生态环境胁迫综合评估

综合水资源开发强度、能源利用强度、COD 排放强度、SO_2 排放强度，并结合各市城市热岛强度（第 6 章），构建生态环境胁迫指数（eco-environmental stress index，EESI），用来反映各市生态环境受胁迫状况（图 8-22）。

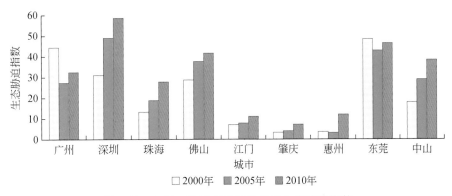

图 8-22　2000～2010 年珠三角各市生态胁迫指数

总体上，重点城市生态环境胁迫水平高于非重点城市；除广州和东莞生态环境胁迫水平有所降低外，其他城市生态环境胁迫指数呈上升变化，生态环境胁迫水平升高。在珠三角城市中，2010 年深圳生态环境胁迫指数值最大，达到 58.57；其次是东莞、佛山和中山，生态环境胁迫指数值在 40 左右；广州和珠海的生态环境胁迫水平相对较低，其生态环境胁迫指数值在 30 左右；江门、肇庆和惠州的生态环境胁迫水平最低，其生态环境胁迫指数值均不超过 15。从变化趋势来讲，重点城市生态环境胁迫水平增长幅度小于非重点城市，广州和东莞的生态环境胁迫指数呈现下降趋势；除江门外，非重点城市包括中山、惠州、肇庆和珠海，其生态环境胁迫指数值增幅均超过 100%。深圳生态环境胁迫因素主要来自人口密度、单位土地经济产出和城市热岛强度。东莞生态环境胁迫水平仅低于深圳，其主要胁迫来自单位土地面积 SO$_2$ 与烟粉尘排放量。佛山除受单位土地面积污染物排放量较高的影响外，在珠三角城市中其城市热岛强度也处于中上水平。中山生态环境胁迫水平为非重点城市中最高的，其主要生态胁迫源于工业污染的排放。

根据珠三角各城市生态环境胁迫指标体系中的人口密度、GDP 密度和水资源开发强度等指标值差异，将珠三角的 9 个地级市划分为 3 类生态环境胁迫水平的城市，并识别造成珠三角不同城市生态环境胁迫水平差异和变化的主要原因。

第一类：包括珠海、肇庆、江门、惠州。这类城市生态环境胁迫主要受城市热岛效应的影响，热岛强度指数值显著高于其他指标（图 8-23）。

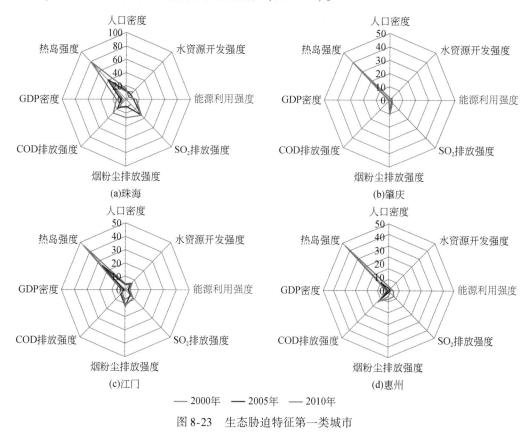

图 8-23 生态胁迫特征第一类城市

第二类：包括深圳和东莞。这类城市属于改革开放后新兴城市，总体生态环境胁迫指数高于其他城市。由于经济体量大、人口稠密，该类城市承载的社会经济人口发展压力最大（图 8-24）。

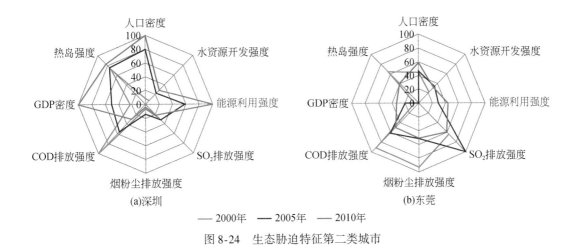

(a)深圳   (b)东莞

—— 2000年 —— 2005年 —— 2010年

图 8-24　生态胁迫特征第二类城市

第三类：包括广州、佛山和中山。这类城市总体上各项指数变化无一定变化规律，某些指标年际变化较大，例如，佛山在 2005 年、2010 年受热岛强度影响较大；中山在 2005 年也受热岛强度影响较大；广州市在 2000 年的胁迫因子主要是烟粉尘排放强度和水资源利用强度（图 8-25）。

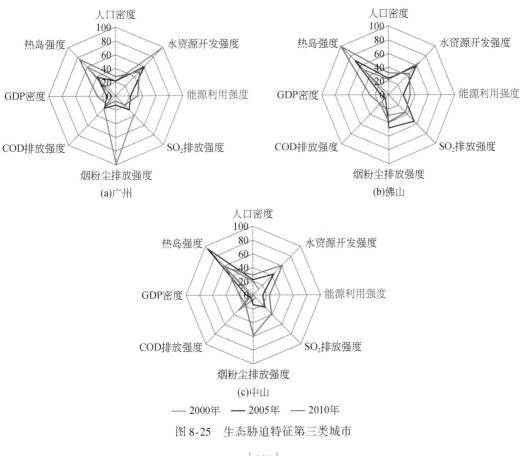

(a)广州   (b)佛山

(c)中山

—— 2000年 —— 2005年 —— 2010年

图 8-25　生态胁迫特征第三类城市

总体上看，珠三角不同城市生态环境胁迫指数差异较大，重点城市的生态环境胁迫相对较大，这与重点城市的人口总量大和经济产出高有密切关系。2000～2010 年，珠三角不同城市各项生态环境胁迫水平均呈上升趋势，主要是由于受经济社会活动干扰增强，资源消耗和污染排放物压力加大，城市热岛强度增强（图 8-26）。

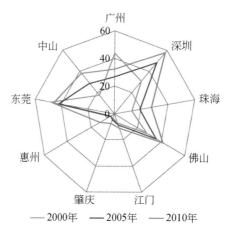

图 8-26　生态环境胁迫指数特征雷达图

第 9 章　珠江口滨海湿地及海岸线变化

本章通过遥感解译提取珠江口地区的滨海湿地及海岸线，并对其空间分布、类型变化及演变过程进行分析，探讨滨海湿地与海岸线的变化因素。1960 年以来，随着珠江口城市化的快速发展，海岸线不断向海洋一侧推进，且自然海岸线显著减少，自然形成的湿地也日趋缩小。但在地方政府的重视管理下，自然保护区内以及一些人工育成的湿地面积有明显的扩大，研究成果可以有助于理解珠三角海岸环境在城市化进程中的演变规律及其驱动因素。

9.1　研究方法

9.1.1　研究区与数据源

随着经济的快速发展，珠江口地区逐渐由传统农业区发展为集中城市化地区。城市扩张侵占耕地、基塘，引起珠江口特色农地大量流失，生态系统破碎化加剧。同时城市化过程与人类的围垦活动，导致河口岸线发生复杂的变化，并对滩涂湿地过程产生影响（李静和张鹰，2012；徐进勇等，2013），主要表现为红树林与水域的面积变化、海岸线的变迁，乃至整个海岸生态环境系统的变化（Chen et al.，2005）。

参考珠江口沿岸各区（县）的行政区划，以 1979 年海岸线为基准的 10km 缓冲区确定研究范围，监测滨海湿地的分布，由此确定的研究区域包括广州、深圳、珠海、东莞、中山的沿海区域。

针对不同年份，分别采用大比例尺地形图、Landsat TM/ETM 影像、SPOT 影像作为主要数据源（表 9-1），辅助数据源包括数字高程模型、实地调查、历史资料、行政区划图等，为滨海湿地及海岸线的监测与验证提供了重要支持。

表 9-1　主要数据源

监测年度	主要数据源	分辨率/m
1960	大比例尺地形图	—
1979	Landsat 2 MSS	78
1990	Landsat 5 TM	30
1995	Landsat 5 TM	30
2000	Landsat 5 TM	30

监测年度	主要数据源	分辨率/m
2002	Landsat 5 TM	30
2004	Landsat 7 ETM+	15
2006	SPOT5	2.5
2008	SPOT5	2.5
2010	Landsat 7 ETM+	15
2012	Landsat 7 ETM+	15
2014	Landsat 8 Oli	15

　　本研究共计使用遥感影像37景，采用FLAASH模型进行辐射校正，尽可能消除传感器测量值与地物反射率之间的差异；本研究对照地形图对所有遥感影像进行几何校正，误差小于一个像元。由于Landsat 7 ETM+传感器故障，2004年、2010年、2012年影像数据有条带缝隙，本研究采用多影像局部自适应回归分析模型，在相同或相邻年份的其他遥感数据的辅助下进行缝隙填充和条带修复。

9.1.2　滨海湿地监测方法

　　通过目视解译方法识别滨海湿地，并结合湿地的空间、光谱与几何特征进行提取。珠江口地区的湿地主要分布在滨海潮间带。本研究根据岸线提取结果进行缓冲区分析（10km），得到湿地可能分布的区域。红树林与水面和人工表面的主要差别体现在NDVI（植被覆盖指数）值，红树林的NDVI值远大于人工表面；与其他绿色植被相比，红树林的特征体现在：NDWI（归一化水指数）值较大和距水边距离较近（贾明明，2014）。最后，根据前人研究经验，对TM影像进行TM5、TM4、TM3波段合成，利用红树林光谱信息进行红树林空间信息的提取。对红树林1990年、1995年、2000年、2002年、2004年、2006年、2008年、2010年、2012年、2014年的空间分布及其变化过程进行分析。珠江口湾区红树林空间信息提取流程如图9-1所示。

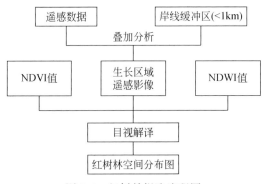

图 9-1　红树林提取流程图

由于 TM 的第 1、第 2、第 3 波段相关性高，TM4 为植被的高反射率波段，而 TM5 和 TM7 反映水陆界限，因此，TM5、TM4、TM3 三个波段相关性最小，信息量相对较大。给这三个波段分别赋予红、绿、蓝假彩色合成方案能较好地识别出各地物。参考地形图、辅助资料，在各时相的假彩色合成图像的 2 倍放大图像上进行屏幕目视解译。

珠江口地区红树林主要分布区域位于广州南沙、深圳湾、深圳宝安区、东莞长安镇、珠海淇澳岛及中山南朗镇。其中，深圳福田红树林保护区为国家级保护区，珠海淇澳岛红树林保护区为省级保护区。珠江口湾区红树林分布范围及保护区范围如图 9-2 所示。

图 9-2　珠江口红树林分布图

9.1.3　海岸线监测方法

海岸线提取的方法主要包括基于遥感数据的解译方法、基于高精度 DEM 和新兴的空间形态学的方法等。本研究中采用面向对象分类方法，其是一种随着遥感影像空间分布率提高而逐渐发展起来的基于中、高分辨率遥感影像的快速高效分类方法。与传统基于像元的分类方法不同，面向对象分类方法是基于像元集合，非像元进行分类的，这不仅可有效排除无关信息，还提高了地物的分类精度，能够有效地避免"椒盐现象"。此外，面向对象分类方法不仅考察了影像光谱信息，还充分挖掘了中、高分辨率影像的几何信息、位置信息、纹理信息等，能有效提高地物分类精度。与其他分类方法相比，面向对象分类方法的地物信息提取精度更高、效率更高（陈云浩等，2006）。

面向对象的海岸线提取的流程如图 9-3 所示。本研究提取海岸线的精度要求高，故选用较小尺度进行影像分割。在分类时选择最邻近分类器，配合影像波段信息和阈值（MNDWI、NDWI）进行分类。最后参照高分数据逐点检查，修正岸线分类结果，剔除靠岸船只、桥梁等干扰信息，获取完整岸线信息。部分岸线分类图及岸线信息提取效果图如图 9-4 所示，由以上岸线提取流程图及岸线信息提取效果图可以看出，面向对象分类法能实现岸线信息的快速高效提取。

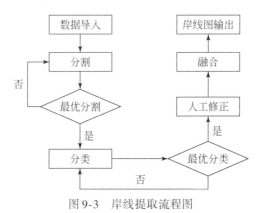

图 9-3　岸线提取流程图

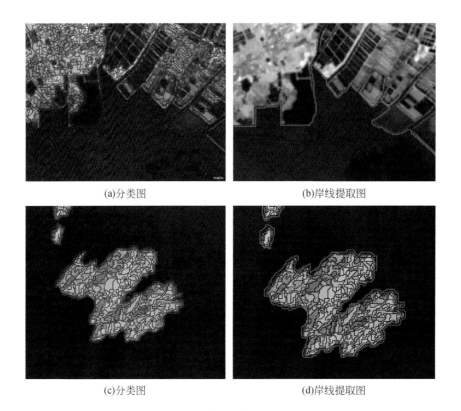

(a)分类图　　　　　　　　　　　　　(b)岸线提取图

(c)分类图　　　　　　　　　　　　　(d)岸线提取图

(e)分类图　　　　　　　　　　　(f)岸线提取图

图9-4　岸线提取结果示例

在海岸线提取的过程中，存在着一系列问题，如河口处海岸线终点问题、围垦堤坝的岸线问题、生物海岸的岸线确定问题等，因此需要建立一定的岸线提取原则，以保证后期进行岸线相关统计的一致性。

1）河口岸线位置界定原则：①河口位置具有明确的海陆分界线的沿用该惯例（八大口门），虎门除外；②以河口区域的道路、桥梁、海洋功能区划的边界线；③以河口突然展宽或突然变窄处连接线；④影像上水色明显变化处。

2）海陆分界原则：①围垦尚未封闭的区域，按照其形状自然延伸封闭；②生物海岸，以生物分布最前端为海岸线；③为桥梁者，算作海洋；为筑坝者，算作陆地。

9.2　滨海湿地的分布与变化

各地区滨海湿地分布变化情况如图9-5～图9-8所示。

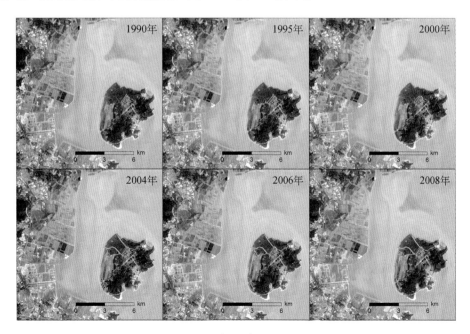

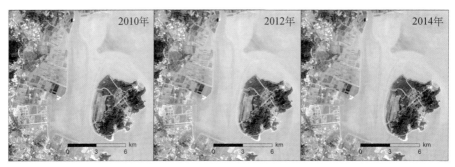

图 9-5 1990~2014 年珠海淇澳岛、中山市南朗镇红树林变化监测图

注：红色范围为淇澳岛红树林保护区。

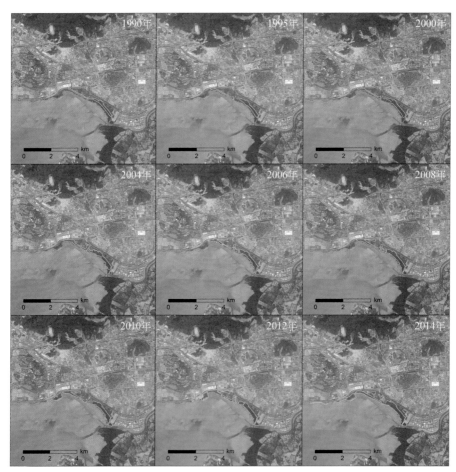

图 9-6 1990~2014 年深圳红树林变化监测图

注：红色范围为深圳红树林自然保护区。

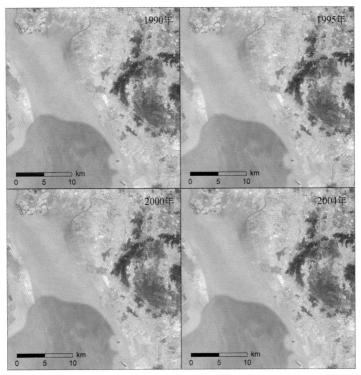

图 9-7　1990～2004 年深圳市宝安区、东莞市长安镇红树林变化监测图

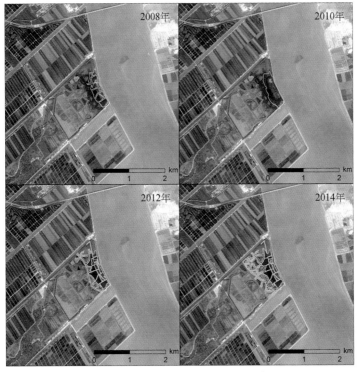

图 9-8　2008～2014 年广州南沙红树林变化监测图

在滨海湿地分布的基础上，分别对广州南沙、深圳湾、宝安和长安、淇澳岛区和南朗区域进行详细分析与统计。

淇澳岛地区：1990 年红树林位于淇澳岛东北部和西北部，为条带型自然生红树林。1990～1995 年，淇澳岛西北部的红树林保护较好，且向海洋方向扩展明显，而东北部的红树林逐渐萎缩，总体面积呈上升趋势（图 9-9）。1995～2000 年，淇澳岛红树林减少，年均减少 12.16%。珠海市政府从 1998 年开始，每年投入 120 万元保护和培育红树林（王树功，2005），淇澳岛红树林自然保护区于 2000 年成立。此后西北部大围湾地区的红树林有了较大的面积增长，由 23.52hm²（1995 年）增长至 57.92hm²（2002 年）。从 1999 年开始，淇澳岛红树林自然保护区与中国林业科学研究院热带林业研究所红树林课题组合作，陆续从海南岛引进无瓣海桑、海桑、木榄、红海榄、水黄皮和银叶树等树种，用于恢复淇澳岛红树林。红树林树种的引进和种植丰富了淇澳岛红树林物种多样性。在滩涂前沿，种植无瓣海桑和海桑两个速生树种，通过生物演替的方法成功地控制了互花米草在该岛的进一步蔓延，使淇澳岛的互花米草面积大幅下降；而红树林面积则从 1990 年的 19.2hm² 左右，增加到 2008 年的 637.24hm²。2000～2004 年，红树林年均增长率最高，其中 2000～2002 年年均增长率为 117%，而 2002～2004 年，年均增长率达到 129.7%。2006～2014 年间，红树林面积波动较小（表 9-2）。

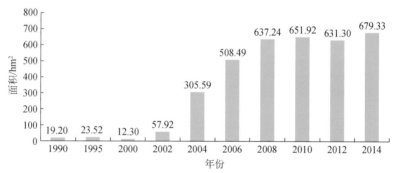

图 9-9　1990～2014 年淇澳岛红树林面积变化图

表 9-2　1990～2014 年淇澳岛红树林面积统计

时段	起始年份面积 /hm²	终止年份面积 /hm²	变化面积 /hm²	年均变化面积 /（hm²/a）	年均变化率 /%
1990～1995 年	19.20	23.52	4.32	0.864	4.14
1995～2000 年	23.52	12.30	-11.22	-2.24	-12.16
2000～2002 年	12.30	57.92	45.62	22.81	117.00
2002～2004 年	57.92	305.59	247.67	123.84	129.70
2004～2006 年	305.59	508.49	202.90	101.45	28.99
2006～2008 年	508.49	637.24	128.75	64.37	11.95
2008～2010 年	637.24	650.92	13.68	6.84	1.07
2010～2012 年	650.92	631.30	-19.62	-9.81	-1.52
2012～2014 年	631.30	679.33	48.03	24.015	3.73

深圳地区：深圳福田红树林自然保护区建成于 1984 年，1988 年升级为国家级自然保护区。1990 年之后，该地区红树林面积稳定增长。2009～2014 年，福田红树林保护区内红树林斑块向深圳湾纵深加宽，外侧红树林斑块继续增大。近 30 年来深圳经济高速发展，城市建设不可避免对福田红树林保护区产生直接或间接的影响。2002 年，深圳市政府颁布了《深圳市内伶仃岛——福田国家级自然保护区管理规定》，规定中明令禁止在红树林保护区内及其外围地带排放废气、废水、废渣和其他污染物，严禁擅自砍伐红树林保护区内的红树林和其他林木等（贾明明，2014）。

深圳湾区红树林从 1990 年到 2014 年稳步增长（图 9-10）。2012～2014 年，年均增长率达到 230.64%，2000～2002 年，年均增长率为 19.78%，其他年份都略有增长，但年均增长率较低（表 9-3）。

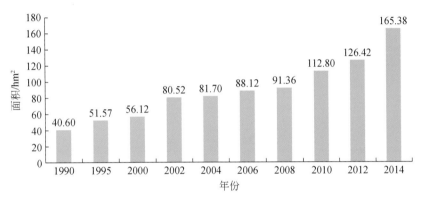

图 9-10　1990～2014 年深圳红树林面积变化图

表 9-3　1990～2014 年深圳红树林面积统计

时段	起始年份面积 /hm²	终止年份面积 /hm²	变化面积 /hm²	年均变化面积 /(hm²/a)	年均变化率 /%
1990～1995 年	40.60	51.57	10.97	2.194	4.90
1995～2000 年	51.57	56.12	4.55	0.91	1.71
2000～2002 年	56.12	80.52	24.4	12.2	19.78
2002～2004 年	80.52	81.70	1.18	0.59	0.73
2004～2006 年	81.70	88.12	6.42	7.58	3.85
2006～2008 年	88.12	91.36	3.24	1.62	1.82
2008～2010 年	91.36	112.80	21.44	10.72	11.12
2010～2012 年	112.80	126.42	13.62	6.81	5.87
2012～2014 年	126.42	165.38	38.96	19.48	14.38

珠江口两岸地区：20 世纪 90 年代前该地区有较多自然生红树林，1990 年提取结果显示其面积达 263hm²，主要分布在西岸的珠海市和中山市。但 90 年代初期受围垦造田及近海养殖活动影响，该地区红树林面积明显下降。到 1995 年，珠江口两岸地区红树林面积仅为 25.90hm²。到 90 年代末期，红树林对生态环境的重要性得到重视，红树林保护区逐

步建设及完善。在1995～2002年，珠江口两岸红树林面积略有增长，到2002年面积为27.59hm²。1990～1995年，珠江口两岸红树林面积减少最快，其中西岸在此期间年均减少43.13%（表9-4），东岸年均减少33.24%（表9-5）。珠江口两岸红树林面积变化如图9-11所示。

表9-4　1990～2002年珠江口西岸红树林面积统计

时段	起始年份面积 /hm²	终止年份面积 /hm²	变化面积 /hm²	年均变化面积 /（hm²/a）	年均变化率 /%
1990～1995年	122.77	7.3	−115.47	−23.094	−43.13
1995～2000年	7.3	6.5	−0.8	−0.16	−2.29
2000～2002年	6.5	6.03	−0.47	−0.235	−3.68

表9-5　1990～2002年珠江口东岸红树林面积统计

时段	起始年份面积 /hm²	终止年份面积 /hm²	变化面积 /hm²	年均变化面积 /（hm²/a）	年均变化率 /%
1990～1995年	140.28	18.6	−121.68	−24.336	−33.24
1995～2000年	18.6	19.26	0.66	0.132	0.70
2000～2002年	19.26	21.56	2.3	1.15	5.80

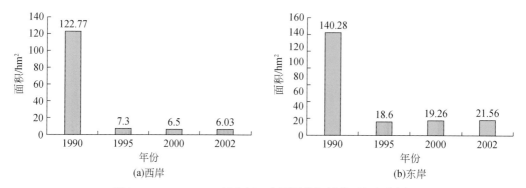

图9-11　1990～2002年珠江口东西两岸红树林面积变化图

　　南沙湿地公园地处广州南沙的万顷沙珠江出海口，又是虎门、蕉门、洪奇门三大口门的交汇处及咸淡水交界处，鱼类资源丰富，土壤肥沃，物产丰饶。万顷沙附近水域水深较浅，其中不到5m的滩涂约有30万亩①。水道每天带着上游泥沙流入珠江口的伶仃洋，日复一日，沙岛泥沙积累也越多，面积不断扩大。南沙湿地所在的万顷沙内陆地均由人工围海造田而成，区内地势平坦，土壤肥沃，自20世纪80年代以来形成了大片结合自然冲积平原形成的人工湿地（梁颖瑜，2015）。

---

①　1亩≈666.67m²。

目前建成开放的湿地公园（核心区）面积就超过 2200 多公顷，共分为林木区、红树林区、芦苇荡、草地及水体五大组成部分，其中红树林面积约 0.4km²。南沙湿地景区位于珠江三角洲几何中心，地处广州最南端珠江四大口门（虎门、蕉门、洪奇门和横门）出海口交汇处，是广州市面积最大的湿地，也是候鸟的重要迁徙路线之一。由于位于珠江四大口门交汇处，处于咸淡水混合状态，湿地主要选种适应咸淡水环境的红树和能有效净化海水的芦苇，其中红树有桐花、秋茄、无瓣海桑、木榄、拉关木等 18 个品种（许文安等，2009）。

南沙湿地公园建成之后，南沙红树林面积在逐渐增长，其中 2010～2012 年年均增长率最高，达到 20.15%。2008～2010 年及 2012～2014 年，年均增长率也在 10% 以上（表 9-6），面积变化如图 9-12 所示。

表 9-6　2008～2014 年广州南沙红树林面积统计

时段	起始年份面积 /hm²	终止年份面积 /hm²	变化面积 /hm²	年均变化面积 /（hm²/a）	年均变化率 /%
2008～2010 年	21.89	27.82	5.93	2.97	12.73
2010～2012 年	27.82	40.16	12.34	6.17	20.15
2012～2014 年	40.16	53.02	12.86	6.43	14.90

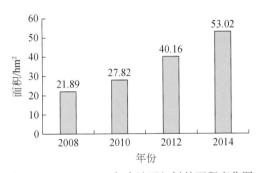

图 9-12　2008～2014 年南沙区红树林面积变化图

9.3　海岸线的分布、类型与演变

基于 9.1 节介绍的研究方法，提取珠江口地区 1960～2012 年的海岸线空间信息，结果如图 9-13～图 9-24 所示。

1979～2014 年，珠江口岸线长度呈现波动增长趋势（图 9-25）。其中，1979～1995 年增加了 132.53km，而 1995～2008 年，海岸线长度有增有减，到 2008 年为 1322.15km，相比于 1979 年增长了 77.65km；在 2010 年达到最大值 1418.56km，比 1979 年增长了 173.95km，此后岸线呈小幅减少趋势（表 9-7）。

图 9-13　珠江口湾区海岸线图（1960 年）

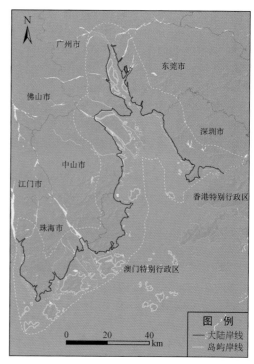

图 9-14　珠江口湾区海岸线图（1979 年）

图 9-15　珠江口湾区海岸线图（1990 年）

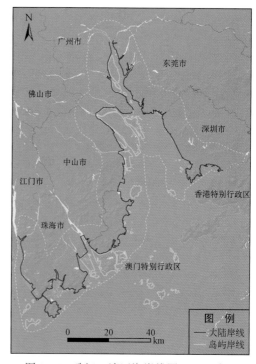

图 9-16　珠江口湾区海岸线图（1995 年）

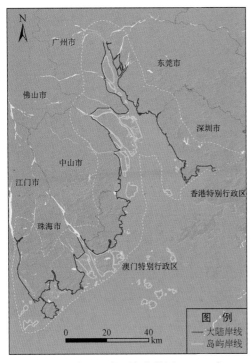

图 9-17　珠江口湾区海岸线图（2000 年）

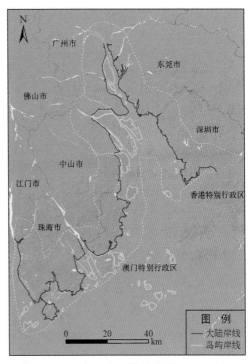

图 9-18　珠江口湾区海岸线图（2002 年）

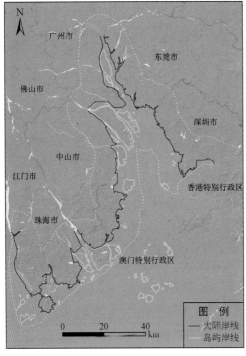

图 9-19　珠江口湾区海岸线图（2004 年）

图 9-20　珠江口湾区海岸线图（2006 年）

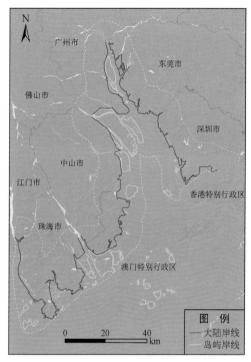

图 9-21　珠江口湾区海岸线图（2008 年）

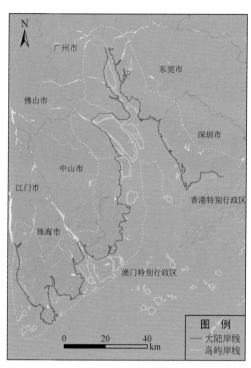

图 9-22　珠江口湾区海岸线图（2010 年）

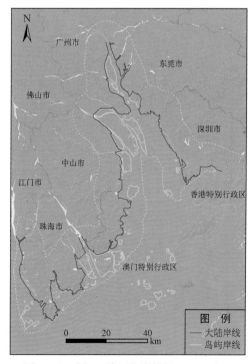

图 9-23　珠江口湾区海岸线图（2012 年）

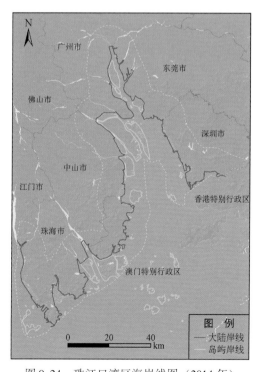

图 9-24　珠江口湾区海岸线图（2014 年）

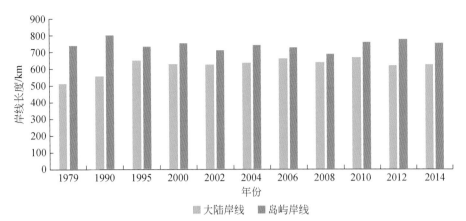

图 9-25　1979～2014 年珠江口岸线长度变化图

表 9-7　1979～2012 年珠江口岸线长度统计数据　　　　　　（单位：km）

年份	大陆岸线	岛屿岸线	岸线长度
1979	508.98	735.52	1244.50
1990	555.45	796.71	1352.16
1995	647.55	729.48	1377.03
2000	625.59	748.97	1374.57
2002	622.16	706.59	1328.74
2004	634.69	738.10	1372.79
2006	659.07	723.92	1383.00
2008	637.32	684.83	1322.15
2010	664.02	754.54	1418.56
2012	617.37	773.00	1390.37

1979～2014 年，陆地岸线由 1979 年的 508.98km 增长到 2014 年的 621.69km，增长 112.71km；其中，2010 年陆地岸线最长，达到 664.02km。从图 9-25 可以看出，1979～ 2014 年大陆海岸线长度变化明显，岛屿岸线有增有减。

9.4　滨海湿地与海岸线的变化因素分析

9.4.1　滨海湿地变化因素

对整个湾区的滨海湿地进行以下三个方面的分析，即总面积、红树林保护区内湿地面积、红树林保护区外湿地面积的统计分析，统计结果如表9-8和图9-26所示。

表9-8　1990~2014年珠江口湾区红树林总面积统计表　（单位：hm²）

年份	总面积	红树林保护区内湿地面积	红树林保护区外湿地面积
1990	287.52	53.02	234.5
1995	129.14	72.92	56.22
2000	105.73	68.04	37.69
2002	153.53	134.91	18.62
2004	553.44	253.34	300.10
2006	591.11	393.85	197.26
2008	644.38	442.71	201.67
2010	701.06	339.38	361.68
2012	779.13	415.02	364.11
2014	858.08	433.79	424.29

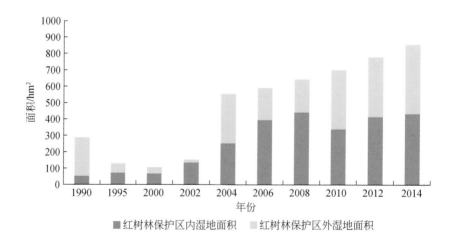

图9-26　1990~2014年珠江口湾区红树林总面积统计图

1990年后，珠江口湾区的滨海湿地持续扩张，面积增加了近两倍。与此同时，红树林保护区内的湿地面积增加了7.18倍。这说明，划分自然保护区对沿海湿地的保护有非常积极的作用。以珠海淇澳岛为例，在2000年设立市级保护区以前，该地区的滨海湿地几乎消失殆尽，而2000年以后滨海湿地大大超过了原有规模。

1990年以前，有零碎的滨海湿地分布在珠江口东岸的东莞长安镇及深圳宝安区，由于分布区域大、位置分散，难以建立保护区。随着沿海开发强度的增大，这些区域的海岸线逐渐转化为人工岸线，滨海湿地于 2004 年前后完全消失。

由此可见，建立自然保护区，即使是市级保护区，也能对滨海湿地保护起到显著的积极作用。而在珠三角社会经济高速发展的背景下，保护区外的滨海湿地则难以保存下来。不过从总体来看，1990 年以后，珠江口的滨海湿地得到了有效保护，总体分布规模扩张明显。

9.4.2 珠江口海岸线变化因素

在提取海岸线的基础上识别自然岸线与人工岸线，进而分析珠江口海岸线变化的原因。关于自然岸线和人工岸线，目前较为明确的定义见《908 专项海岸线修测技术规程》，其定义自然岸线为"由海陆相互作用形成的岸线，如沙质岸线、粉砂淤泥质岸线、基岩岸线和生物岸线等"，定义人工岸线为"由永久性人工建筑物组成的岸线，如防波堤、防潮堤、护坡、挡浪墙、码头、防潮闸、道路等挡水（潮）建筑物组成的岸线"。

根据上述岸线提取每个年份的结果，通过遥感影像目视解译，进行自然岸线与人工岸线的目视判读，最终得到自然岸线与人工岸线的空间分布图（图 9-27），并且统计得到自然岸线的长度信息（表 9-9）。

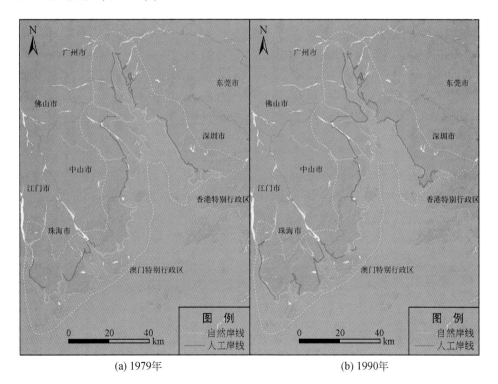

(a) 1979年　　　　　　　　　　(b) 1990年

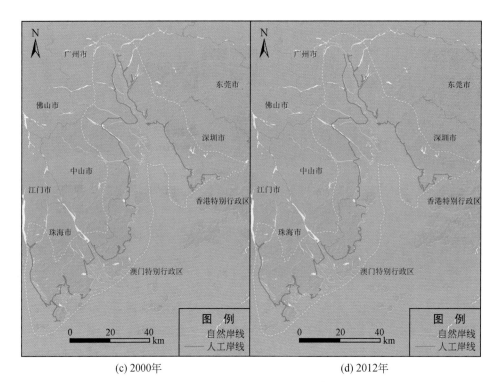

(c) 2000年 　　　　　　　　　　　　　　　(d) 2012年

图 9-27　1979～2012 年珠江口海岸线结构图

表 9-9　1979～2014 年珠江口自然岸线与人工岸线长度变化

年份	自然岸线/km	人工岸线/km	自然岸线占比/%
1979	218.60	290.38	42.95
1990	112.13	443.32	20.19
1995	108.72	538.83	16.79
2000	56.74	568.85	9.07
2002	40.70	581.46	6.54
2004	52.67	582.02	8.30
2006	34.55	624.52	5.24
2008	27.82	609.50	4.37
2010	37.02	627.00	5.58
2012	37.48	579.89	6.07
2014	37.30	584.39	6.00

　　由上述图、表可知，自然岸线在 1979 年、1990 年、2000 年和 2012 年出现长度上的突变。1979 年自然岸线主要分布在珠海市南部和东部、广州南部、虎门及蛇口地区；1990 年自然岸线主要分布在珠海市南部和东部，深圳湾沿岸、虎门水道两岸自然岸线基本消

失；2000 年，自然岸线主要分布在珠海南部和东北部，其他城市岸线基本消失；2012 年珠海市自然岸线依然存在，但是长度明显缩短，其他城市的海岸线全部为人工岸线。

1979 年自然岸线长度为 218km，占全部大陆岸线长度的比例超过 40%；1990 年，自然岸线长度急剧下降，缩短到 112km，减少近 50%；2000 年，自然岸线进一步减少，为 56km，所占比例也降低到 9%；2012 年以后，自然岸线为 37km，仅存在于珠海市。

1979 年以后，在围海造田、围海造地活动的影响下，海岸线以较快的速度从陆地向海洋逐步推进，自然岸线的长度也大幅下降，足以说明人类活动因素是珠江口这一高度城市化区域的海岸线发生显著变化的主要因素。

第10章 广深港城市化及其生态环境效应比较

本章通过比较广州、深圳、香港城市化过程及生态环境变化，总结不同城市发展模式对生态环境的影响。香港于20世纪80年代开始城市化，之后20年香港城市化指标逐步趋于稳定，广州、深圳两个城市则处于快速城市化阶段。1980~2010年，香港城市扩展空间主要来自填海工程，广州和深圳则侵占大量农田。3个城市森林植被保护较好，2000~2010年广深港的总生物量均呈增长趋势。香港地表水环境和地表热环境质量要明显优于广州和深圳，但其大气环境质量劣于广州、深圳。香港以资金密集服务业为主，资源环境利用效率最高且保持稳定，但其人口、经济、污染胁迫压力最大。

10.1 研究方法

广州、深圳、香港作为大珠三角城市群的核心城市，其城市化过程与模式对该区域其他城市发展有着深刻影响。因此，通过对比分析广州、深圳、香港近30年来城市化进程的生态环境效应，有助于为我国新型城镇化建设提供科学参考。

基于珠三角区域的研究框架，本章从城市化强度、生态质量、环境质量、资源环境效率、生态环境胁迫五个方面，同时依据广州、深圳、香港发展特征选择相应指标来评价城市化过程与生态环境变化（表10-1）。

表10-1 广深港生态环境评估内容与指标

序号	评价目标	评价内容	评价指标	时间序列
1	城市化强度	土地城市化	建设用地面积及其所占土地面积比例	1980年、1990年、2000年、2005年、2010年 MODIS 数据
		经济城市化	第一产业、第二产业和第三产业比例	1980~2010年
		人口城市化	单位建设用地的城市常住人口数量	1980年、1990年、2000年、2005年、2010年
		机动车拥有量	全市汽车拥有量	2000~2010年
2	生态质量	植被破碎化程度	林地斑块密度、边界密度和聚集度指数	1980年、1990年、2000年、2005年、2010年
		植被覆盖	林地和草地覆盖面积及其所占土地面积比例	1980年、1990年、2000年、2005年、2010年
		生物量	城市总量、平均水平 林地总量、平均水平 草地总量、平均水平	2000年、2005年、2010年

序号	评价目标	评价内容	评价指标	时间序列
3	环境质量	地表水环境	城市中所有河流监测断面中 3 类水体以上的比例	2000～2010 年
		地表热环境	城乡温度差异	2000 年、2005 年、2010 年
		空气环境	城市空气质量达二级标准的天数及大气 SO_2 浓度、PM_{10} 浓度等	2001～2010 年
4	资源环境效率	水资源利用效率	单位 GDP 水耗（不变价）	2000～2010 年
		能源利用效率	单位 GDP 能耗（不变价）	2000 年、2005 年、2010 年
		环境利用效率	单位 GDP SO_2 排放量、单位 GDP COD 排放量	2000～2010 年
5	生态环境胁迫	人口密度	单位土地面积常住人口数量	1980～2010 年
		能源利用强度	单位土地面积能源消费量	2000 年、2005～2010 年
		大气污染	单位土地面积 SO_2 排放量、单位土地面积烟粉尘排放量	2000～2010 年
		水污染	单位土地面积 COD 排放量	2000～2010 年
		经济活动强度	单位土地面积 GDP	1980～2010 年

10.2　城市化过程比较

10.2.1　人口城市化

1980～2010 年，广深港常住人口数量、建成区人口密度如图 10-1、图 10-2 所示。从图 10-1 可以看出，近 30 年广深港的常住人口数量均呈增长趋势。其中，广州和香港的人口基数相当，且增长趋势较为缓和，增长率均未超过 100%，截至 2010 年，广州、香港的常住人口数量分别为 840.24 万人、705.21 万人；而深圳常住人口数量呈显著上升趋势，从 1980 年 33.29 万人增长到 2010 年 1037.20 万人，年均增长约 33.46 万人，相当于一个中等城市非农业人口规模。深圳人口变迁现象堪称人口迁移史上的奇迹，大量外来人口涌入使其成为当代中国最典型的移民城市。从图 10-2 可以看出，近 30 年广州、香港的建成区人口密度先下降再上升，但总体波动幅度不大，表明两个城市建设用地规模扩展与其人口数量增长相当；而深圳建成区人口密度从 1980 年 1619.46 人/km^2 增长到 2010 年 12 887.19 人/km^2，增长了近 8 倍，其中 1980～2000 年处于快速增长期，增长了近 6 倍。总体来看，香港仍是全球人口密度最高城市之一，其 2010 年建成区人口密度分别是深圳、广州的 2.4 倍、3.6 倍。

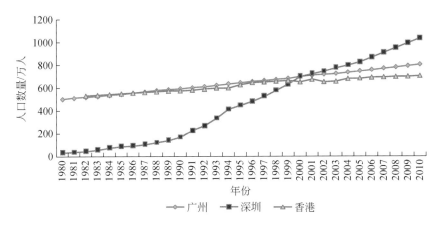

图 10-1　1980～2010 年广深港常住人口数量变化图

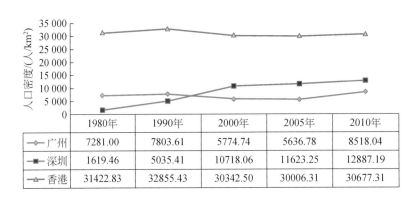

	1980年	1990年	2000年	2005年	2010年
广州	7281.00	7803.61	5774.74	5636.78	8518.04
深圳	1619.46	5035.41	10718.06	11623.25	12887.19
香港	31422.83	32855.43	30342.50	30006.31	30677.31

图 10-2　1980～2010 年广深港建成区人口密度变化图

10.2.2　经济城市化

1980～2010 年，广深港 GDP 规模变化如图 10-3 所示。从趋势可以看出，广州、深圳 GDP 增长趋势较为一致，在 1980～1997 年增长较平稳，1997～2010 年呈现快速增长；而在 1980～1997 年，香港 GDP 呈快速增长趋势，1997 年亚洲金融危机后，GDP 呈现波动小幅上升。通过统计数据分析：广州市 1980 年 GDP 为 57.55 亿元，2010 年 GDP 达到 10 748.28 亿元，增长了近 187 倍；深圳市 1980 年 GDP 为 2.7 亿元，2010 年 GDP 为 9581.51 亿元，增长了近 3549 倍；香港 1980 年 GDP 为 436.76 亿元，2010 年 GDP 达到 15 481.11 亿元，仅增长了近 35 倍，但其规模仍远大于广州、深圳两个城市，仍然是全球最重要的贸易与金融中心。

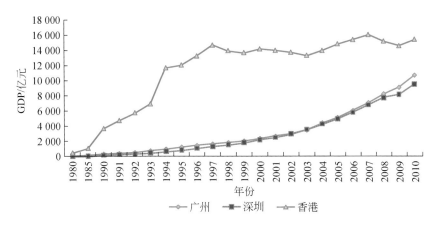

图 10-3　1980～2010 年广深港 GDP 变化趋势图

　　1980～2010 年，广深港产业结构变化过程如图 10-4 所示。可以看出，近 30 年广州、深圳两个城市第二、第三产业占主导，第一产业比例呈不断下降趋势。广州市 1980 年第二产业比例最大，1990 年第三产业比例开始超过第二产业，2010 年第三产业占 GDP 总量的 61%，产业结构呈现出工业型经济向服务型经济转型的趋势。深圳自 1979 年创建特区以来，在各种对外开放政策的推动下，凭借区位优势迅速承接香港制造业向内地迁移的发展机会，第二产业比例逐步扩大，至 1997 年第二产业与第三产业持平，基本建成了以高新技术产业和先进制造业为基础，以现代服务业为支撑的适应现代化中心城市功能的新型产业体系。20 世纪 80 年代初，香港就形成了比较成熟的服务经济社会，1980 年第一产业比例不到 1%，第二产业占 26%，第三产业高达 73%，近 30 年第三产业比例稳步上升，到 2010 年约占 GDP 的 93%，形成了以金融、贸易、物流、专业服务、旅游为支柱的服务业经济，成为亚洲乃至世界的服务中心之一。

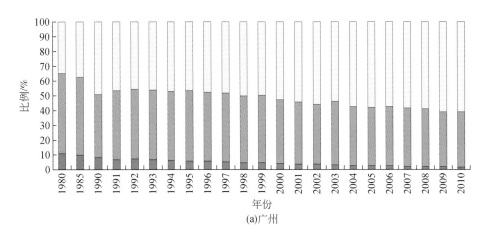

(a)广州

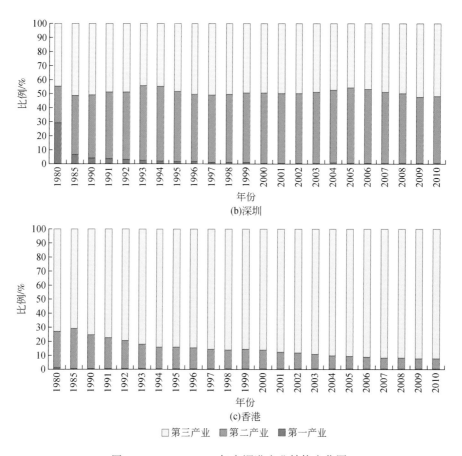

图 10-4 1980～2010 年广深港产业结构变化图

10.2.3 土地城市化

建设用地面积变化可以在一定程度上反映出城市的扩展速度与发展程度，具体表现为城市人工表面的扩展。本次研究基于卫星遥感资料，定量提取了广深港 5 个时间节点（1980 年、1990 年、2000 年、2005 年、2010 年）的建设用地。

10.2.3.1 广州建设用地演进

1980～2010 年，广州市建设用地分布情况及变化如图 10-5、图 10-6 所示。由图 10-5 可见，近 30 年来，广州市建成用地扩展基本上呈现以旧城区（越秀区、海珠区、荔湾区）为中心向周边扩展的方式。由于广州西部近邻佛山市的南海区、三水区和顺德区，城区基本连在一起，东北部主要为山地地貌，所以广州市建设用地扩展的基本取向为"南拓、北优、东进、西联"。从图 10-6 可以看出，不同时期内的广州城市扩展速度差异显著，20 世纪 80 年代为相对稳定期，90 年代为快速发展期，2000 年之后扩展速度逐步减缓。截至 2010 年，在原有中心建成区周边开始有新增区域出现，如北部花都区、南部番禺区，城市空间结构由传统的"云山珠水"的自然格局、单一中心的城市结构跃升为以"山、城、田、海"的自然格局为基础，沿珠江水系发展的多中心组团式网络型城市结构（龙绍双，2002）。

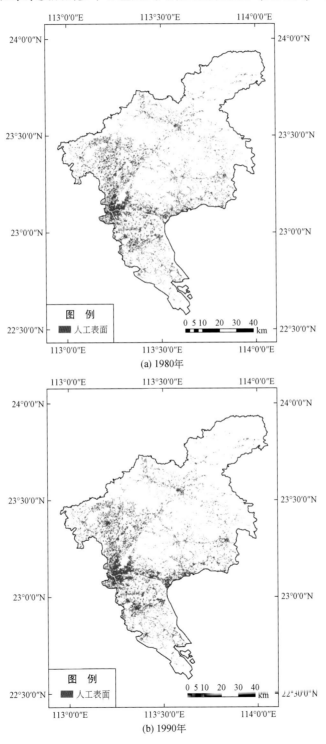

(a) 1980年

(b) 1990年

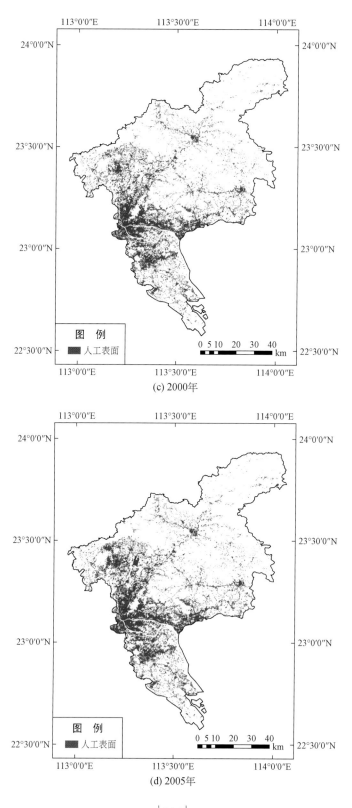

(c) 2000年

(d) 2005年

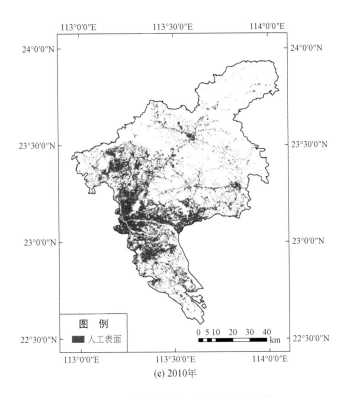

(e) 2010年

图 10-5　广州市城市建设用地分布图

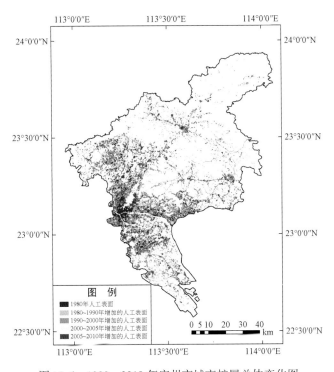

图 10-6　1980~2010 年广州市城市扩展总体变化图

10.2.3.2 深圳建设用地演进

1980～2010 年，深圳市建设用地分布情况及变化如图 10-7、图 10-8 所示。由图 10-7 可以看出，近 30 年来深圳市建设用地空间扩展主要发生在中西部、东北部区域，这可能很大程度与深圳市地貌格局相关。深圳是一个由丘陵和平原为主的山海城市，狭长的地形和多山丘的地貌环境是深圳城市空间扩张的刚性约束，城市建设主要沿着平原、台地带状空间展开（罗佩，2007）。深圳东部多山体、西部多平原，客观上带来了深圳城市发展上的东西部差异，此外，东部建有大亚湾核电站，亦限制城市建设向东部区域扩展。由图 10-8 可以看出，近 30 年来深圳城市建设用地经历了从特区内向特区外、从南向北的扩张过程。1980～1990 年，表现为特区内（罗湖区、南山区、福田区）初步形成带状组团形态，城市建设开始向特区外扩展；1990～2000 年城市建设向特区外（宝安区、龙岗区）快速扩张，初步形成了西、中、东三大放射状发展轴，并且西部轴线的发展远快于东部和中部；2000～2010 年，城市建设用地逐步趋于稳定，扩展区域主要集中在特区外部的宝安区、龙岗区。

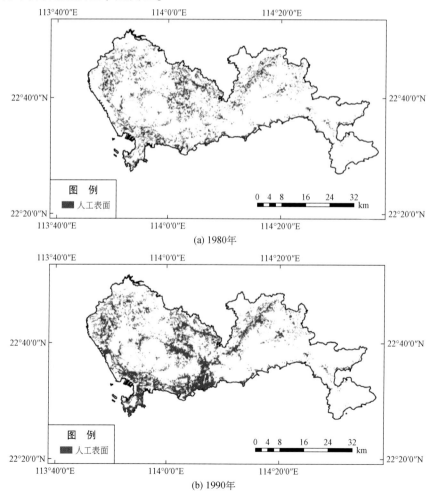

(a) 1980年

(b) 1990年

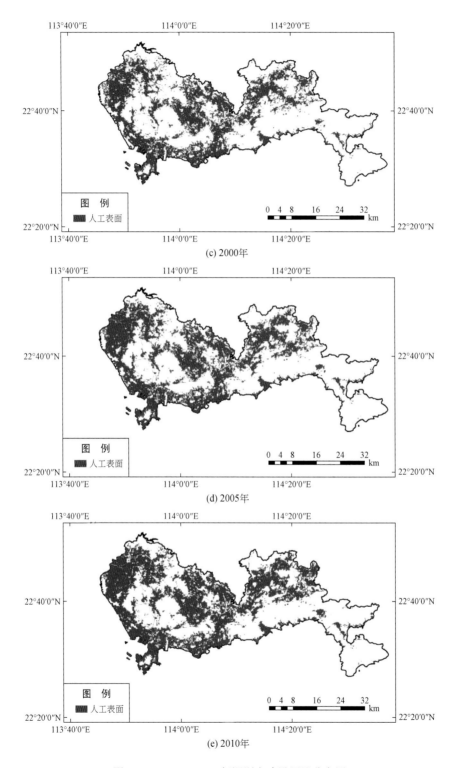

图 10-7   1980~2010 年深圳市建设用地分布图

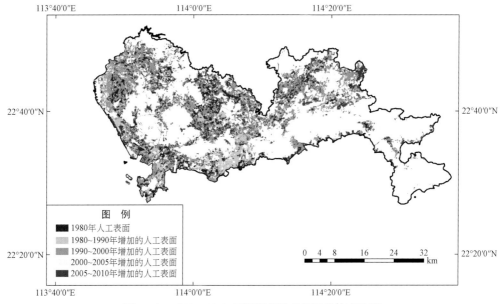

图 10-8 1980～2010 年深圳市城市扩展总体变化图

10.2.3.3 香港建设用地演进

1980～2010 年，香港市建设用地分布情况及变化如图 10-9、图 10-10 所示。由图 10-9 可以看出，近 30 年来香港城市建设用地规模比较稳定并无剧烈变化，扩展空间主要来自海岸线周边区域，这与香港境内山岭丘陵众多相关，劈山填海造地成为香港拓展发展空间、缓解城市发展瓶颈的重要手段。从图 10-10 可以看出，1980～1990 年香港城市建设用地拓展主要发生新界较偏远的地区，如沙田、大浦、屯门等地，以配合新市镇的发展；1990～2000 年，香港城市建设用地拓展主要发生在西九龙区域及新界大屿山赤鱲角，之后陆续出现赤鱲角机场、东涌及大蚝新市镇、北大屿山及西九龙等；2000～2010 年，尤其在2005 年以前香港在葵青区东南部进行填海工程。

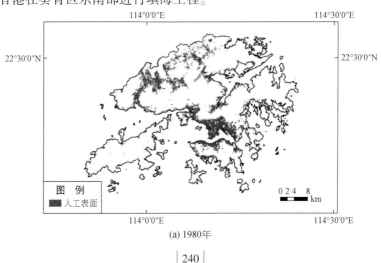

(a) 1980年

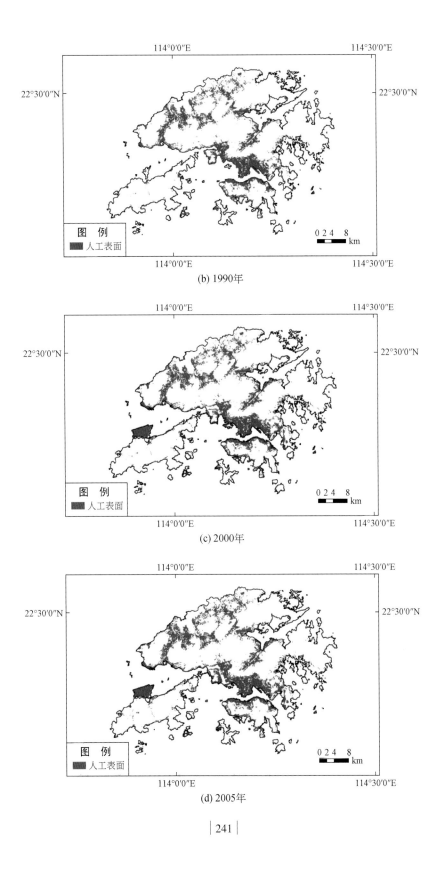

(b) 1990年

(c) 2000年

(d) 2005年

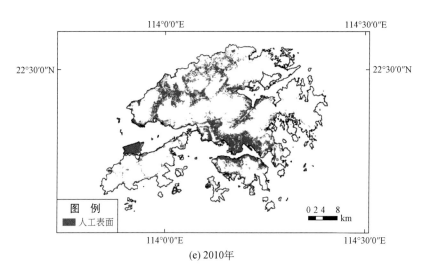

(e) 2010年

图 10-9   1980 ~ 2010 年香港建设用地分布图

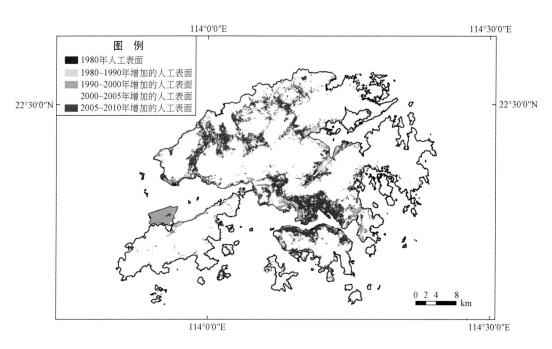

图 10-10   1980 ~ 2010 年香港城市扩展总体变化图（2000 ~ 2010 年）

10.2.3.4　广深港土地城市化比较

1980 ~ 2010 年，广深港建设用地面积及其占全市土地面积比例变化如图 10-11、图 10-12 所示。由图 10-11 可以看出，广州市建设用地面积增长幅度最大，从 1980 年 689.27km² 增长到 2010 年 1492.08km²，增长了 802.81km²；深圳市建设用地面积增长幅度居中,从 1980 年 205.56km² 增长到 2010 年 804.83km²,增长了 599.27km²;香港建设用地面积增长幅度最小,从 1980 年 159.12km² 增长到 2010 年 229.88km²,增长了 70.76km²。总体来看,广州市近 30 年增长的建设用地相当于 2010 年深圳市的建设用地总面积,但其 30 年的建设用地面积扩展仅 2.16 倍,而深圳市扩展近 4 倍。由图 10-12 可以看出,深圳市土地城市化强度最高,其 2010 年建设用地占全市土地面积近 42%;香港、广州的土地城市化程度相当,两个城市 2010 年建设用地占全市土地面积约为 20%。

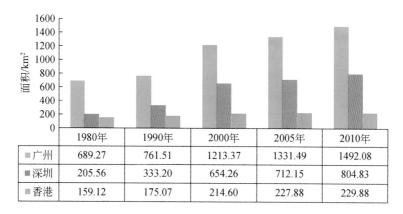

	1980年	1990年	2000年	2005年	2010年
广州	689.27	761.51	1213.37	1331.49	1492.08
深圳	205.56	333.20	654.26	712.15	804.83
香港	159.12	175.07	214.60	227.88	229.88

图 10-11　1980~2010 年广深港建设用地面积变化图

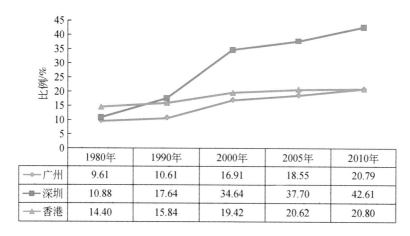

	1980年	1990年	2000年	2005年	2010年
广州	9.61	10.61	16.91	18.55	20.79
深圳	10.88	17.64	34.64	37.70	42.61
香港	14.40	15.84	19.42	20.62	20.80

图 10-12　1980~2010 年广深港建设用地占全市土地面积比例变化图

10.2.4　机动车拥有量

2000~2010 年,广深港机动车拥有量情况如图 10-13、图 10-14 所示。由图 10-13 可以看出,广州市的机动车拥有量最高,且呈稳步增长趋势;深圳市机动车拥有量在 2003 年超过了香港,且呈现出快速增长趋势,年均增加约 14 万辆;香港机动车拥有量较为稳定，10 年内增加了不到 10 万辆，这可能与香港发达便捷的公共交通体系相关。由图 10-14 可以看出，近 10 年广州市人均机动车拥有量先增后降，但波动幅度不大；深圳市人均机动车拥有量呈增加趋势，至 2010 年与广州市接近；2010 年香港人均机动车拥有量仅为广州、深圳的 1/2。

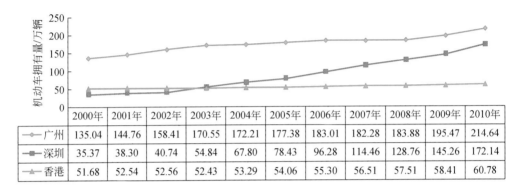

	2000年	2001年	2002年	2003年	2004年	2005年	2006年	2007年	2008年	2009年	2010年
广州	135.04	144.76	158.41	170.55	172.21	177.38	183.01	182.28	183.88	195.47	214.64
深圳	35.37	38.30	40.74	54.84	67.80	78.43	96.28	114.46	128.76	145.26	172.14
香港	51.68	52.54	52.56	52.43	53.29	54.06	55.30	56.51	57.51	58.41	60.78

图 10-13 广深港机动车拥有量变化对比图（2000～2010 年）

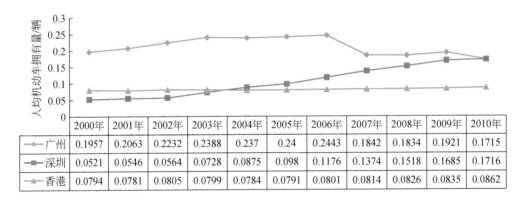

	2000年	2001年	2002年	2003年	2004年	2005年	2006年	2007年	2008年	2009年	2010年
广州	0.1957	0.2063	0.2232	0.2388	0.237	0.24	0.2443	0.1842	0.1834	0.1921	0.1715
深圳	0.0521	0.0546	0.0564	0.0728	0.0875	0.098	0.1176	0.1374	0.1518	0.1685	0.1716
香港	0.0794	0.0781	0.0805	0.0799	0.0784	0.0791	0.0801	0.0814	0.0826	0.0835	0.0862

图 10-14 广深港人均机动车拥有量变化对比图（2000～2010 年）

本小节研究表明，香港在 20 世纪 80 年代基本完成城市化进程，其经济规模与土地开发两方面均在 80 年代实现了一次快速提升，之后 20 年尤其近 10 年香港城市化水平的各项测度指标逐步趋于稳定；广州、深圳两个城市仍处于快速城市化阶段，各项城市化测度指标仍呈上升趋势，尤其深圳自 1979 年创建特区以来，在各种对外开放政策强有力的推动下，其人口数量、经济水平、建设规模、机动车拥有量均以超常规速度发展，短短 30 多年从我国沿海边陲小镇发展成为繁荣的现代化大都市，成为当今世界城市化进程的典型个案。

10.3 生态系统类型比较

10.3.1 广州市生态系统类型及变化

1980～2010 年，广州市生态系统空间分布及构成特征如图 10-15、图 10-16 所示。由图 10-15 可以看出，森林生态系统和农田生态系统占优势地位。其中，森林生态系统主要分布在广州市增城区、从化区、花都区北部及白云区东北部，呈集中连片分布，主要与该区域以低山丘陵为主的地形有关；农田生态系统主要分布在番禺区、增城区、从化区、花都区和白云区，但随着城市化进程加速其分布范围呈逐年缩小。由图 10-16 可以看出，在 1980 年、1990 年、2000 年、2005 年、2010 年，森林生态系统占广州市生态系统的比例分别为 53.10%、52.80%、49.96%、50.19%、49.6%，呈现小幅下降；农田生态系统占广州市生态系统的比例分别为 30.22%、28.79%、23.93%、21.99%、20.67%，下降幅度接近 10%。此外，坐拥"云山珠水"的广州城，水系发达，河涌众多，境内主要河流有珠江广州水道、东江北干流、流溪河、增江及虎门、蕉门、洪奇沥三大入海口门等（俞进等，2013），所以湿地生态系统亦是广州生态系统的重要组成部分，1980 年、1990 年、2000 年、2005 年、2010 年的湿地面积占全市面积的比例分别为 6.45%、7.20%、8.51%、8.42%、8.63%，呈小幅增长趋势。整体来看，近 30 年广州城市建设用地增长的主要来源是对农田生态系统的侵占。

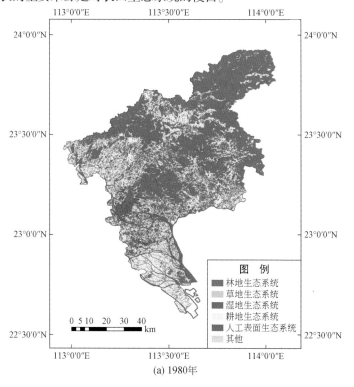

(a) 1980年

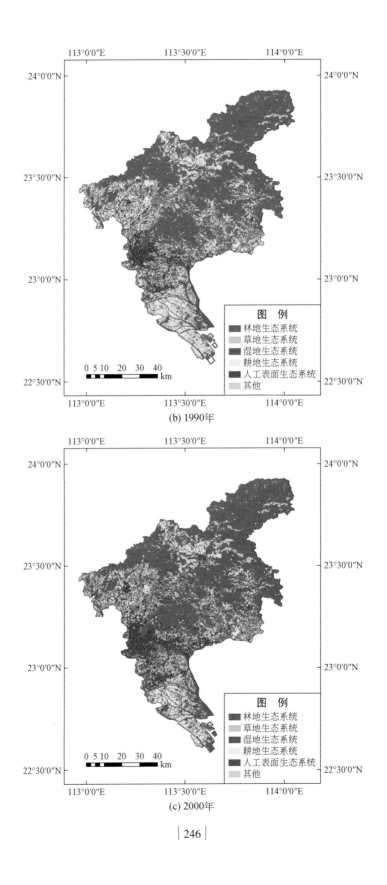

(b) 1990年

(c) 2000年

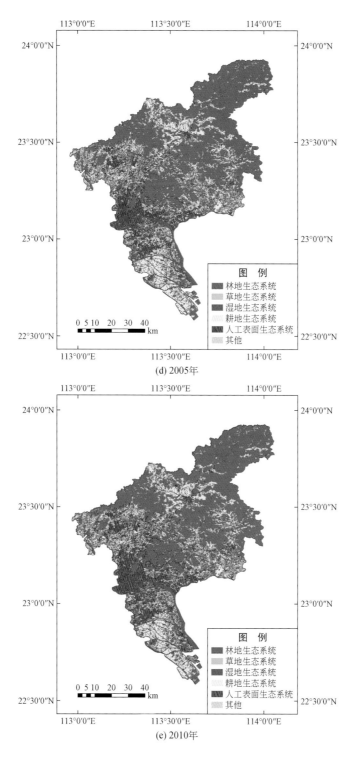

(d) 2005年

(e) 2010年

图 10-15　1980～2010 年广州市生态系统类型分布图

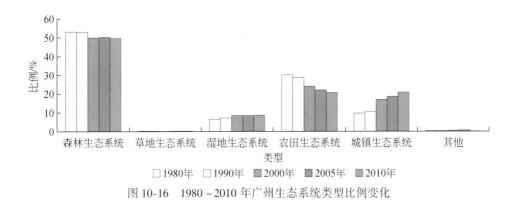

图 10-16 1980 ~ 2010 年广州生态系统类型比例变化

10.3.2 深圳市生态系统类型及变化

1980 ~ 2010 年，深圳市生态系统空间分布及构成特征如图 10-17、图 10-18 所示。由图 10-17 可以看出，1980 年深圳市生态系统以森林生态系统、农田生态系统为主，两者面积约占全部用地面积的84%。经过30年的城市化进程，建设用地比例均持续上升，占全部用地的42%，农业用地比例大规模下降，仅占全部用地的4%，林业用地比例下降了10%，但其比例仍保持最大，约占全部用地的50%。2010 年，深圳市生态系统转变为以森林生态系统、城镇生态系统为主，两者占全部用地的92%。整体而言，深圳市新增城市建设用地主要来自农业用地的转化，且集中发生在 1980 ~ 2000 年。这与地形因子对土地利用的约束作用有关，深圳地势东南高、西北低，从东南到西北依次排列着半岛、海湾、海岸山脉、丘陵和河谷等多种地形（深圳市规划与国土资源局，1998）。因此，城市建设拓展主要通过对低海拔地形区域农业用地的侵占（毛蒋兴等，2008）。此外，为加强生态环境保护，防止城市建设无序蔓延危及城市生态系统安全，深圳市政府于 2005 年划定了国内第一条城市生态保护线，并颁布了《深圳市基本生态控制线管理规定》，这也是近年来林地、农业用地分布趋向稳定的原因。

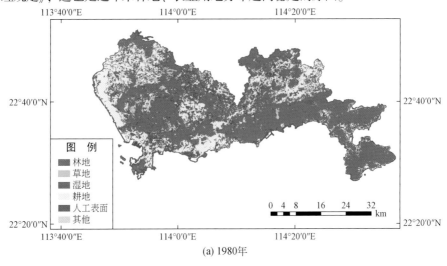

(a) 1980年

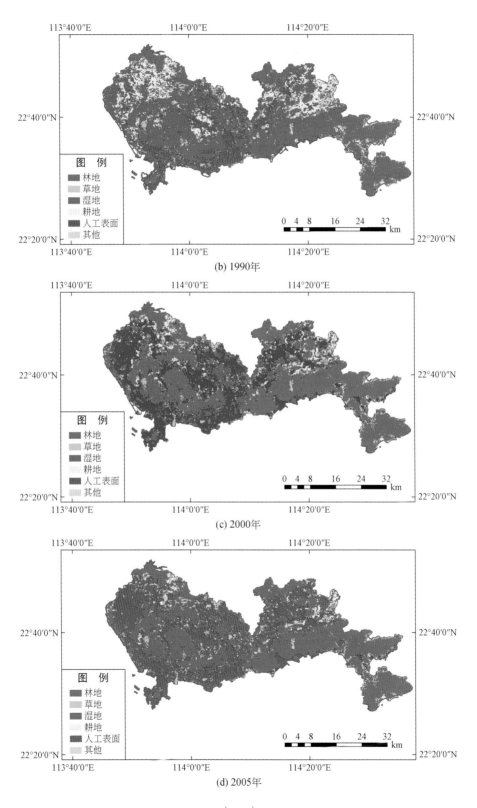

(b) 1990年

(c) 2000年

(d) 2005年

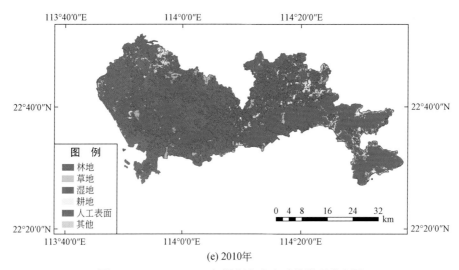

(e) 2010年

图 10-17　1980～2010 年深圳市生态系统类型分布图

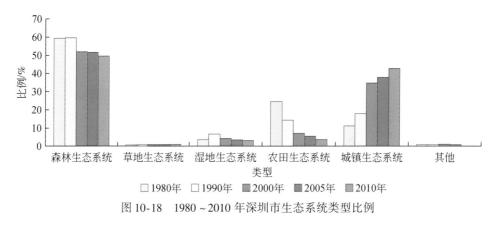

图 10-18　1980～2010 年深圳市生态系统类型比例

10.3.3　香港生态系统类型及变化

1980～2010 年，香港生态系统空间分布及构成特征如图 10-19、图 10-20 所示。由图 10-19 可以看出，与广州、深圳相似，香港生态系统同样以森林生态系统为主，但其覆盖率远高于广州和深圳，1980 年、1990 年、2000 年、2005 年、2010 年林地面积分别为 825.49km²、815.85km²、806.912km²、801.68km²、800.71km²，近 30 年仅减少 25km² 基本保持稳定，占全港土地的比例始终维持在 70% 以上。这与香港地形地貌有关，全境丘陵山地占全部土地的 80% 以上，平地、台地仅占 19%，可开发利用的土地不多；此外有赖于香港政府制定的自然保育政策，如 1976 年颁布的《郊野公园条例》、1995 颁布的《海岸公园条例》等，目前全港共有 23 个郊野公园，约占全港土地 40%。1980～2010 年，香港城市发展和交通建设用地增量约 72km²，主要依赖于填海造地，如香港国际机场建在原赤鱲角岛、榄洲及填海所得的土地上，总面积为 12.5km²。农业生态系统与草地生态系统占全港面积较小，近 30 年来变化不大。

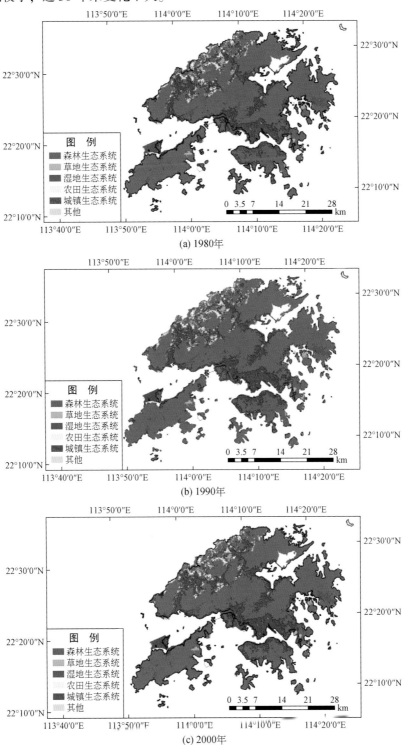

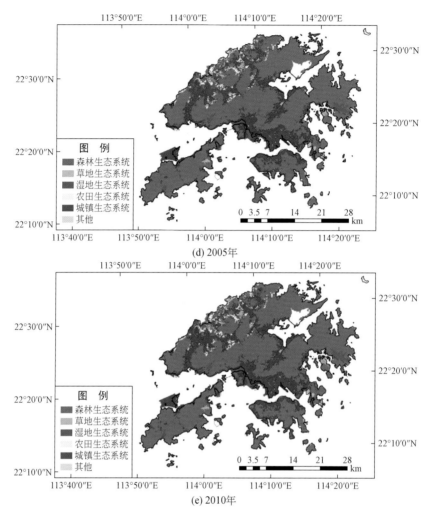

图 10-19　1980～2010 年香港生态系统类型分布图

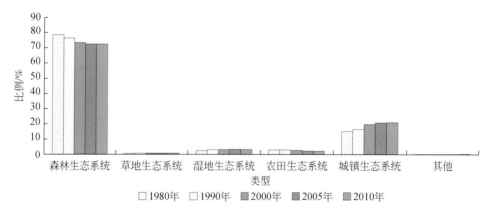

图 10-20　1980～2010 年香港生态系统类型比例

本小节研究表明，香港在 20 世纪 80 年代城市化水平已较高，制定了较为严格的荒野保育策略与郊野公园条例，且耕地资源极为有限，因此近 30 年来城市建设很少发生对林地、草地、耕地等自然生态系统的侵占，城市扩展空间主要来自填海工程；广州市和深圳市近 30 年处于快速城市化进程，尤其 20 世纪 90 年代期间城市建设用地规模均出现显著扩张，但受地形因子的限制较为明显，城市建设用地空间扩展主要来自对平原地区农业用地的侵占，少部分来自对低海拔区域的林地、草地等自然空间的侵占，尤其深圳市 2004 年完成"村改居"后，其农业用地进一步压缩，城市空间主要由山林地与建设用地两部分组成。

10.4 生态质量比较

10.4.1 植被覆盖

植被覆盖动态可在一定程度上反映城市建设过程对生态质量的影响。1980 ~ 2010 年，广深港 3 个城市的植被覆盖空间分布如图 10-21 ~ 图 10-23 所示。由图 10-21 可以看出，广州市高植被覆盖区域主要分布在从化区、增城区、花都区北部及白云区东北部，

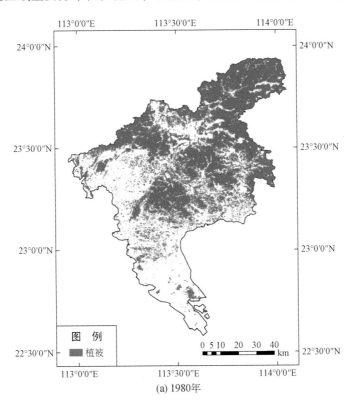

(a) 1980年

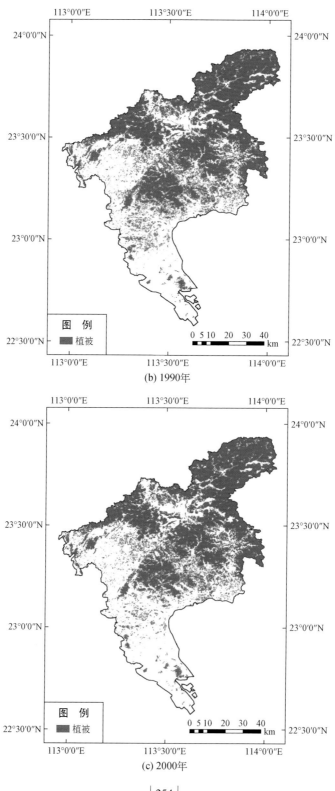

(b) 1990年

(c) 2000年

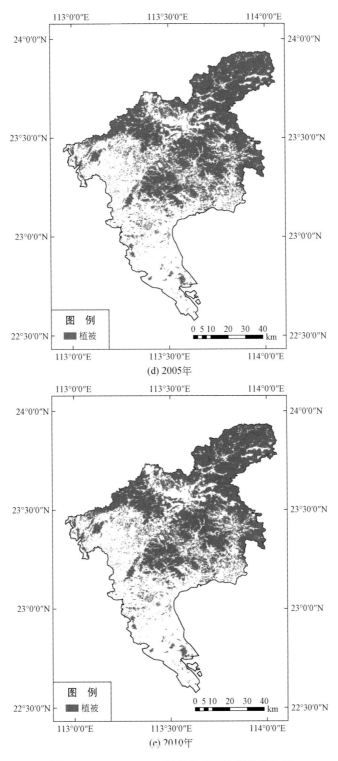

(d) 2005年

(e) 2010年

图 10-21　1980~2010 年广州市植被覆盖分布图

近 30 年来植被覆盖面积变化并不明显，表明城市化过程对自然植被的侵占较少。从图 10-24 可见，广州市植被覆盖面积减少了 225km²，占全市土地面积的 3%。由图 10-22 可以看出，近 30 年深圳城市建设对东部植被覆盖影响较小，植被覆盖减少区域主要发生在中西部地区，尤其在 1990～2000 年宝安区、龙岗区植被覆盖面积减少较大。从图 10-24 可见，深圳市植被覆盖面积减少了 169km²，比广州少，但相当于全市土地面积的 9%，比广州大。由图 10-23 可以看出，香港的植被覆盖非常高，近 30 年来植被覆盖面积基本保持不变，城市建设极少侵占当地自然植被。从图 10-24 可见，香港植被覆盖面积仅减少 20km²，占香港土地面积的 2%，与广州相当。整体而言，广深港城市化阶段对自然植被的侵占较少。

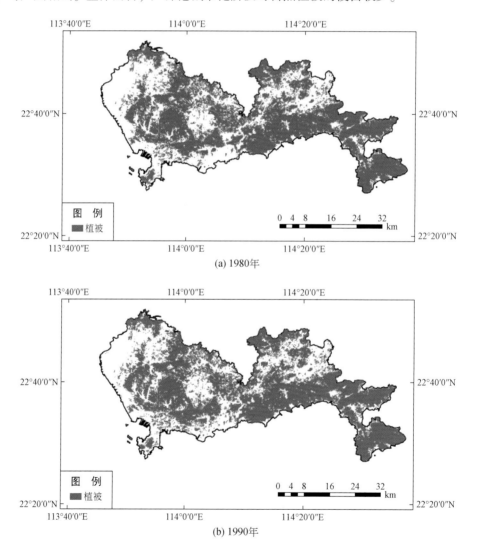

(a) 1980年

(b) 1990年

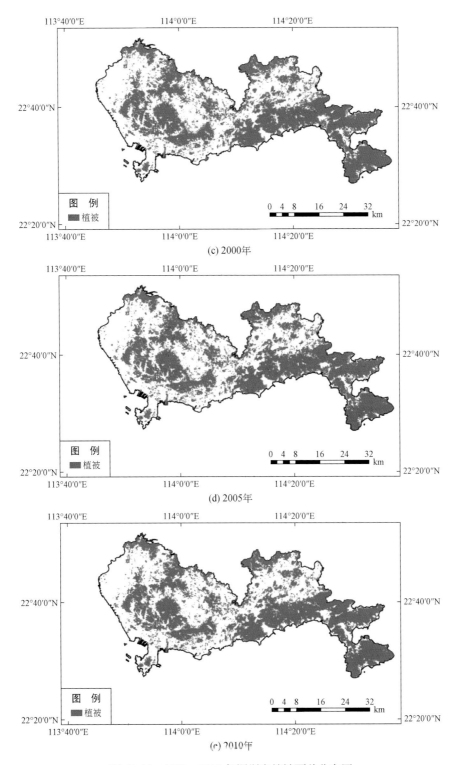

(c) 2000年

(d) 2005年

(e) 2010年

图 10-22 1980～2010 年深圳市植被覆盖分布图

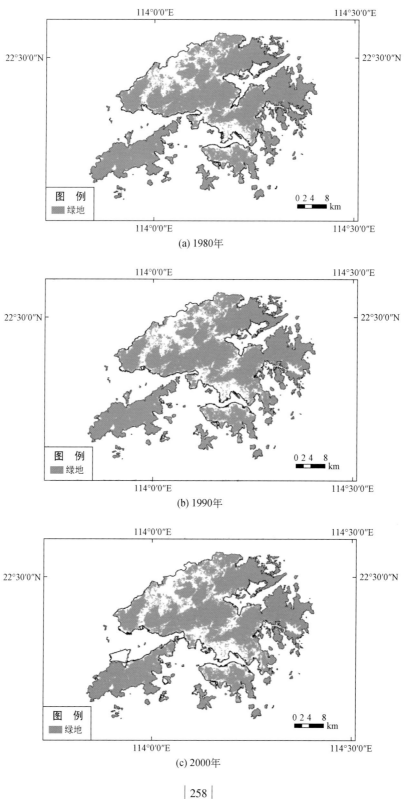

(a) 1980年

(b) 1990年

(c) 2000年

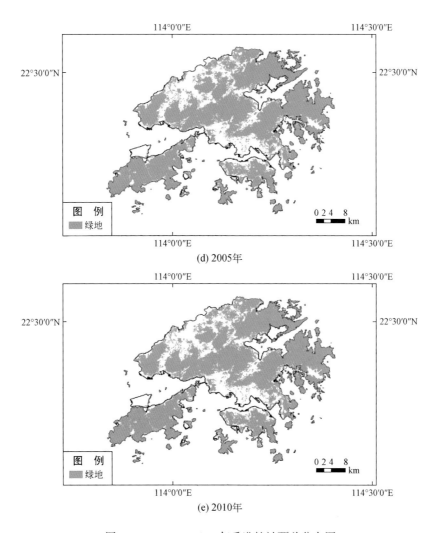

图 10-23　1980～2010 年香港植被覆盖分布图

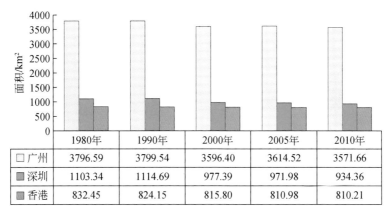

	1980年	1990年	2000年	2005年	2010年
广州	3796.59	3799.54	3596.40	3614.52	3571.66
深圳	1103.34	1114.69	977.39	971.98	934.36
香港	832.45	824.15	815.80	810.98	810.21

(a)植被覆盖面积变化

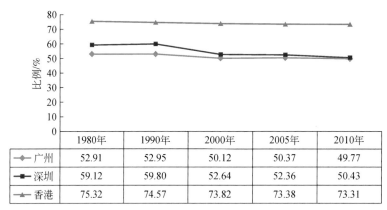

(b)植被覆盖占全市土地面积比例

图 10-24　1980~2010 年广深港植被面积变化图

10.4.2　植被破碎化

1980~2010 年，广深港植被破碎化特征见表 10-2。可以看出：近 30 年来，广州市林地斑块数量呈减少趋势，尤其在 1990~2000 年，林地数量急剧减少，但平均斑块面积增大，同时林地边界密度也呈下降趋势，平均形状指数略有上升，说明广州城市化过程中侵占面积较小的林地斑块；近 30 年来，深圳市林地斑块数量也呈减少趋势，尤其在 1990~2005 年，近消失了 24%，但平均斑块面积保持较为稳定，说明林地受到大面积的侵占且斑块规模比较统一；近 30 年来，香港林地斑块数量增加，但平均斑块面积逐步下降，且斑块边界密度呈略微上升趋势，说明近 30 年香港林地斑块呈破碎化趋势，但整体而言，其平均斑块面积仍远高于广州、深圳，说明香港在城市化过程中对植被扰动较轻。

表 10-2　1980~2010 年广深港林地斑块景观特征指数

城市	年份	斑块数量 PN/个	平均斑块面积 MPS/(hm²/个)	斑块边界密度 PED/(m/hm²)	平均形状指数 MSI
广州	1980	10385	24.22	32.96	1.57
	1990	10087	24.93	32.74	1.57
	2000	7738	29.66	28.42	1.60
	2005	7389	31.19	27.98	1.61
	2010	7262	30.98	27.14	1.60
深圳	1980	3402	22.38	36.36	1.51
	1990	3118	24.71	36.52	1.54
	2000	2630	23.83	30.52	1.60
	2005	2375	26.14	29.29	1.61
	2010	2384	24.46	27.90	1.60

续表

城市	年份	斑块数量 PN/个	平均斑块面积 MPS/(hm²/个)	斑块边界密度 PED/(m/hm²)	平均形状指数 MSI
香港	1980	651	126.81	23.47	1.47
	1990	772	105.69	24.39	1.53
	2000	862	93.61	24.66	1.53
	2005	854	93.88	25.01	1.53
	2010	877	91.31	25.40	1.53

10.4.3 生物量特征

生物量是反映生态系统结构和功能的重要指标，城市建设过程中生物量大小可以有效反映城市生态系统的活力特征。2000～2010 年，广州、深圳、香港基于遥感信息反演的生物量变化情况如图 10-25～图 10-27 所示。由图 10-25 可以看出，广州市生物量较高区域主要分布在增城区、从化区、白云区一带海拔较高的山区，这些区域也是森林主要分布区；生物量次高区域主要分布在花都区、从化区等丘陵区；低生物量区域主要分布在广州较为平坦的农田耕作区及城镇区。同样由图 10-26、图 10-27 可以看出，深圳、香港的生物量高低分布基本与城市地形及生态系统类型相关，高生物量分布在高海拔林地，次高生物量分布在低丘林地，低生物量主要分布在台地及城镇区。

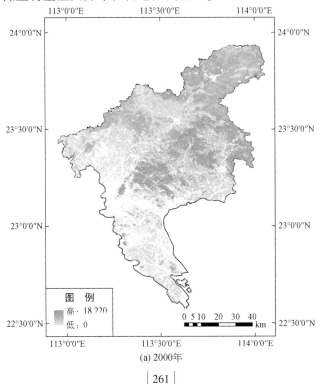

(a) 2000年

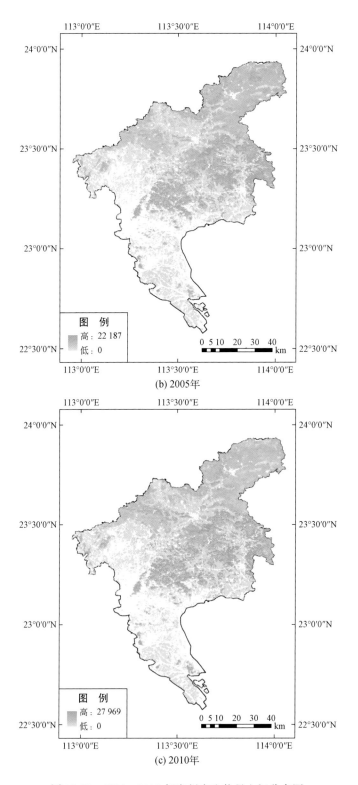

图 10-25　2000～2010 年广州市生物量空间分布图

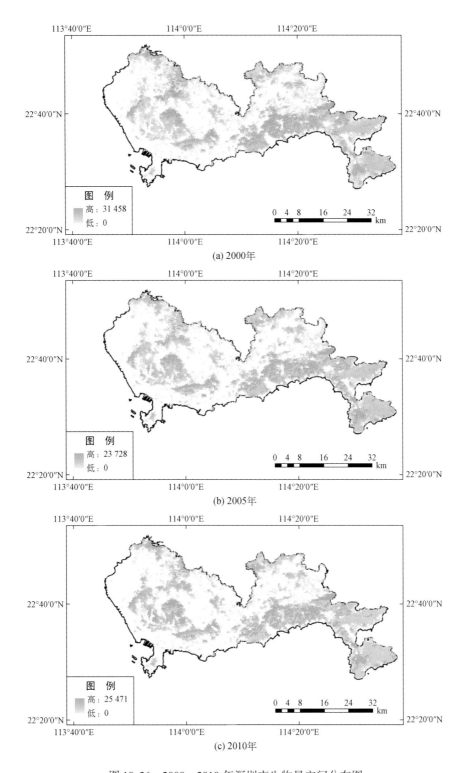

图 10-26　2000～2010 年深圳市生物量空间分布图

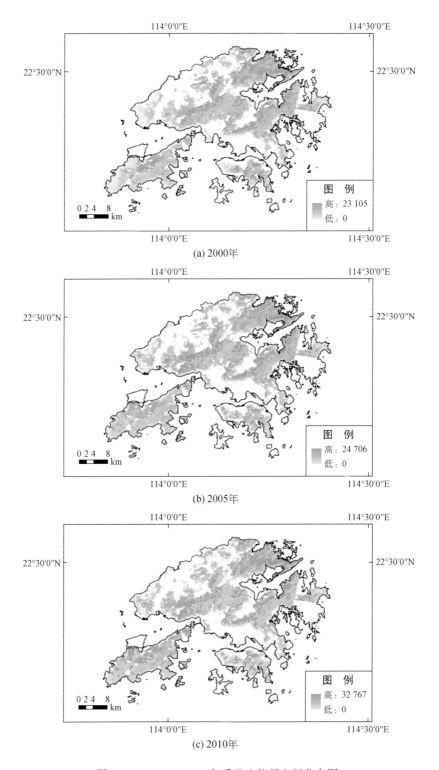

(a) 2000年

(b) 2005年

(c) 2010年

图 10-27   2000～2010 年香港生物量空间分布图

2000～2010 年，广深港总生物量、单位面积生物量分别如图 10-28、图 10-29 所示。由图 10-28 可看出，广州总生物量最高且呈增长趋势，2010 年总生物量为 1851.05 万 t，比 2000 年增加了约 350 万 t；深圳与香港的总生物量相当，十年来总生物量均增长了约 90 万 t。由图 10-29 可以看出，广州市单位面积生物量要远高于深圳与香港，但近十年来呈小幅下降，深圳和香港的单位面积生物量水平相当，且近十年表现小幅上升趋势。

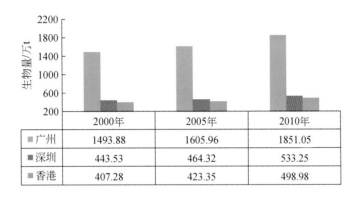

图 10-28　广深港全市总生物量变化（2000～2010 年）

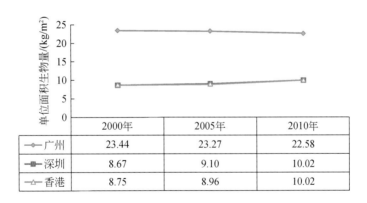

图 10-29　2000～2010 年广深港单位面积生物量变化

本小节研究表明，城市建设过程侵占自然植被的面积从大到小依次为广州 225km²、深圳 169km²、香港 20 km²，但相对于全市土地面积而言，广州、香港减少的自然植被面积仅占 2%～3%，而深圳减少的自然植被面积占全市土地面积的 9%；广州主要侵占了面积较小的林地斑块，深圳则侵占了面积较一致的大型林地斑块，香港林地斑块的破碎化程度近 30 年变化不明显；虽然近 10 年广深港的总生物量均呈增长趋势，但广州的生态系统活力明显高于深圳、香港，其单位面积生物量为深圳、香港的 2 倍。

10.5 环境质量比较

10.5.1 地表水环境

2000～2010年，广深港河流Ⅲ类水体以上的比例如图10-30所示。从图中可以看出：香港河流水质一直处于较优水平，近10年最低为67%、最高为83%；广州河流水质次之，Ⅲ类水体以上的比例有6年保持在50%以上，最低2004年为35.7%；深圳市河流水质最差，近10年来河流Ⅲ类水体以上的比例均低于8%，尤其2008年全市河流水体均未达到Ⅲ类标准。深圳市主要为机械、电气、电子等设备制造业和第三产业，无大型产污企业，污染负荷主要为生活污水。据深圳市环境质量报告统计，2007年全市生活污水产生量为7.11亿t，工业生产废水排放量为0.92亿t，工业生产废水只占废污水总量的11.5%（彭盛华等，2011）。根据广州市环境质量报告显示，水质较好的河流主要分布于主城区外围，如顺德水道、东江北干流大部分年份水质达到Ⅱ标准，而流经市区的珠江广州河段接纳了上游和广州市区大量工业废水和生活污水，水质基本在Ⅴ类或劣Ⅴ类之间。香港河流良好的水质得益于水污染控制计划，其中包括《水污染管制条例》《禽畜废物管制计划》和《污水收集整体计划》。如香港启德明渠在20世纪80～90年代初期污染严重，河段六个监测站的水质均属恶劣或极劣等级。为此，政府实施了一连串措施，包括东九龙和九龙北部及南部污水收集整体计划、系统化地消除区内错综复杂的误驳渠管、将沙田及大埔污水处理厂处理过的污水运送至启德明渠排放，提高其冲刷能力，启德明渠的水质因此而有了显著改善。

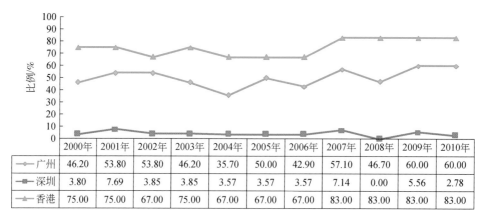

	2000年	2001年	2002年	2003年	2004年	2005年	2006年	2007年	2008年	2009年	2010年
广州	46.20	53.80	53.80	46.20	35.70	50.00	42.90	57.10	46.70	60.00	60.00
深圳	3.80	7.69	3.85	3.85	3.57	3.57	3.57	7.14	0.00	5.56	2.78
香港	75.00	75.00	67.00	75.00	67.00	67.00	67.00	83.00	83.00	83.00	83.00

图10-30 广深港河流Ⅲ类水体以上比例变化图（2000～2010年）

10.5.2 地表热环境

应用MODIS地表温度产品，分析近10年广州、深圳、香港的地表热环境变化趋势。数据来自中国科学院计算机网络信息中心国际科学数据镜像网站①，包含中国 1km 地表温度月合成产品（TERRA 星）的白天地表温度（LTD）与夜间地表温度（LTN）两类。利用 MODIS 地表温度月合成产品，进一步合成 2000~2010 年广深港日间、夜间的年均地表温度数据。

10.5.2.1 广深港地表热环境空间分布特征

为了直观展示广深港不同年份地表热环境的空间分布格局，采用密度分割法将地表温度分为低温区（$T < A - SD$）、较低温区（$A - SD \leqslant T < A - 0.5SD$）、中温区（$A - 0.5SD \leqslant T \leqslant A + 0.5SD$）、较高温区（$A + 0.5SD < T \leqslant A + SD$）、高温区（$A + SD < T$）5 种热力景观，其中 A 和 SD 分别为研究区地表温度的平均值和标准差。2000~2010 年，广州、深圳、香港日间、夜间的年均地表温度空间分布特征如图 10-31~图 10-33 所示。可以看出，日间地表温度与夜间地表温度的空间分布存在明显区别，说明城市日间热岛中心与夜间热岛中心存在不一致性。

由图 10-31 可见，在日间，广州市高温热力景观呈多中心组团分布，主要聚集于海珠区、黄埔区、花都区、番禺区等城市建设区，近 10 年，除从化区、增城区的高温热力景观规模有所下降外，其他区域高温热力景观规模基本上随城市空间扩展逐步扩大；在夜间，广州市高温热力景观呈片状连绵分布，主要集中在广州市中部与南部，低温热力景观主要分布于广州市东北部山地丘陵地区。

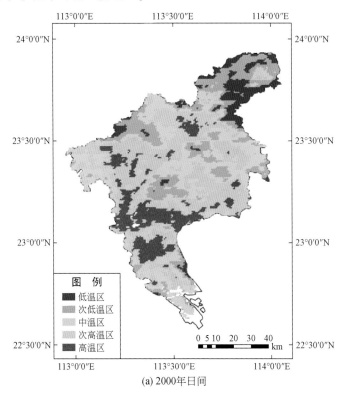

(a) 2000年日间

① http://www.gscloud.cn。

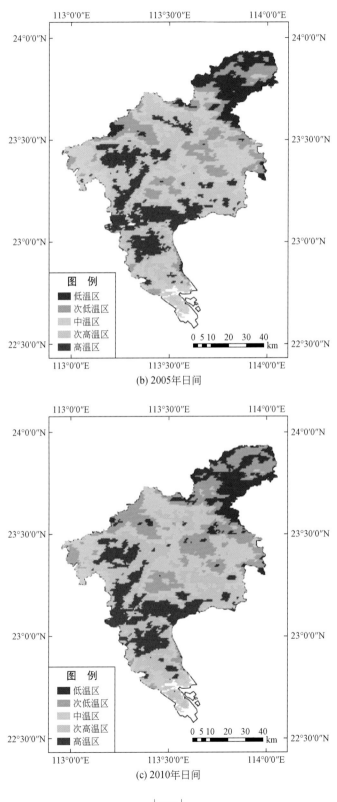

(b) 2005年日间

(c) 2010年日间

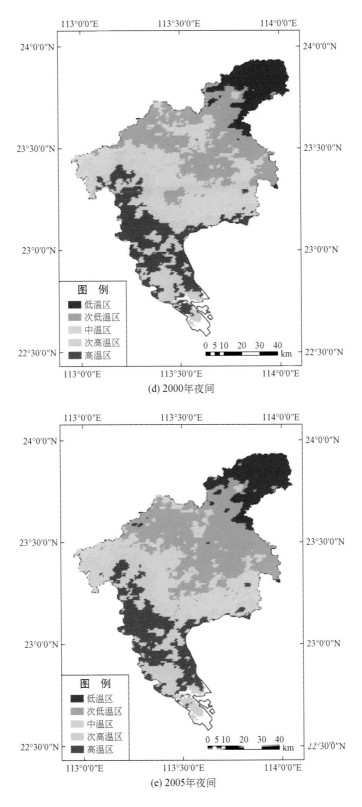

(d) 2000年夜间

(e) 2005年夜间

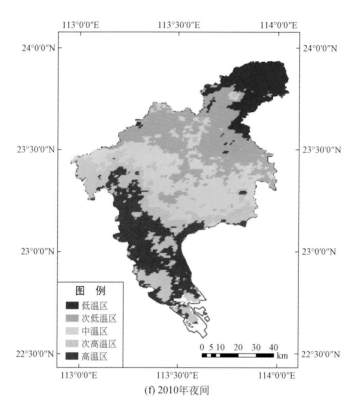

(f) 2010年夜间

图 10-31　2000～2010 年广州市日间、夜间地表年均温度分布图

由图 10-32 可见，深圳市日间、夜间高温热力景观呈多中心组图分布，与广州市一致，主要集聚在城市建成区，低温热力景观则主要集中在深圳市东部梧桐山、大鹏半岛等森林覆盖度较高的自然区域。2000 年，深圳市日间高温热力景观集中在宝安区、龙岗区、福田区、南山区、罗湖区等中心城区，而在 2005 年、2010 年，福田区、南山区、罗湖区的高温热力景观消失；2000～2010 年，夜间高温热力景观主要集中在福田区、南山区、罗湖区及宝安区西部，且空间分布特征较为稳定。深圳市日夜间高温区存在明显差异性，可能与城市内部经济活动相关，如宝安区、龙岗区属于加工、制造业密集区，白天生产产生的高能耗，导致地表温度高于福田区、南山区等城区，而夜间随着生产活动停止，高温区逐步向福田区、南山区等第三产业发达区转移，夜间热量排放主要由居民生活产生。

由图 10-33 可以看出，香港日间高温区主要分布在新界北部的元朗、上水，少部分分布于九龙的油麻地、尖沙咀，呈多中心分布。夜间高温区分布与日间趋势基本一致，新界北部夜间高温区逐步向天水围中心聚集，此外，沙田、葵涌等地也出现了高温区。

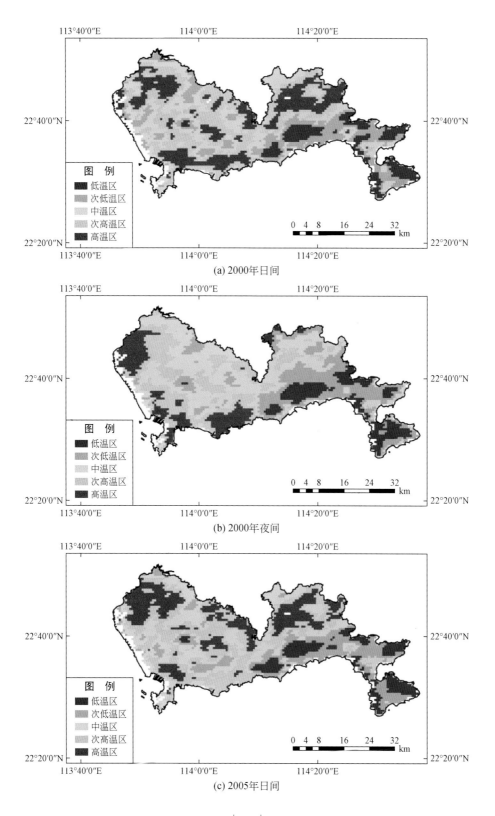

(a) 2000年日间

(b) 2000年夜间

(c) 2005年日间

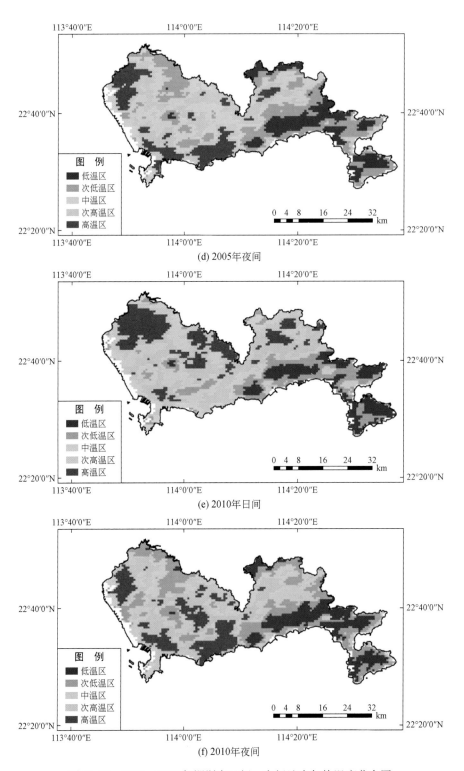

(d) 2005年夜间

(e) 2010年日间

(f) 2010年夜间

图 10-32　2000～2010 年深圳市日间、夜间地表年均温度分布图

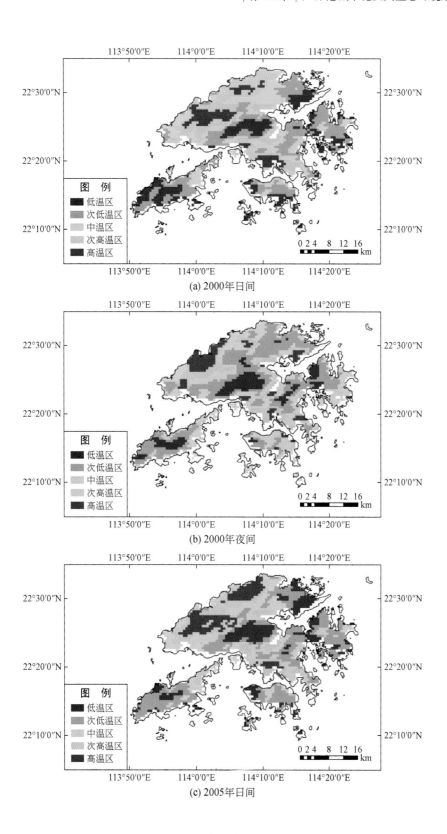

(a) 2000年日间

(b) 2000年夜间

(c) 2005年日间

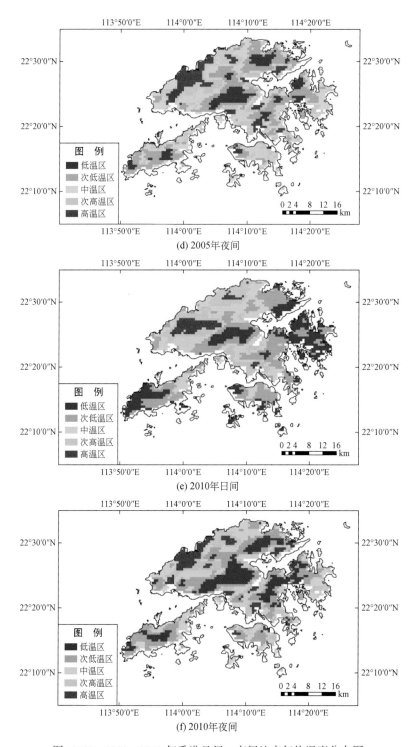

(d) 2005年夜间

(e) 2010年日间

(f) 2010年夜间

图10-33 2000~2010年香港日间、夜间地表年均温度分布图

10.5.2.2 广深港地表热环境时间演替特征

为了定量分析广深港 2000～2010 年的热岛效应变化，参考徐涵秋和陈本清（2003）建立城市热岛比例指数（urban-heat-island ratio index，URI），该指数可以用来表征热岛发育程度，指数值越大，表明热岛现象越严重。其计算公式如下。

$$\text{URI} = \frac{1}{100m} \sum_{i=1}^{n} w_i p_i \tag{10-1}$$

式中，URI 为城市热岛比例指数；m 为温度正规化等级指数；i 为热岛高于低温区的第 i 个温度级；n 为热岛高于低温区的温度等级数；w 为权重值，取第 i 级的级值；p 为第 i 级的百分比。在本研究中，城市地表温度等级定为 5 级，所以 m 为 5；同时将高温区和较高温区定义为城市热岛范围，因此 n 为 2，极高温区和高温区的级值分别为 5 和 4。

图 10-34、图 10-35 分别为 2000～2010 年广深港城市日、夜热岛比例指数的发展趋势。可以看出，3 个城市近 10 年的城市日间、夜间热岛比例指数呈小幅波动，表明 3 个城市的热岛强度无明显变化；广州、深圳两个城市日间热岛强度高于夜间热岛强度，而香港恰好相反，其夜间热岛强度高于日间热岛强度；对比 3 个城市，深圳日间城市热岛强度最高、广州次之、香港最低，夜间城市热岛强度深圳、广州基本一致，香港最低。

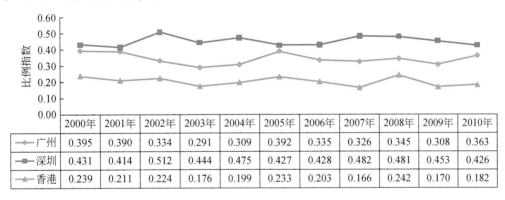

	2000年	2001年	2002年	2003年	2004年	2005年	2006年	2007年	2008年	2009年	2010年
广州	0.395	0.390	0.334	0.291	0.309	0.392	0.335	0.326	0.345	0.308	0.363
深圳	0.431	0.414	0.512	0.444	0.475	0.427	0.428	0.482	0.481	0.453	0.426
香港	0.239	0.211	0.224	0.176	0.199	0.233	0.203	0.166	0.242	0.170	0.182

图 10-34　2000～2010 年广深港日间城市热岛比例指数变化图

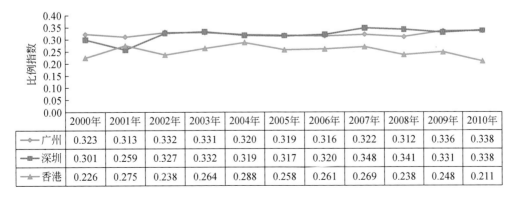

	2000年	2001年	2002年	2003年	2004年	2005年	2006年	2007年	2008年	2009年	2010年
广州	0.323	0.313	0.332	0.331	0.320	0.319	0.316	0.322	0.312	0.336	0.338
深圳	0.301	0.259	0.327	0.332	0.319	0.317	0.320	0.348	0.341	0.331	0.338
香港	0.226	0.275	0.238	0.264	0.288	0.258	0.261	0.269	0.238	0.248	0.211

图 10-35　2000～2010 年广深港夜间城市热岛比例指数变化图

10.5.3 大气环境

2000～2010 年，广深港大气环境质量如图 10-36 ～图 10-38 所示。由图 10-36 可以看出，近 10 年深圳空气质量达二级标准的天数比例最高，广州次之，香港最低且 2006 年呈显著下降，但从图 10-37、图 10-38 来看，广州大气环境中 SO_2 与可吸入颗粒物浓度均最高、深圳次之、香港最低。可见，3 个城市的空气质量评价结果与实际大气环境质量存在不一致，这估计与中国内地与香港地区的环境空气质量指数存在一定差异有关，香港地区空气质量指标更严格，导致其空气质量达二级标准的天数比例比深圳、广州要低。王帅等（2013）对比不同国家和地区的空气质量指数发展过程表明，中国内地和香港地区在 2005 年之前均采用 5 个指标，而在 2006 年香港地区开始采用了 8 个指标，这可能是香港 2006 年之后空气质量达二级标准的天数比例显著下降的原因。

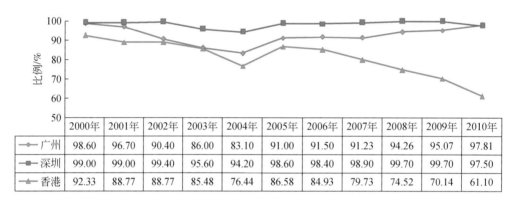

	2000年	2001年	2002年	2003年	2004年	2005年	2006年	2007年	2008年	2009年	2010年
广州	98.60	96.70	90.40	86.00	83.10	91.00	91.50	91.23	94.26	95.07	97.81
深圳	99.00	99.00	99.40	95.60	94.20	98.60	98.40	98.90	99.70	99.70	97.50
香港	92.33	88.77	88.77	85.48	76.44	86.58	84.93	79.73	74.52	70.14	61.10

图 10-36　2000～2010 年广深港空气质量达二级标准的天数比例

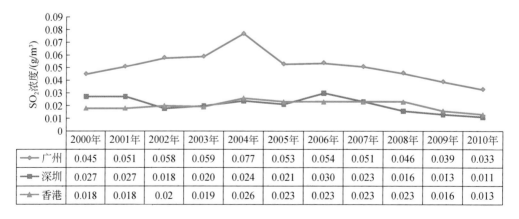

	2000年	2001年	2002年	2003年	2004年	2005年	2006年	2007年	2008年	2009年	2010年
广州	0.045	0.051	0.058	0.059	0.077	0.053	0.054	0.051	0.046	0.039	0.033
深圳	0.027	0.027	0.018	0.020	0.024	0.021	0.030	0.023	0.016	0.013	0.011
香港	0.018	0.018	0.02	0.019	0.026	0.023	0.023	0.023	0.023	0.016	0.013

图 10-37　2000～2010 年广深港大气中的 SO_2 浓度变化图

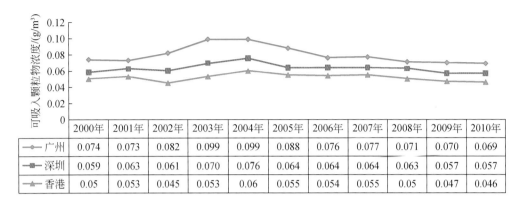

图 10-38 2000 ~ 2010 年广深港大气中的可吸入颗粒物浓度变化图

	2000年	2001年	2002年	2003年	2004年	2005年	2006年	2007年	2008年	2009年	2010年
广州	0.074	0.073	0.082	0.099	0.099	0.088	0.076	0.077	0.071	0.070	0.069
深圳	0.059	0.063	0.061	0.070	0.076	0.064	0.064	0.064	0.063	0.057	0.057
香港	0.05	0.053	0.045	0.053	0.06	0.055	0.054	0.055	0.05	0.047	0.046

本小节研究表明，香港设定了较为完善的环境保护策略与制度，其地表水环境和地表热环境质量要明显优于广州和深圳，但香港地区的空气质量分级标准要高于内地，虽然空气污染物浓度低于广州、深圳，但大气环境质量等级仍呈现出劣于广州、深圳的现象；环境质量特征差异与 3 个城市的发展模式有一定联系，广州的资金密集型产业、深圳的劳动密集型产业容易产生大量污染物对地表水环境、地表热环境及大气环境带来压力，而香港支柱产业为知识密集型服务业，并制定一系列节能减排政策，如《建筑物能源效益守则》《碳审计指引》，相对产生的环境污染物较少。

10.6 资源环境利用效率比较

10.6.1 水资源利用效率

2000 ~ 2010 年，广深港万元 GDP 用水量的变化趋势如图 10-39 所示，可以看出，香港水资源利用效率最高，近 10 年来万元 GDP 用水量主要保持在 6 ~ 7m³；深圳市水资源利用效率逐步提高，2010 年万元 GDP 用水量比 2000 年减少 36m³；广州市水资源利用效率最低，虽然有明显提高，但其 2010 年万元 GDP 用水量仍高达 69.17m³，分别是深圳、香港的 3.5 倍、11 倍。这可能与城市经济结构相关，香港在 20 世纪 80 年代就确立了国际金融服务中心和贸易中心，其产业结构以第三产业为主，而第三产业具有水资源消耗量较小的特点，所以一直保持较高的水资源利用效率；深圳市第二产业与第三产业相当，但其第二产业主要为精细加工、电子制造等轻工业，所以有别于传统重化工业的高水耗特点，且随着深圳近年来的经济结构调整，不断推动产业高端化，所以其水资源利用效率逐步提高；广州市第二产业比例虽然与深圳市相当，但重工业在第二产业中的比例较大，故水资源利用效率低于深圳，但随着近年来的经济结构调整、生产工艺升级以及部分重化企业外迁，万元 GDP 用水量从 2000 年的 290.44m³ 下降到 2010 年的 69.17m³。总体来看，近 10 年广州、深圳水资源效率有显著提高，广州市 2000 年万元 GDP 用水量是香港的 44.61 倍，到

2010 年仅为香港的 11.45 倍，深圳市 2000 年万元 GDP 用水量是香港的 9 倍，到 2010 年仅为香港的 3 倍。

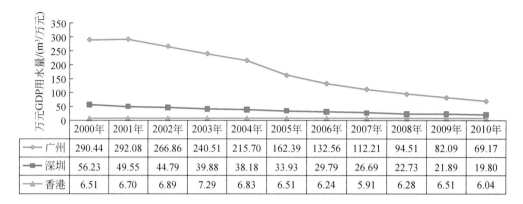

	2000年	2001年	2002年	2003年	2004年	2005年	2006年	2007年	2008年	2009年	2010年
广州	290.44	292.08	266.86	240.51	215.70	162.39	132.56	112.21	94.51	82.09	69.17
深圳	56.23	49.55	44.79	39.88	38.18	33.93	29.79	26.69	22.73	21.89	19.80
香港	6.51	6.70	6.89	7.29	6.83	6.51	6.24	5.91	6.28	6.51	6.04

图 10-39　2000～2010 年广深港水资源利用效率变化图

10.6.2　能源利用效率

2005～2010 年，广深港万元 GDP 能耗变化趋势如图 10-40 所示，可以看出，香港能源利用效率最高，万元 GDP 能耗基本稳定在 0.04tce；深圳市能源利用效率居中，万元 GDP 能耗呈稳定下降趋势，近 5 年万元 GDP 能耗减少 0.08tce；广州市能源利用效率最低，虽然近 5 年万元 GDP 能耗大幅下降，但 2010 年万元 GDP 能耗仍是香港的 15.15 倍。

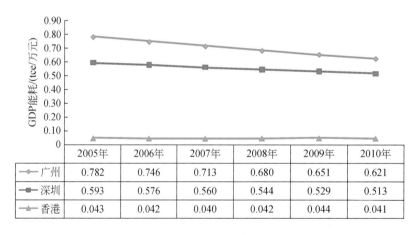

	2005年	2006年	2007年	2008年	2009年	2010年
广州	0.782	0.746	0.713	0.680	0.651	0.621
深圳	0.593	0.576	0.560	0.544	0.529	0.513
香港	0.043	0.042	0.040	0.042	0.044	0.041

图 10-40　2005～2010 年广深港单位 GDP 能耗变化图

10.6.3　环境利用效率

2000～2010 年，广深港万元 GDP SO_2 排放量变化趋势如图 10-41 所示，可以看出，香港环境利用效率最高，近 10 年万元 GDP SO_2 排放量呈波动下降，2010 年万元 GDP SO_2 排放量为 0.23kg；深圳市万元 GDP SO_2 排放量呈逐步下降趋势，2010 年万元 GDP SO_2 排放量仅为 2000 年的 1/5，与香港万元 GDP SO_2 排放水平接近；广州市万元 GDP SO_2 排放量显著下降，2010 年万元 GDP SO_2 排放量仅为 2000 年的 1/9。

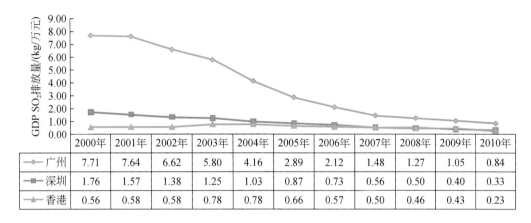

	2000年	2001年	2002年	2003年	2004年	2005年	2006年	2007年	2008年	2009年	2010年
广州	7.71	7.64	6.62	5.80	4.16	2.89	2.12	1.48	1.27	1.05	0.84
深圳	1.76	1.57	1.38	1.25	1.03	0.87	0.73	0.56	0.50	0.40	0.33
香港	0.56	0.58	0.58	0.78	0.78	0.66	0.57	0.50	0.46	0.43	0.23

图 10-41　2000～2010 年广深港单位 GDP SO_2 排放量变化图

本小节研究表明，在 3 个城市中，香港资源环境利用效率最高且保持稳定，广州资源环境利用效率最低，虽然万元 GDP 用水量、万元 GDP 能耗、万元 GDP SO_2 排放量均有显著下降，但仍远高于香港，节能减排空间仍然巨大；深圳市的第二产业主要以轻工制造业为主，其万元 GDP 消耗较多的为电能，而用水量、SO_2 排放量压力较小。

10.7　生态环境胁迫比较

10.7.1　人口密度

1980～2010 年，广深港单位土地面积人口密度变化趋势如图 10-42 所示。可以看出，香港单位土地面积人口密度最大，1980 年为 4524 人/km²，是广州的 10 倍、深圳的 25 倍，近 30 年呈缓慢增长趋势，2010 年单位土地面积人口密度为 6280.84 人/km²，相对 1980 年增长了约 38%；近 30 年，广州单位土地面积人口密度增长幅度在 3 个城市中居中，2010 年为 1744.25 人/km²，相对 1980 年增长了 280%；近 30 年，深圳单位土地面积人口密度呈快速增长趋势，2010 年接近香港，达到 5311.24 人/km²，相对 1980 年增长了 3000%。

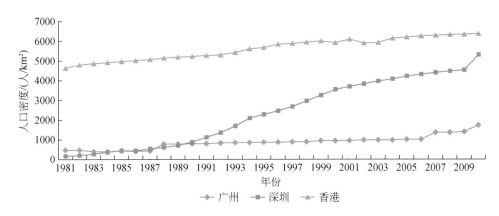

图 10-42　1980~2010 年广深港城市人口密度变化图

10.7.2　能源利用强度

2005~2010 年，广深港单位土地面积能源消耗量变化趋势如图 10-43 所示。可以看出，深圳市单位土地面积能源消耗量最大且持续上升，2010 年为 25 599.16tce/km²，约为广州的 3 倍、香港的 4 倍，近 5 年的年增长率为 11%；2005 年广州市能源利用强度与香港相当，之后出现明显增长，近 5 年的年增长率约为 10%；香港能源利用强度基本稳定，近5 年维持在 5800tce/km² 左右。

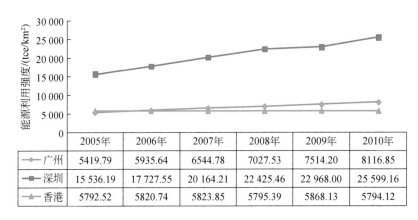

	2005年	2006年	2007年	2008年	2009年	2010年
广州	5419.79	5935.64	6544.78	7027.53	7514.20	8116.85
深圳	15 536.19	17 727.55	20 164.21	22 425.46	22 968.00	25 599.16
香港	5792.52	5820.74	5823.85	5795.39	5868.13	5794.12

图 10-43　2005~2010 年广深港单位土地面积能源消耗量变化图

10.7.3　大气污染强度

2000~2010 年，广深港 2000~2010 年单位土地面积 SO_2、烟尘排放量分别如图 10-44、图 10-45所示。由图 10-44 可以看出，香港单位土地面积 SO_2 排放强度高于广深两地，在 2004 年之前呈增长趋势，之后逐步下降，2010 年为 32.12t/km^2，比 2000 年 71.48t/km^2 降低 130%；近 10 年广州市单位土地面积 SO$_2$ 排放强度呈快速下降趋势，约降低了 110%；2000～2008 年，深圳市单位土地面积 SO$_2$ 排放量变化较为平稳，后两年有显著下降趋势。由图 10-45 可以看出，2000～2010 年广州市单位土地面积烟尘排放强度下降速度最快，2003 年前广州市单位土地面积烟尘排放量大幅高于香港、深圳，2003 年后低于香港、与深圳相当，这可能与近年来传统产业转移及广州市对重污染企业的大力整治相关；近 10 年，深圳、香港单位土地面积的烟尘排放处于较稳定水平。

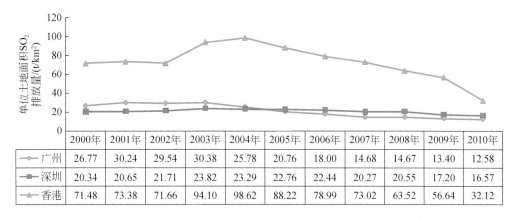

	2000年	2001年	2002年	2003年	2004年	2005年	2006年	2007年	2008年	2009年	2010年
广州	26.77	30.24	29.54	30.38	25.78	20.76	18.00	14.68	14.67	13.40	12.58
深圳	20.34	20.65	21.71	23.82	23.29	22.76	22.44	20.27	20.55	17.20	16.57
香港	71.48	73.38	71.66	94.10	98.62	88.22	78.99	73.02	63.52	56.64	32.12

图 10-44　2000～2010 年广深港单位土地面积 SO$_2$ 排放量变化图

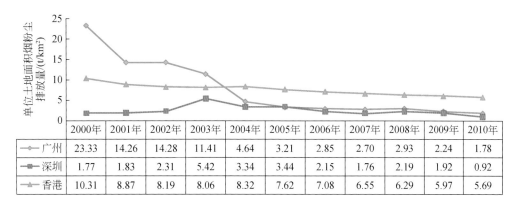

	2000年	2001年	2002年	2003年	2004年	2005年	2006年	2007年	2008年	2009年	2010年
广州	23.33	14.26	14.28	11.41	4.64	3.21	2.85	2.70	2.93	2.24	1.78
深圳	1.77	1.83	2.31	5.42	3.34	3.44	2.15	1.76	2.19	1.92	0.92
香港	10.31	8.87	8.19	8.06	8.32	7.62	7.08	6.55	6.29	5.97	5.69

图 10-45　2000～2010 年广深港单位土地面积烟粉尘排放量变化图

10.7.4　经济活动强度

1980～2010 年，广深港单位土地面积 GDP 变化趋势如图 10-46 所示。可以看出，香港单位土地面积上承载的 GDP 最大，经济活动强度在 1997 年回归之前，呈显著增长趋势，之后呈波动上升，截至 2010 年，每平方公里土地承载的 GDP 为 140 075 万元，是广州的

9.5 倍、深圳的 2.85 倍；近 30 年，广州、深圳的经济活动强度均呈上升趋势，但深圳高于广州，尤其 1995 年后深圳单位土地面积 GDP 快速增长，与广州迅速拉开差距，但与香港比较仍有较大差距，充分说明了广州、深圳的土地集约经营、规模效益还比较低。

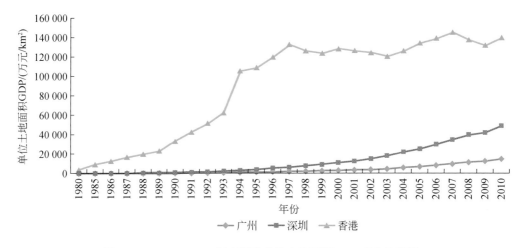

图 10-46　2000～2010 年广深港单位土地面积 GDP 变化趋势图

　　本小节研究表明，人类活动对香港自然资源和生态环境构成的压力最小，除单位土地面积能源消耗量较小外，单位土地面积的人口数量、污染物排放量、GDP 规模 3 项指标均要大于广州、深圳；近年来深圳市人口数量急剧增长、经济综合实力迅速提升，但由于土地空间有限，已逐步显现出经济发展和土地资源制约的矛盾，如何从传统粗放、外延型发展模式向集约化、高端化转型，实现城市土地承载力的提升已迫在眉睫；在 3 个城市中广州土地面积最大，仍拥有一定规模的土地储备，可保障其城市建设用地的供应，因此对生态环境胁迫压力也最小。

第 11 章　珠三角生态安全格局

根据珠三角生态安全的需求，通过评价区域水源涵养、生物多样性保护、自然文化景观、水土保持和生态防护 5 个关键生态系统服务功能的重要性，识别生态系统服务功能极重要地区，综合相关空间管理政策与规划，构建珠三角区域生态安全格局。

11.1　生态安全格局构建思路

生态安全是指国家或区域尺度上人们所关心的气候、水、空气、土壤等环境和生态系统的健康状态，是人类开发自然资源的规模和阈限。针对区域性生态环境问题及其干扰来源的特点，通过合理构建区域生态格局来实施管理对策抵御生态风险是目前区域生态环境保护研究的新需求，也是生态系统管理能否成功的关键步骤。区域生态安全格局是针对区域生态环境问题，在干扰排除的基础上，能够保护和恢复生物多样性，维持生态系统结构和过程的完整性，实现对区域生态环境问题有效控制和持续改善的区域性空间格局。

如图 11-1 所示，本章以构建珠三角区域生态安全格局为目标，采用不同尺度的景观空间数据，通过识别关键性生态问题和关键性生态系统服务，进行生态服务重要性评价，

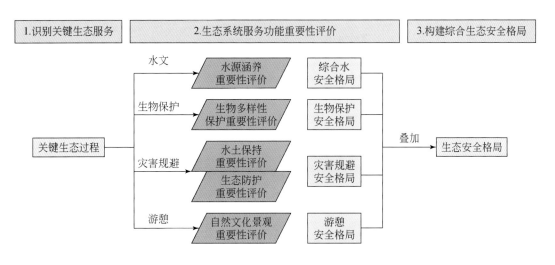

图 11-1　珠三角区域生态安全格局分析框架

叠加单一过程的生态安全格局，最终构建区域综合生态安全格局。在生态系统服务功能重要性评价过程中，分别从水源涵养、生物多样性保护、水土保持、生态防护、自然文化景观等方面进行生态系统服务重要性评价。对维护生态过程的健康和安全具有关键意义的景观元素、空间位置和联系进行合理设计、组合与布局，得到由点、线、面、网组成的多目标，多层次和多类别的空间配置方案。通过构建综合生态安全格局，实现土地资源的可持续利用，使区域生态环境问题得到持续改善。

11.2　生态服务功能评价

11.2.1　关键生态系统服务功能辨识

根据珠三角生态安全的需求，保护关键生态系统服务功能主要有水源涵养、提供动植物生境、水土保持、污染物净化、调节气候、生态防护、景观美学等方面。针对不同的生态系统服务功能类型，利用 GIS 空间分析等技术评价每项生态系统服务功能重要性的空间特征（评价结果分四级：极重要、重要、比较重要、一般），确定生态系统服务功能重要区域，结合珠三角已经划定的生态保护相关的管制区域，确定区域最终的生态保护重要区域。

11.2.2　水源涵养重要性评价

在 GIS 相关软件的支持下，对生态系统水源涵养结果进行标准化，按照自然断点分级法把水源涵养重要性评估单元划分为极重要 [0.73~1]、重要 [0.54~0.73)、比较重要 [0.26~0.54)、一般 [0~0.26) 四个等级。

$$SSC = (SC_x - SC_{min}) / (SC_{max} - SC_{min}) \tag{11-1}$$

式中，SSC 为标准化后的值；SC_x 为各评价单元生态系统水源涵养量；SC_{max} 与 SC_{min} 分别为生态系统水源涵养量的最大值与最小值。

利用降水储存量法对区域生态系统水源涵养重要性评价的基础上，通过 GIS 空间叠加运算的分析方法，把珠三角区域范围内的水源涵养林纳入水源涵养极重要的区域范围内并参与统计（图 11-2）。珠三范围内的水源涵养林总面积约为 3573.9 km²，珠三角水源涵养极重要和重要区域的面积分别 8552.7 km² 和 19 229.7 km²，分别占珠三角面积的 15.6% 和 35.1%，主要分布在惠州市、肇庆市、江门市及广州市的中北部地区，对这些区域的有效管理将有利于保障珠三角区域水安全（表 11-1）。

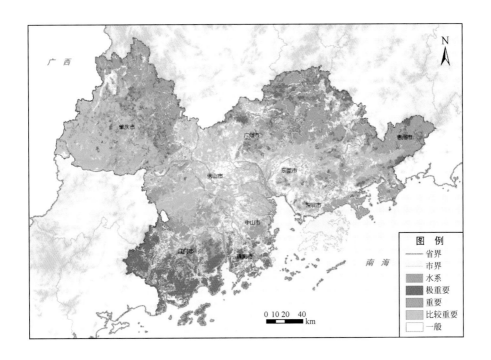

图 11-2　水源涵养重要性评价

表 11-1　水源涵养重要性评价综合结果

类型	极重要	重要	比较重要	一般
面积/km²	8 552.7	19 229.7	15 210.9	11 760.7
比例/%	15.6	35.1	27.8	21.5

　　在珠三角水源涵养重要性评价的基础上，把珠三角区域范围内的饮用水水源一级保护区纳入水源涵养极重要的区域，把二级保护区纳入水源涵养重要区域，准保护区纳入比较重要区域。珠三角饮用水水源保护区如图 11-3 所示。珠三角现有地表水水源地 167 个，地表水源保护区 201 个，其中一级保护区 110 个，总面积为 491.3km²，占珠三角面积的 0.9%；二级保护区 78 个，总面积为 1244.0km²，占珠三角面积的 2.3%；准保护区 13 个，总面积为 218.4km²，占珠三角面积的 0.4%（表 11-2）。

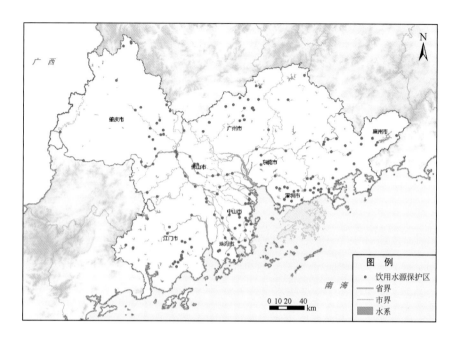

图 11-3　珠三角饮用水水源保护区

表 11-2　珠三角饮用水水源保护区面积

类型	极重要	重要	比较重要
饮用水水源保护区类型	一级保护区	二级保护区	准保护区
数量/个	110	78	13
面积/km²	491.3	1244.0	218.4
比例/%	0.9	2.3	0.4

11.2.3　生物多样性保护重要性评价

从生态系统保护角度开展生物多样性保护重要性评价（图 11-4）。采用生境质量指数来表征生物多样性维持功能的状况，应用 Invest 模型进行生物多样性维持功能评估，主要考虑居民地和农田对生物多样性的影响，以及不同生态系统对影响因子的敏感性。另外，把环境保护林、风景林、自然保护林、荷木林、红树林、天然起源的林地等作为极重要区域。

根据评估结果，生物多样性一般、比较重要、重要和极重要区域的面积分别占珠三角面积的 33.2%、15.8%、28.1% 和 22.9%（表 11-3）。

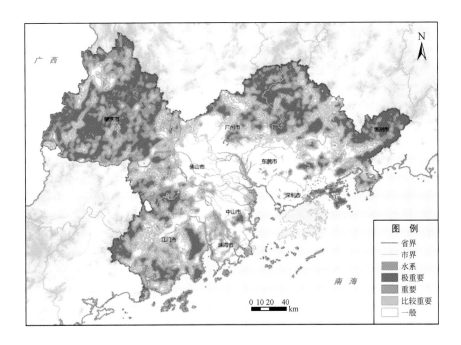

图 11-4　珠三角生物多样性保护重要性评价

表 **11-3**　珠三角生物多样性保护重要性评价结果

类型	极重要	重要	比较重要	一般
面积/km²	12 538.7	15 385.9	8 651.1	18 178.3
比例/%	22.9	28.1	15.8	33.2

　　珠三角地区现有自然保护区 85 个，其中，国家级自然保护区 5 个，省级自然保护区 17 个，市、县级自然保护区 63 个（表 11-4）。珠三角自然保护区作为生物多样性保护极重要区域，其分布如图 11-5 所示。

表 **11-4**　珠三角自然保护区面积

类型	国家级自然保护区	省级自然保护区	市、县级自然保护区
面积/km²	605.73	1989.61	1482.23
数量/个	5	17	63

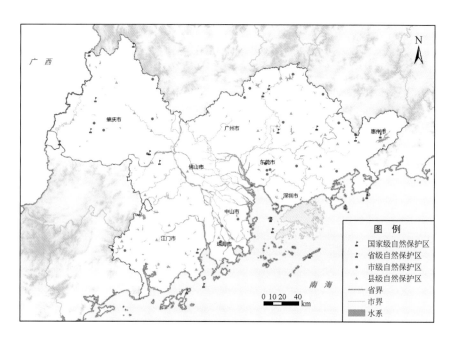

图 11-5　珠三角自然保护区分布

11.2.4　水土保持重要性评价

根据降雨、土壤、坡长坡度、植被和土地管理等因素获取潜在和实际土壤侵蚀量，以两者的差值即土壤保持量来评价生态系统土壤保持功能的强弱。

采用通用土壤流失方程 USLE（Wischmeier，1959；谢云等，2003）进行评价，包括自然因子和管理因子两类。

土壤侵蚀量 USLE 计算公式如下：

$$\mathrm{USLE} = R \cdot K \cdot \mathrm{LS} \cdot C \cdot P \tag{11-2}$$

土壤保持量 SC 计算公式如下：

$$\mathrm{SC} = R \cdot K \cdot \mathrm{LS} \cdot (1-C \cdot P) \tag{11-3}$$

式中，R 为降雨侵蚀力因子；K 为土壤可蚀性因子；LS 为坡长–坡度因子；C 为植被覆盖与管理因子；P 为水土保持措施因子。

将生态系统土壤保持功能评价结果进行标准化。标准化后的生态系统土壤保持功能划分为一般 [0～0.2)、比较重要 [0.2～0.4)、重要 [0.4～0.6)、极重要 [0.6～] 四个等级（图 11-6）。各等级面积分别占珠三角总面积的 67.2%、13.3%、7.8% 和 11.7%（表 11-5）。

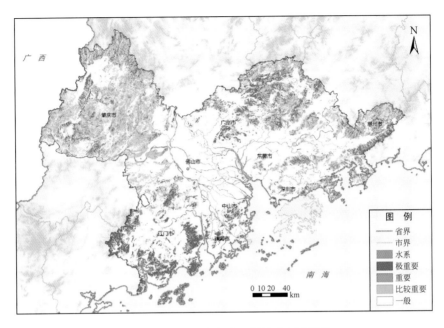

图 11-6　珠江三角洲水土保持重要性评价

表 11-5　珠三角水土保持重要性评价结果

类型	极重要	重要	比较重要	一般
面积/km²	6377.6	4288.6	7285.4	36 802.4
比例/%	11.7	7.8	13.3	67.2

11.2.5　生态防护重要性评价

珠三角地区正处在城市化快速发展时期，建设用地盲目蔓延情况严重，大量的生态用地被挤占，农田、林地等自然–半自然景观逐步转化为城镇居民用地、交通用地等城市人工景观。一些关键性的生态过渡带、节点和廊道没有得到有效保护，区域自然生态体系破碎化明显，缺乏区域控制性生态防护。建立生态防护区，有助于管控城市的无序蔓延和连绵发展，也可以将城市内部与周边的生态用地相连接，起到生态廊道的作用。

区域绿地、公路、湖泊以及河流可以为城市建设提供缓冲隔离空间，对城市的拓展形态进行调控。人类活动，如城市发展和农业活动是威胁河流生态系统健康的主要原因之一，河岸带植被对进入水体污染物具有过滤作用。参考其他地区，划定珠三角主要河流（东江、北江、西江、潭江河流干道和流溪河等）及沿岸 50m 缓冲区为极重要区域。

道路作为物质流通通道，促进区域社会经济发展的同时，也引发了如景观破碎化、汽车尾气排放引发空气污染等生态环境问题。公路防护的目的在于保护其物质运输功能和缓解道路对环境的生态影响。划定珠三角主要高速公路（两环八横十四纵）两侧50m缓冲区为极重要区域，湖泊、水库、沿海防护林和护岸林为重要区域，其他区域为一般地区（表11-6）。

表 11-6   生态防护重要性评价指标

类型	极重要	重要	一般
	珠三角主要河流沿岸50m缓冲区及河流本身，高速公路（两环八横十四纵）两侧50m缓冲区	湖泊、水库、沿海防护林、护岸林	其他地区

如表11-7所示，珠三角生态防护极重要和重要区域面积分别为1814.3km²和502.9km²，分别占珠三角面积的3.3%和0.9%（图11-7）。对这些区域的合理有效管理将为城乡发展提供缓冲和隔离空间，对城市的拓展形态进行调控，从而形成合理、有序的城乡空间结构和建设形态，对珠三角生态安全格局有着十分重要的作用。

表 11-7   生态防护重要性评价综合结果

类型	极重要	重要	一般
面积/km²	1814.3	502.9	52 436.8
比例/%	3.3	0.9	95.8

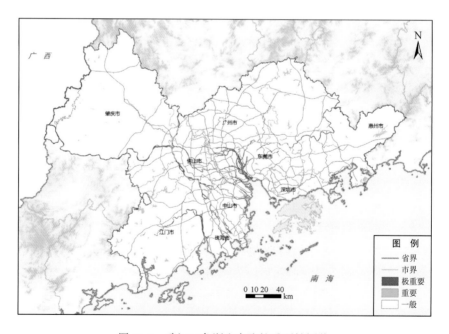

图 11-7   珠江三角洲生态防护重要性评价

11.2.6 自然文化景观保护

珠三角地区具有丰富的自然与人文景观资源，对各种类型景观资源的保护与可持续开发在珠三角的社会发展和生态保护方面具有重要意义。各地级市有风景名胜区、森林公园、湿地公园、地质公园等自然人文景观资源。例如，肇庆主要分布有星湖风景名胜区、广宁竹海国家森林公园、封开国家地质公园等；广州分布着历史街区与文物古迹，继承并发扬了城市传统文化，凸显了岭南古都风貌；深圳有中英街、客家村落、新安故城、大鹏所城、南头古城等历史文化资源；珠海有梅溪、金鼎会同、东澳铳城等历史人文古迹和传统村落；佛山有梁园、清晖园、东华里传统街区等具有岭南特色的历史文化街区、国家级、省级历史名镇名村和重点文物保护单位；江门有以世界文化遗产开平碉楼与村落为代表的传统民居和历史人文景观；东莞有虎门近代史迹等历史人文景观区，包括可园、西城楼、金鳌洲塔、同德街和南社–塘尾古村落等；中山有中心城区传统街区、南朗镇翠亨村中山故居等。

自然文化景观保护主要以珠三角已有的森林公园、风景名胜区、湿地公园、地质公园、人文资源点等为基础，确定自然文化景观资源保护的重点区域。自然文化景观保护极重要性地区主要包括世界级自然与文化遗产、国家级的自然文化景观资源点（如国家级森林公园等）、省级自然文化景观资源点（如省级森林公园）。

依据《广东省主体功能区规划》等相关材料，珠三角范围内现有世界级自然文化资源点 2 处，为惠州市惠东港口国家级海龟国际重要湿地和江门市开平碉楼与村落。国家级自然文化资源点有 22 处（包括风景名胜区 6 个、森林公园 10 个、湿地公园 2 个和地质公园 4 个）。省级自然文化资源点有 47 处（包括风景名胜区 6 个、森林公园 40 个和湿地公园 1 个）（图 11-8）。划定世界级自然与文化遗产、国家级和省级的自然文化景观资源点为自然文化景观极重要区域，总面积为 2037.2km²，约占珠三角陆域面积 3.8%（表 11-8）。

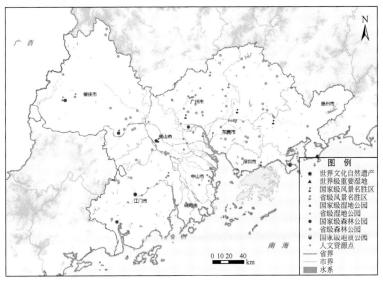

图 11-8 珠三角地区自然与文化景观空间分布图

表 11-8   自然文化景观保护区域面积

序号	类型	极重要区域/km²	占珠三角陆域面积比例/%
1	世界文化自然遗产	31.1	0.1
2	重要湿地、湿地公园	36.6	0.1
3	地质公园	490.7	0.9
4	森林公园	805.4	1.5
5	风景名胜区	673.4	1.2
合计		2037.2	3.8

资料来源：《广东省森林公园和湿地公园体系建设规划（2013—2017 年)》。

11.2.7   生态系统服务功能重要性综合评价

将水源涵养、生物多样性保护、水土保持和生态防护等单项生态系统服务功能评价极重要区进行空间叠加，得到珠三角生态服务功能综合重要区域。将现状建设用地扣除，最终确定珠三角重要生态保护用地分布。珠三角生态保护用地面积共 20 389.0 km²，占珠三角陆域面积的 37.2%。

珠三角重要生态用地连片区域主要分布在西、北、东的连绵山脉，包括江门天露山、肇庆鼎湖山与罗壳山、广州青云山脉、惠州南昆山与罗浮山。这些山脉是珠三角自然林群落、珍稀动物分布区，重要的水源涵养区，是珠三角区域的生态基本保障。珠三角平原区重要生态用地主要为河流水系与丘陵台地。东江、西江所形成的河网串联珠三角城市，部分河段是饮用水源保护区。平原区−山脉过渡带中分布有丘陵台地，包括广州白云山与帽峰山、江门古兜山、中山五桂山、深圳大岭山、东莞塘朗山、惠州白云嶂等。人工林地植被覆盖度较高，为城市提供自然文化观赏、生物栖息、生态防护等功能（图 11-9）。

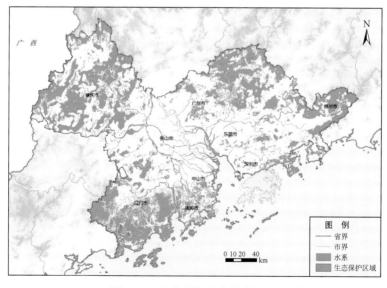

图 11-9   生态服务功能综合评价

11.3 生态安全格局构建

区域生态安全格局是针对区域生态环境问题，在干扰排除的基础上，能够维持生态系统结构和过程的完整性，实现对区域生态环境问题有效控制和持续改善的区域性空间格局（马克明等，2004）。生态安全格局的建立为生态要素的服务功能提供保障，在一定程度上改善珠三角生态环境问题。

基于生态服务功能分析结果，综合珠三角生态严格控制区、基本农田保护范围，综合《珠江三角洲城镇群协调发展规划（2004—2020 年)》《珠江三角洲环境保护一体化规划（2009—2020 年)》等规划，以景观生态学为指导，构建生态片区（屏障）–廊道–节点（绿核）构成的网络型生态空间格局。

11.3.1 珠三角现行生态保护区域

除了上述的生态保护重要区域外，有关部门已经划定的生态严格控制区、基本农田保护区，对生态安全格局构建具有重要参考意义。

11.3.1.1 生态严格控制区

《广东省环境保护规划纲要（2006—2020 年)》划定了陆域和近岸海域严格控制区，禁止所有与环境保护和生态建设无关的开发活动。

其中，陆域严格控制区包括两类区域：一是自然保护区、典型原生生态系统、珍稀物种栖息地、集中式饮用水源地及后备水源地等具有重大生态服务功能价值的区域；二是水土流失极敏感区、重要湿地区、生物迁徙洄游通道与产卵索饵繁殖区等生态环境极敏感区域。近岸海域严格控制区包括海洋自然保护区、珍稀濒危海洋生物保护区和红树林保护区等区域。

珠三角陆域严格控制区总面积为 7497.1km²，约占珠三角陆地面积的 13.7%（表 11-9），主要分布在惠州市、肇庆市、江门市及广州市的东北部地区（图 11-10）。珠三角近岸海域严格控制区面积为 398.2km²，主要分布在惠州市和珠海市。

表 11-9 珠三角各市陆域及近岸海域严格控制区面积统计表 （单位：km²）

序号	地区	陆域严格控制区面积	近岸海域严格控制区面积
1	广州市	858.41	0
2	深圳市	158.43	0
3	珠海市	31.79	170.2
4	佛山市	55.92	—
5	惠州市	1881.19	228
6	东莞市	15.68	0

序号	地区	陆域严格控制区面积	近岸海域严格控制区面积
7	中山市	9.86	0
8	江门市	1890.95	0
9	肇庆市	2594.87	—
合计		7497.1	398.2

资料来源：根据《广东省环境保护规划纲要（2006—2020年)》。

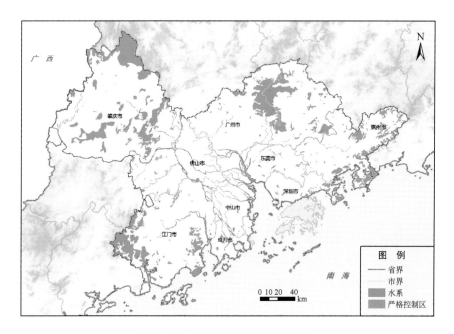

图 11-10　珠江三角洲严格控制区

11.3.1.2　基本农田保护区

根据《中华人民共和国基本农田保护条例》《广东省基本农田保护区管理条例》，基本农田是指保障本省国民经济稳定发展和人民生活基本需求的农业用地。基本农田保护区，是指为对基本农田实行特殊保护而依据土地利用总体规划和依照法定程序确定的特定保护区域。按照《广东省基本农田保护区规划》，划入基本农田保护区的农田分为一级和二级基本农田。其中旱涝保收产量较高的水稻田为一级基本农田，长期保护；保护区的其他农田为二级基本农田，保护期限到2020年。根据《广东省土地利用总体规划（2006—2020年)》，珠三角基本农田保护区总面积约7076.2km^2，占珠三角陆地面积的12.8%（表11-10），主要分布在惠州市、肇庆市、江门市及广州市的中北部地区（图11-11）。

表 11-10　珠三角各地市基本农田保护面积统计表

序号	地区	面积/km²	占珠三角陆地面积比例/%
1	广州市	1123.5	2.1
2	深圳市	20.0	0.0
3	珠海市	244.1	0.4
4	佛山市	486.6	0.9
5	惠州市	1267.2	2.3
6	东莞市	279.2	0.5
7	中山市	438.7	0.8
8	江门市	1721.8	3.1
9	肇庆市	1495.1	2.7
10	合计（珠三角）	7076.2	12.8

资料来源：根据《广东省土地利用总体规划（2006—2020 年)》数据整理。

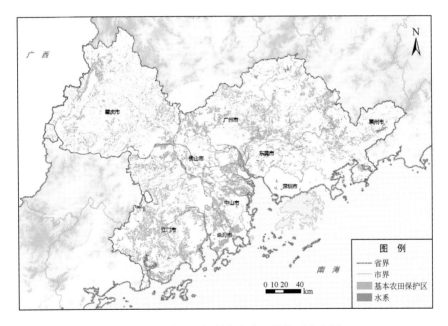

图 11-11　珠江三角洲基本农田保护区分布图

11.3.2　生态安全格局构建

本次研究通过搜集《珠江三角洲城镇群协调发展规划（2004—2020 年)》《珠江三角洲环境保护一体化规划（2009—2020 年)》《珠江三角洲地区生态安全体系一体化规划（2014—2020 年)》《珠江三角洲区域绿地规划管理办法》等资料，理清区域内重要生态要素与结构。基于生态综合重要性分析，综合生态严格控制区、基本农田保护要求，提出珠三角构建"一屏、一带、两江、三核、三区、网状廊道"的生态安全格局。保障组合多元化的自然开敞空间，实现区域可持续发展目标（图11-12）。

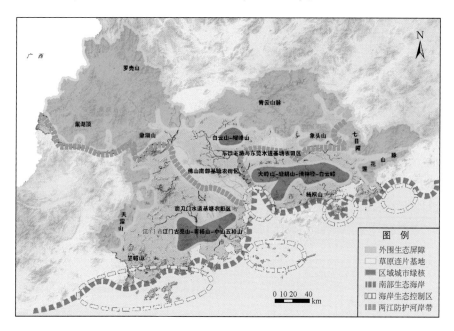

图 11-12　珠三角生态安全格局

（1）一屏：外围生态屏障

1）保护范围。

珠江三角洲西部、北部、东部多分布大型山脉形成外围生态屏障，包括江门恩平西部天露山区、肇庆鼎湖山–罗壳山、广州增城青云山、惠州南昆山、罗浮山，以及惠阳莲花山脉。

2）保护方向。

构筑珠三角陆域连绵山体生态屏障，保护生态服务功能重要区域、生态敏感性区域。

3）保护要点。

严格控制人口规模与开发强度，合理规划城镇发展布局，避免城镇、农业发展与交通干线对连绵山地的割裂。开展森林恢复工程，建设水源涵养林，加强水土流失及石漠化治理。完善肇庆鼎湖山、惠州南昆山、江门天露山等自然保护区建设体系，提升生境质量，保护珍稀濒危动植物物种。

（2）一带：南部生态海岸

1）保护范围。

珠江三角洲南部近海水域、三大湾区（环珠江口湾区、环大亚湾区、大广海湾区）、海岸山地屏障和近海岛屿为主体，包括大亚湾–稔平半岛、珠江口河口、万山群岛和川山群岛。

2）保护方向。

建设抵御海洋灾害的近海生态防护带，近海生物高质量栖息带。

3）保护要点。

加强海洋自然保护区、海洋公园、水产种质资源保护区的建设，推进海岸带生态修复。合理规划发展水产业、运输业和旅游业，加强排海环境管理与污染企业监督。保护沿海防护林，逐步改良林相结构，严禁毁、占林地。组织实施珠江口红树林湿地恢复，禁止破坏红树林，恢复湿地生态功能。严格控制滩涂围垦、填海和岛屿采沙，禁止破坏海洋生物种苗场、产卵场等。八大口门实行污染物排放总量控制，加强面源污染控制。

（3）两江：东江、西江防护岸带

1）保护范围。

东江、西江干流为主体，以及一定范围的河岸，串联沿江的丘陵、农田、防护绿带。

2）保护方向。

构建珠江口东西两岸重要的生态廊道，形成生态隔离带，避免珠中江、广佛肇、深莞惠三大都市区之间无序蔓延。

3）保护要点。

保护河流河岸的自然形态、控制水泥平滑护坡的建设。结合各市饮用水源保护、蓝线规划，重要河段划定一定范围的生态隔离区，严格控制河流两岸城镇向河道排入污染物。加强沿岸防护林和水源涵养林建设，宜用乡土树种。增设开辟湿地，实行湿地生态环境恢复，保护多样性的生境。

（4）三核：区域城市绿核

1）保护范围。

广州白云山–帽峰山绿核、江门古兜山–黄杨山–中山五桂山绿核、深圳–东莞–惠州邻接地区的大岭山–塘朗山–清林径–白云嶂绿核。

2）保护方向。

珠三角内部与外围山林间的生境较好的绿色开敞空间，也为周边市民的重要游憩场所。

3）保护要点。

加强沿岸防护林和水源涵养林建设，宜用乡土树种。强化区域绿核的完整性保护，避免城市扩张对绿核边界的破坏与蚕食。"复绿还林"，加快改造景观单调和生态稳定性差的林分。严禁毁林种果、开山采石，保护绿核整体景观。整合优势自然人文景点，建设森林公园，提高绿核的休闲活动品质。

（5）三区：平原连片基塘

1）保护范围。

佛山、增城、江门等地连片基塘农田，包括东江下游三角洲地区连片基塘、北江和西江干道之间连片基塘农田区、新会和斗门之间的成片农田区。

2）保护方向。

农业生产与隔离城市组团。

3）保护要点。

严格按照国家相关法规，保护片区内基本农田，禁止开发建设行为对基本农田的破坏。加强基塘农田保育建设，对条件较好的建设为高标准农田。对基塘农田片区内不符合功能要求的各类人工设施，应逐步迁出，并加强对基塘农田的恢复。

（6）网状廊道——都市生态廊道

1）保护范围。

西江、北江、东江干流及诸河水体，以及已建成的绿道与公路林带，串联山地、农田、郊野公园、风景名胜区组成。

2）保护方向。

珠三角规划绿道建设为基础，全面提升珠江三角洲地区绿道网络，加强都市之间的自然"斑块"联系，使生态廊道成为之间重要的生态过程连接通道。

3）保护要点。

加强修复绿道网络沿线的生态环境，改善林带景观。完善绿道五大系统，确立生态廊道景观界面，提升绿道休闲游憩服务功能。

|第 12 章|　珠三角生态环境评估结论与管理对策

珠三角区域在快速的城市化过程中引起了多方面的变化。2000～2010 年，珠三角各市在生态系统质量、环境质量、资源环境效率和生态环境胁迫等方面均存在着不同程度的"短板"。广州、深圳、佛山和东莞在资源环境效率上占优，生态系统质量、环境质量和生态环境胁迫则较低；珠海、江门、肇庆、惠州和中山在生态质量、环境质量领先，资源环境效率较低。2000～2010 年，珠海、江门、肇庆、惠州和中山 5 市的生态环境综合质量要优于广州、深圳、佛山、东莞 4 市，但总体呈下降趋势，广州、东莞 2 市则呈上升趋势。针对珠三角区域面临的生态环境问题，结合国家新常态下的城市化生态建设要求，对珠三角区域生态环境进行评估并提出管理对策。

12.1　生态环境效应综合评价

12.1.1　生态环境效应综合评价方法

基于区域尺度与重点城市尺度的评价指标体系，采用综合指数法，采用自然植被比例、植被景观破碎度、植被生物量、河流监测断面水质优良率、全年 API 指数小于（含等于）100 的天数占全年天数的比例、酸雨强度、热岛效应强度 7 个生态环境质量指标，构建生态环境质量综合指数（comprehersive eco-environmental quality index，CEQI），用来反映各市生态环境综合质量状况。通过对生态环境质量综合指数的核算，来评估珠三角生态环境质量状况和城市化效应，评估的时间节点为 2000 年、2005 年和 2010 年。

$$\text{CEQI}_i = \sum_{j=1}^{m} w_j r_{ij}$$

式中，CEQI_i 为第 i 市生态环境综合质量指数；w_j 为各指标相对权重；r_{ij} 为第 i 市各指标的标准化值；m 为评价指标个数，$m=7$。

12.1.2　评价结果

在生态环境综合指数整体排序中，广州、深圳、佛山、东莞 4 个重点城市低于其他 5 个城市。在变化趋势上，珠海、江门、肇庆、惠州和中山 5 市呈下降趋势，4 个重点研究城市中，广州、东莞转好，深圳、佛山持续转差。珠三角生态环境综合质量可分为三个层次，最高的前三位城市为肇庆、惠州与江门，指数值10年间均在60以上；中山、珠海为第二层次；广深佛莞四市生态环境综合指数属珠三角末尾，其中东莞生态环境指数最低（图12-1）。

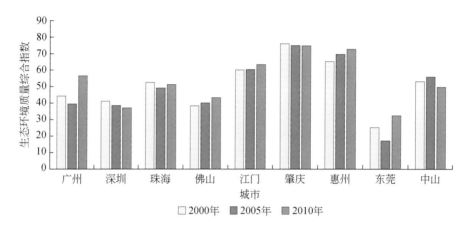

图 12-1　珠三角各市生态环境质量综合指数图

在广州、深圳、佛山、东莞4个城市中，广州为生态环境质量指数最高的城市，由于举办亚运会而投入的城市生态建设使得指数在2010年有明显提高；深圳、佛山均呈下降变化，原因是两市自然生态系统与农田比例分别下降5.3%和5.8%，以及城市热岛强度分别升高11.2%和80.8%；东莞虽然为指数最低的城市，但该市植被破碎度下降26.6%、生物量增加24.6%、API二级天数比例增加10.2%，使其综合生态环境质量呈上升的趋势。其余5市中，肇庆总体指数值最高，但十年间生态环境质量有所下降，酸雨对其下降影响较大，2010年酸雨pH比2000年下降9.9%；江门和惠州得益于河流水环境转好，河流水体优于Ⅲ类的比例增加了1.2%和44.0%，表现为生态环境质量提升；珠海与中山整体表现为下降趋势。

12.2　本书主要评价结论

1980~2010年，珠三角区域迅速发展，其城市化过程在多个方面取得了瞩目的成就。珠三角区域已发展成为国际大型城市群，至2010年，珠三角城镇人口比例达82.72%，领先广东省与全国水平。1990~2000年为珠三角城市化大发展时期，2000~2010年增速放缓。珠三角城市化水平存在核心–边缘空间差异，环珠江口城市的城市化程度较高，江门、肇庆、惠州则较低。2000~2010年，重点城市建成区城市化指标提高，2000~2005年提升较大，其后城市化进程放缓。

1980~2010年，珠三角城镇生态系统增加面积超过1倍，1990~2000年增长速率最大达66.49%，2000~2010年城镇增长率放缓，仅为30.8%。经过30年发展，珠三角逐步向多核心、网络化模式演变，形成城镇连绵带。

1980～2010 年，珠三角植被斑块保留较好，绿地面积仅下降 3.22%。2000～2010 年珠三角植被生物量蓄积量升高 6.9%，生态质量转好。珠三角区域中肇庆、江门、惠州生态质量较好。

2000～2010 年，珠三角城市区域河流水环境未得到较好改善，下游河流承接较多上游河流的污染物，跨界河流水质问题突出。其中产业结构、人口密度、河网变化及污水管网建设为小流域水环境改善的主要因素。珠三角土壤环境不容乐观，部分城市重金属超标突出。珠三角大气环境整体转好，API 优良天数比例呈上升趋势，但仍属于重酸雨区，区域复合型污染问题显著。

珠三角正由劳动密集型向集约效率型发展转变，整体资源环境效率提高。各项生态胁迫均呈上升变化，珠三角生态系统受经济社会活动的干扰加强，资源消耗与污染排放物压力加大，城市热岛强度升高。

1960 年以来，随着珠江口城市化的快速发展，海岸线不断向海洋一侧推进，且自然岸线显著减少，自然形成的湿地也日趋缩小。但在地方政府的关注下，自然保护区内及一些人工育成的湿地面积明显扩大。

2000～2010 年，珠三角各市在生态质量、环境质量、资源环境效率和生态环境胁迫均有不同的"短板"。重点城市主要以资源环境效率占优，生态质量、环境质量和生态环境胁迫较低。非重点城市在生态质量、环境质量领先，资源环境效率落后于重点城市。在十年变化中，非重点城市生态环境质量优于重点城市，但非重点城市生态环境综合质量均呈现下降趋势，广州、东莞生态环境综合质量转好。

12.3　生态环境管理对策

12.3.1　推动区域绿色发展，建设绿色珠三角

围绕节约资源和保护环境的基本国策，坚持可持续发展，坚定走生产发展、生活富裕、生态良好的文明发展道路，着力推进发展模式转型，提高城市资源利用效率，实施节能减排、节约集约用地、环保倒逼等战略措施，加快构建资源节约、环境友好的生产方式和消费模式，推动珠三角地区在生态保护红线划定、水气土污染防治三大战役、环境治理体系建设、海岸带湿地生态保护等方面先行先试，积极探索新常态下经济发展和环境保护双赢的绿色发展新模式，带动粤东西北地区实现经济和环境协调跨越发展，为建设珠三角绿色城市群目标提供环境保障。

12.3.2　划定生态保护红线，优化生态格局

1）划定珠三角地区生态保护红线。在广东省主体功能区规划的基础上，将珠三角的自然保护区、集中式饮用水源保护区、湿地、水体等 15 类重要区域划为生态保护红线区

域，明确区域边界，建立生态红线空间数据库与信息平台，实行精细化管理。

2）明确生态保护红线区域管控要求。由省政府牵头，成立省城乡规划、国土、环保、林业等部门参加的组织协调机构，负责制定珠三角生态红线实施的法规与政策，统筹各部门与地市的生态红线审批决策，协调与审议生态红线管理中的重要事项，明确各类型生态用地保护和管控要求。制定生态保护绩效考核制度，依据各市生态环境现状，定期开展生态红线内的大气环境、水环境、生物多样性、林分质量等调查，评估生态红线区域主导生态系统功能的变化。

3）优化生态格局。通过加强区域内重要生态斑块建设，建立其相互连接的生态廊道，并通过在重要的生态保护区域建立森林公园或者生态保护区集群的方式，构建珠三角生态安全格局。

12.3.3 强化大气污染防治，切实改善区域环境空气质量

1）继续推进区域大气污染联防联控工作。坚持统一规划、统一监测、统一监管、统一评估、统一协调原则，形成区域联防联控新机制，推进实施珠三角清洁空气行动计划，督促区域内各市承担共同但有区别的责任，共同推进珠三角地区大气污染治理。

2）深化污染源治理。实施石油、化工、家具制造等典型行业挥发性有机物排放治理，降低 VOCs 的排放总量。深化燃煤电厂、水泥及工业锅炉等重点污染源污染减排与脱硫脱硝。强化机动车污染防治，推动交通行业污染控制，加快黄标车淘汰。

3）优化产业结构与布局。严格控制高耗能、高污染行业新增产能，加快淘汰落后产能力度。调整产业发展格局，重点加强对钢铁、石化、火电等重污染企业规划选址的科学论证，对各地环境敏感地区及城市建成区内已建的重污染企业实施环保搬迁和提升改造工作，推进产业集聚发展。

4）严格执行大气污染排放标准。珠三角地区火电、钢铁、石化、水泥、有色、化工六大行业及燃煤锅炉项目执行大气污染物特别排放限值。

12.3.4 综合整治水环境，实现南粤水更清

1）控制工业污染排放。取缔造纸、制革、印染、染料等"十小"企业，强化工业集聚区水污染治理。全面推行排污许可制度，禁止无证排污或不按许可证规定排污。

2）完善跨界水污染联防联治机制。跨界水质问题是珠三角区域性问题，也是珠三角水环境治理的难点。应建立跨界水环境水质监测平台，完善跨行政区河流交界断面水质自动监测网络，加强对跨界水环境的实时监控。建立区域联合调查机制，定期开展区域联合执法，建立跨界河流水污染综合防治体系。

3）系统治理重污染水体，加强良好水体保护。全面排查区域内水体环境现状，建立劣V类河流、富营养化湖库、黑臭水体等污染严重水体清单，制定整治方案，系统推进流域污染综合治理，构建区域绿色生态水网。强化城市建成区黑臭水体治理，将黑臭水体治

理与海绵城市、防洪排涝、生态水网建设相结合，打造水清、岸绿、景美的宜居水环境。对江河源头及现状水质达到或优于Ⅲ类的江河湖库开展生态环境安全评估，制定和实施生态环境保护方案。

4）完善污水处理系统。推进现有污水处理设施配套管网建设，城镇新区建设均实行雨污分流，珠三角地级以上城市建成区污水基本实现全收集、全处理。加快城镇污水处理设施建设与改造，实现区域内县域、镇、村污水处理设施全覆盖。污水处理设施产生的污泥应进行稳定化、无害化和资源化处理处置。

5）严格执行水污染物排放标准。严格执行《广东省水污染物排放限值》《汾江河流域水污染物排放标准》等地方标准，区域内电镀、制浆造纸、合成革与人造革、制糖4个行业执行国家排放标准水污染物特别排放限值。

12.3.5　多措并举，确保土壤环境安全

1）源头防控。坚持保护优先，预防为主的原则，从源头上控制土壤新增污染。严控矿产资源开发污染土壤，加强尾矿库的安全监管。加强涉重金属行业污染防控，严格执行重金属污染物排放标准。控制农业污染，推广测土配方施肥，合理使用化肥农药，加强废弃农膜回收利用、强化畜禽养殖污染防治。减少生活垃圾、污泥等生活污染，规范垃圾处理厂和污水处理厂渗滤液监管。

2）摸清家底。结合已有调查结果，开展土壤环境质量详查，查明农用地土壤污染的面积、分布，掌握建设用地中污染地块分布及其环境风险。

3）分类管理。按照农用地、建设用地、未利用地分类施策。对农用地按照污染程度实施分类管理，对建设用地按不同用途实施准入管理，对未利用地提出污染预防措施。

4）完善政策标准，强化科技支撑。明确受污染土壤调查、评估和治理修复的程序和要求，研究建立土地用途改变及流转中土壤污染状况强制调查评估制度，开展污染场地风险评价筛选值等研究。设立土壤污染治理修复技术专题，重点支持土壤重金属和持久性有机污染物治理修复技术研究及推广应用，加强修复技术和设备的引进与本土化。

5）明确地方政府、部门和企业责任。落实土壤污染防治属地责任，明确各部门职责，各司其职，协同做好土壤污染防治工作。同时，按照"谁污染、谁治理"的原则，造成土壤污染的单位或个人要承担治理与修复的主体责任。

12.3.6　加强保护与修复，促进海岸带湿地系统合理利用与健康发展

1）保护海洋生态。执行围填海管制计划，严格围填海管理和监督，尽快清除不符合规划的围垦工程。严格控制岛屿采沙活动，积极进行采沙地的复绿工作，逐步恢复因采沙破坏的生态环境。加强自然海岸线保护，调整不符合海洋功能区划的海域使用项目。开展海洋生态补偿及赔偿等研究，实施海洋生态修复。

2）开展重点河口、海湾、港口和渔港环境污染治理。控制和削减周边工业废水、城

镇生活污水、农业面源污水和海域污染源的污染物排海总量，建立和完善含油污水、废弃垃圾的接收处理设施；建立环境保护监测站点，强化监督管理。

3）开展湿地保护与修复。加强滨河（湖）带生态建设，在河道两侧建设植被缓冲带和隔离带。禁止侵占自然湿地等水源涵养空间，已侵占的要限期恢复。在合适区域新建湿地公园，或者将部分现有的以湿地为主题的公园发展建设成湿地公园，逐步扩大湿地公园范围，建立布局合理、类型齐全、特色明显、管理规范的珠三角湿地公园体系。对具备条件的湿地资源，建立湿地自然保护区予以加强保护。

参 考 文 献

蔡雪娇，程炯，吴志峰，等．2012．珠江三角洲地区高速公路沿线景观格局变化研究．生态环境学报，21（1）：21-26．

陈明星，陆大道，张华．2009．中国城市化水平的综合测度及其动力因子分析．地理学报，（04）：387-398．

陈仁杰，陈秉衡，阚海东．2010．我国113个城市大气颗粒物污染的健康经济学评价．中国环境科学，（03）：410-415．

陈燕，蒋维楣，郭文利，等．2005．珠江三角洲地区城市群发展对局地大气污染物扩散的影响．环境科学学报，（05）：700-710．

陈玉娟，温琰茂，柴世伟．2005．珠江三角洲农业土壤重金属含量特征研究．环境科学研究，（3）：75-77．

陈云浩，冯通，史培军，等．2006．基于面向对象和规则的遥感影像分类研究．武汉大学学报（信息科学版），31（4）：316-320．

陈云明，刘国彬，郑粉莉，等．2004．RUSLE侵蚀模型的应用及进展．水土保持研究，4：80-83．

崔小新，郭睿．2006．茅洲河流域水文特性．中国农村水利水电，（09）：57-58．

邓世文，阎小培，朱锦成．1999．珠江三角洲城镇建设用地增长分析．经济地理，（04）：80-84．

窦浩洋，张晶晶，赵昕奕．2010．珠江三角洲城市热岛空间分布及热岛强度研究．地域研究与开发，（4）：72-77．

段翰晨，王涛，薛娴，等．2012．科尔沁沙地沙漠化时空演变及其景观格局．地理学报，67（7）：917-928．

高杨，黄华梅，吴志峰．2010．基于投影寻踪的珠江三角洲景观生态安全评价．生态学报，（21）：5894-5903．

广东省生态环境与土壤研究所．2009．广东省珠江三角洲经济区农业地质与生态地球化学调查项目——农田生态地球化学评价．

广东省水利厅．2015．2014年广东省水资源公报．http：//epaper．southcn．com/nfdaily/html/2015-07/20/content_7450665．htm［2015-07-20］．

胡振宇．2004．珠江三角洲重金属排放及空间分布规律研究．广州：中国科学院研究生院（广州地球化学研究所）博士学位论文．

胡晓宇，李云鹏，李金凤，等．2011．珠江三角洲城市群PM10的相互影响研究．北京大学学报（自然科学版），（03）：519-524．

黄金川，方创琳．2003．城市化与生态环境交互耦合机制与规律性分析．地理研究，（02）：211-220．

贾明明．2014．1973～2013年中国红树林动态变化遥感分析．长春：中国科学院研究生院（东北地理与农业生态研究所）博士学位论文．

蒋有绪．2005．不必辨清"生态环境"是否科学．中国科技术语，（2）：27．

李铖，李芳柏，吴志峰，等．2015．景观格局对农业表层土壤重金属污染的影响．应用生态学报，（04）：1137-1144．

李芳柏，刘传平，张会化，等．2013．珠江三角洲地区土壤环境质量状况及其污染防治对策：广东可持续发展研究．

李静，张鹰．2012．基于遥感测量的海岸线变化与分析．河海大学学报（自然科学版），（02）：224-228．

李少跃，日泓．2001．试论水资源合理配置和承载能力概念与可持续发展之间的关系．水科学进展，12（3）：307-313．

李延明，张济和，古润泽. 2004. 北京城市绿化与热岛效应的关系研究. 中国园林，20（1）：72-75.

李志博. 2006. 长江三角洲土壤中重金属分布特征、分配模型及风险评估研究. 南京：中国科学院南京土壤研究所博士学位论文.

李志刚，李郇. 2008. 新时期珠三角城镇空间拓展的模式与动力机制分析. 规划师，（12）：44-48.

梁颖瑜. 2015. 珠江三角洲湿地公园设计研究. 广州：华南理工大学硕士学位论文.

廖金凤. 2001. 城市化对土壤环境的影响. 生态科学，20（1）：91-95.

刘其. 2007. 物理学概论. http://www.chinahrd.net/renliziyuan_ yjh［2007-10-11］.

刘艳艳，王少剑. 2015. 珠三角地区城市化与生态环境的交互胁迫关系及耦合协调度. 人文地理，（03）：64-71.

刘耀彬，李仁东，张守忠. 2005. 城市化与生态环境协调标准及其评价模型研究. 中国软科学，（05）：140-148.

刘英对. 1999. 珠江三角洲主要城市效区农业土壤的重金属研究. 广州：中山大学硕士学位论文.

龙绍双. 2002. 广州市城市功能选择与培育. 城市发展研究，（01）：22-25.

陆发熹. 1988. 珠江三角洲土壤. 北京：中国环境科学出版社.

罗承平，刘新媛. 1997. 珠江三角洲经济区水环境规划. 水利学报，（06）：72-77.

罗佩. 2007. 深圳城市形态演进研究. 广州：中山大学博士学位论文.

罗彦等. 2015. 珠三角新型城镇化与城乡统筹规划. 北京：中国建筑工业出版社.

马克明，傅伯杰，黎晓亚，等. 2004. 区域生态安全格局：概念与理论基础. 生态学报，24（4）：761-768.

毛蒋兴，李志刚，闫小培，等. 2008. 深圳土地利用时空变化与地形因子的关系研究. 地理与地理信息科学，（02）：71-76.

欧向军，甄峰，秦永东，等. 2008. 区域城市化水平综合测度及其理想动力分析——以江苏省为例. 地理研究，27（5）：993-1002.

欧阳婷萍. 2005. 珠江三角洲城市化发展的环境影响评价研究. 广州：中国科学院广州地球化学研究所博士学位论文.

潘月云，李楠，郑君瑜，等. 2015. 广东省人为源大气污染物排放清单及特征研究. 环境科学学报，（09）：2655-2669.

彭少麟，方炜. 1995 南亚热带森林演替过程生物量和生产力动态特征. 生态科学，（02）：1-9.

彭盛华，尹魁浩，梁永贤，等. 2011. 深圳市河流水污染治理与雨洪利用研究. 环境工程技术学报，（06）：495-504.

彭溢，廖国威，陈纯兴，等. 2014. 茅洲河污染来源分析及治理对策研究. 广东化工，（15）：191-192.

钱乐祥，丁圣彦. 2005. 珠江三角洲土地覆盖变化对地表温度的影响. 地理学报，（05）：761-770.

钱正英，沈国舫，刘昌明. 2005. 建议逐步改正"生态环境建设"一词的提法. 科技术语研究，（02）：20-21.

乔标，方创琳，李铭. 2005. 干旱区城市化与生态环境交互胁迫过程研究进展及展望. 地理科学进展，24（06）：31-41.

深圳市规划与国土资源局. 1998. 深圳市土地资源. 北京：中国大地出版社.

沈建法，冯志强，黄钧尧. 2006. 珠江三角洲的双轨城市化. 城市规划，（03）：39-44.

施雅风，曲耀光. 1992. 乌鲁木齐河流域水资源承载力及其合理利用. 北京：科学出版社.

史培军，于德永，江源，等. 2012. 景观城市化与生态基础设置建设——以深圳为例. 北京：科学出版社.

宋成军，张玉华，刘东生，等 . 2009. 土地利用/覆被变化（LUCC）与土壤重金属积累的关系研究进展 . 生态毒理学报，（05）：617-624.

苏伟，李京，陈云浩，等 . 2007. 基于多尺度影像分割的面向对象城市土地覆被分类研究——以马来西亚吉隆坡市城市中心区为例 . 遥感学报，11（04）：521-530.

孙铁钢，肖荣波，蔡云楠，等 . 2016. 城市热环境定量评价技术研究进展及发展趋势 . 应用生态学报，（08）：1-16.

覃志豪，Zhang M H，Karnieli A，等 . 2001. 用陆地卫星 TM6 数据演算地表温度的单窗算法 . 地理学报，（04）：456-466.

唐守正 . 2005. 科学用词必须准确 . 中国科技术语，（2）：26.

陶林 . 2009. 城市水环境变化及其驱动力研究——以南昌市为例 . 南昌：南昌大学硕士学位论文 .

田银生 . 1999. 自然环境——中国古代城市选址的首重因素 . 城市规划汇刊，（04）：28-29.

王翠萍，匡耀求，黄宁生，等 . 2007. 广东火电厂排放的大气污染物分布特征 . 地球与环境，（01）：69-73.

王开泳，陈田 . 2009. 珠江三角洲都市经济区的发展特征分析 . 热带地理，（01）：31-36.

王孟本 . 2003. "生态环境" 概念的起源与内涵 . 生态学报，（09）：1910-1914.

王孟本 . 2006. 关于 "生态环境" 一词的几点商榷 . 科技术语研究，（04）：33-34.

王如松 . 1988. 高效、和谐——城市生态调控原则及方法 . 长沙：湖南教育出版社 .

王如松 . 2005. 生态环境内涵的回顾与思考 . 科技术语研究，（02）：28-31.

王少剑，方创琳，王洋 . 2015. 京津冀地区城市化与生态环境交互耦合关系定量测度 . 生态学报，（07）：2244-2254.

王淑兰，张远航，钟流举，等 . 2005. 珠江三角洲城市间空气污染的相互影响 . 中国环境科学，（02）：133-137.

王树功 . 2005. 珠江河口区典型湿地景观演变及调控研究 . 广州：中山大学博士学位学位论文 .

王帅，杜丽，王瑞斌，等 . 2013. 国内外环境空气质量指数分析和比较 . 中国环境监测，（06）：58-65.

王志铭，王雪梅，李伟铿，等 . 2012. 珠三角 SO_2 污染区划及来源的定量研究 . 环境科学与技术，（01）：139-145.

吴蒙，彭慧萍，范绍佳，等 . 2015. 珠江三角洲区域空气质量的时空变化特征 . 环境科学与技术，（02）：77-82.

肖荣波，欧阳志云，蔡云楠，等 . 2007. 基于亚像元估测的城市硬化地表景观格局分析 . 生态学报，27（8）：3189-3197.

徐涵秋 . 陈本清 . 2003. 不同时期的遥感热红外图像在研究城市热岛变化中的处理方法 . 遥感技术与运用，18（3）：129-133.

徐进勇，张增祥，赵晓丽，等 . 2013. 2000～2012 年中国北方海岸线时空变化分析 . 地理学报，68（5）：651-660.

徐晟徽，郭书海，胡筱敏，等 . 2007. 沈阳张士灌区重金属污染再评价及镉的形态分析 . 应用生态学报，（09）：2144-2148.

徐祥功，任丽军，刘明，等 . 2015. 黄河三角洲地区城市化测度与水环境系统耦合关系 . 水资源保护，31（3）：33-39.

许慧，肖大威 . 2013. 快速城市化阶段城镇空间演变机制研究——以深圳茅洲河流域为例 . 华中建筑，（03）：81-84.

许文安，胡嵋华，曾绮微，等 . 2009. 广州南沙区湿地现状和保护策略 . 湿地科学与管理，（03）：41-43.

许学强，李郇 . 2009. 改革开放 30 年珠江三角洲城镇化的回顾与展望 . 经济地理，（01）：13-18.

薛凤旋，杨春.1995.外资影响下的城市化——以珠江三角洲为例.城市规划，（06）：21-27.

薛凤旋，杨春.1997.外资：发展中国家城市化的新动力——珠江三角洲个案研究.地理学报，（03）：3-16.

阳含熙.2005.不应再采用"生态环境"提法.科技术语研究，（02）：36.

杨芳，潘晨，贾文晓，等.2015.长三角地区生态环境与城市化发展的区域分异性研究.长江流域资源与环境，（07）：1094-1101.

杨国义，罗薇，张天彬，等.2007.珠江三角洲典型区域农业土壤中镍的含量分布特征.生态环境，（3）：818-821.

杨昆，管东生.2006.珠江三角洲森林的生物量和生产力研究.生态环境，01：84-88.

杨柳林，王雪梅，陈巧俊.2012.区域间大气污染物相互影响研究的新方法探讨.环境科学学报，（03）：528-536.

杨士弘.1997.城市生态环境学.北京：科学出版社.

杨先明，黄宁.2004.环境库兹涅茨曲线与增长方式转型.云南大学学报（社会科学版），（06）：45-51.

杨元根，刘丛强，袁可能，等.2000.南方红土形成过程及其稀土元素地球化学.第四纪研究，（05）：469-480.

姚章民，王永勇，李爱鸣.2009.珠江三角洲主要河道水量分配比变化初步分析.人民珠江，（02）：43-45.

叶玉瑶，张虹鸥，许学强，等.2011.珠江三角洲建设用地扩展与经济增长模式的关系.地理研究，30（12）：2259-2271.

叶玉瑶.2015.珠江三角洲城市群空间演化：格局、机制与趋势.北京：科学出版社.

尹来盛，冯邦彦.2012.珠江三角洲城市区域空间演化研究.经济地理，（01）：63-70.

俞进，乐芸，周晓娟.2013.广州市水系岸线总体规划.上海城市规划，（03）：46-51.

臧锐.2013.吉林省城市化演变发展及其水环境效应研究.长春：东北师范大学博士学位论文.

曾侠，钱光明，潘蔚娟.2004.珠江三角洲都市群城市热岛效应初步研究.气象，（10）：12-16.

张弛，王树功.2009.珠江口滩涂资源及其可持续利用.北京：中国可持续发展论坛暨中国可持续发展研究会学术年会.

张甘霖，朱永官，傅伯杰.2003.城市土壤质量演变及其生态环境效应.生态学报，（03）：539-546.

张立彬，张其前.2002.基于分类回归树（CART）方法的统计解析模型的应用与研究.浙江工业大学学报，30（4）：315-318.

张林波，舒俭民，王维，等.2006."生态环境"一词的合理性与科学性辨析.生态学杂志，（10）：1296-1300.

张人文，范绍佳.2011.珠江三角洲风场对空气质量的影响.中山大学学报（自然科学版），（06）：130-134.

张同升，梁进社，宋金平.2002.中国城市化水平测定研究综述.城市发展研究，（02）：36-41.

张永波，刘乙敏.2012."十二五"广东省环境保护战略与行动.广州：广东科技出版社.

张永勇，夏军，王中根.2007.区域水资源承载力理论与方法探讨.地理科学进展，26（2）：126-132.

赵军凯，张爱社.2006.水资源承载力的研究进展与趋势展望.水文，26（6）：47-51.

赵同谦，欧阳志云，郑华，等.2004a.中国森林生态系统服务功能及其价值评价.自然资源学报，19（4）：480-491.

赵同谦，欧阳志云，贾良清，等.2004b.中国草地生态系统服务功能间接价值评价.生态学报，24（6）：1101-1110.

赵西宁，吴普特，王万忠.2004.水资源承载力研究现状与发展趋势分析.干旱地区农业研究，22（4）：

173-177.

赵英时，等．2003. 遥感应用分析原理与方法．北京：科学出版社．

赵玉灵．2010. 珠江口地区近 30 年海岸线与红树林湿地遥感动态监测．国土资源遥感，(B11)：178-184.

中国科学院．1956. 俄英中植物地理学、植物生态学、地植物学名词．北京：科学出版社．

周海丽，史培军，徐小黎．2003. 深圳城市化过程与水环境质量变化研究．北京师范大学学报（自然科学版），(02)：273-279.

周军芳，范绍佳，李浩文，等．2012. 珠江三角洲快速城市化对环境气象要素的影响．中国环境科学，(07)：1153-1158.

周淑贞，炯束．1994. 城市气候学．北京：气象出版社．

周瑛，刘洁，吴仁海．2003. 珠江三角洲水环境问题及其原因分析．云南地理环境研究，(04)：47-53.

周玉荣，于振良，赵士洞．2000. 我国主要森林生态系统碳贮量和碳平衡．植物生态学报，24（5）：518-522.

Alloway B J. 1995. Heavy Metals in Soils (2nd edition). London：Blackie Academic and Professional.

Anselin L, Syabri I, Kho Y. 2006. GeoDa：an introduction to spatial data analysis. Geographical Analysis, 38（1）：5-22.

Anselin L. 1995. Local indicators of spatial association—LISA. Geographical Analysis, 27（2）：93-115.

Blaschke T. 2003. Object-based contextual image classification built on image segmentation. IEEE Workshop on Advances in Techniques for Analysis of Remotely Sensed Data, 141（4）：113-119.

Blaschke T, Lang S, Lorup, E, et al. 2000. Object-oriented image processing in an integrated GIS/remote sensing environment and perspectives for environmental applications. Environmental Information for Planning, Politics and the Public, 2：555-570.

Blaschke T. 2010. Objectbased image analysis for remote sensing. IsprsJournal of Photogrammetry and Remote Sensing, 65（1）：2-16.

Cai Q Y, Mo C H, Li H Q, et al. 2013. Heavy metal contamination of urban soils and dusts in Guangzhou, South China. Environmental Monitoring and Assessment, 185（2）：1095-1106.

Chang C Y, Yu H Y, Chen J J, et al. 2014. Accumulation of heavy metals in leaf vegetables from agricultural soils and associated potential health risks in the Pearl River Delta, South China. Environmental Monitoring and Assessment, 186（3）：1547-1560.

Chen S S, Chen L F, Liu Q H, et al. 2005. Remote sensing and GIS-based integrated analysis of coastal changes and their environmental impacts in Lingding Bay, Pearl River Estuary, South China. Ocean and Coastal Management, 48（1）：65-83.

Daily G C, Ehrlich P R. 1996. Socioeconomic equity, sustainability and earths carry capacity. Ecological Application, 6（4）：991-1001.

Dash P, Gottsche F M, Olesen F S. 2002. Land surface temperature and emissivity estimation from passive sensor data：theory and practice-current trends. International Journal of Remote Sensing, 23（13）：2563-2594.

Deschenes S, Setton E, Demers P A, Keller P C. 2013. Modelling arsenic and lead surface soil concentrations using land use regression. E3s Web of Conferences, 1（1）：77-87.

Deschenes S, Setton E, Demers P A. 2013. Modelling Arsenic and Lead Surface Soil Concentrations using Land Use Regression：Proceedings of the 16th International Conference on Heavy Metals in the Environment, Rome.

Fu B J, Zhao W W, Chen L D. 2005. Assessment of soil erosion at large watershed scale using RUSLE and GIS：a case study in the loess plateau of China. Land Degradation and Development, 16（1）：73-85.

Grimm N B, Grove J M, Pickett S T A, et al. 2000. Integrated approaches to long term studies of urban ecological systems. Bio Science, 50 (7): 571-584.

Grossman G M, Krueger A B. 1995. Economic growth and the environment. Quarterly Journal of Economics, 110 (2): 353-377.

Guo G H, Wu Z F, Xiao R B, et al. 2015. Impacts of urban biophysical composition on land surface temperature in urban heat island clusters. Landscape and Urban Planning, 135: 1-10.

Li J X, Song C H, Cao L, et al. 2011. Impacts of landscape structure on surface urban heat islands: a case study of Shanghai, China. Remote Sensing of Environment, 115 (12): 3249-3263.

Lin Y, Teng T, Chang T. 2002. Multivariate analysis of soil heavy metal pollution and landscape pattern in Changhua County in Taiwan. Landscape & Urban Planning, 1 (62): 19-35.

Nancy B Grimm, Morgan Grove, Steward T A, et al. 2000. Integrated approaches to long term studies of urban ecological systems. BioScience, 50 (7): 571-584.

Pearce B D, Turner R K. 1990. Economics of Natural Resources and the Environment. New York: Harvester Wheatsheaf.

Qin Z H, Karnieli A, Berliner P. 2001a. A mono-window algorithm for retrieving land surface temperature from Landsat TM data and its application to the Israel-Egypt border region. International Journal of Remote Sensing, 22 (18): 3719-3746.

Qin Z H, Dall′Olmo G, Karnieli A, et al. 2001b. Derivation of split window algorithm and its sensitivity analysis for retrieving land surface temperature from NOAA-advanced very high resolution radiometer data. Journal of Geophysical Research Atmospheres, 106 (D19): 22655-22670.

Walton J T. 2008. Subpixelurban land cover estimation: comparing cubist, random forests and support vector regression. Photogrammetric Engineering and Remote Sensing, 74 (10): 1213-1222.

Wilson M J, He Z L, Yan X E. 2004. The Red Soils of China. New York: Springer Science Business Media.

Wischmeier W H. 1959, A rainf all erosi on index f or a univers al soil-loss equati on. Soil Science Society Proceedings, 23 (3): 246-249.

Wylie B K, Fosnight E A, Gilmanov T G, et al. 2007. Adaptive data-driven models for estimating carbon fluxes in the Northern Great Plains. Remote Sensing of Environment, 106 (4): 399-413.

Xiao R B, Ouyang Z Y, Zheng H, et al. 2007. Spatial pattern of impervious surfaces and their impacts on land surface temperature in Beijing, China. Journal of Environmental Sciences, 19 (2): 250-256.

Yang Z S, Sliuzas R, Cai J M, et al. 2012. Exploring spatial evolution of economic clusters: a case study of Beijing. International Journal of Applied Earth Observation and Geo-information, 19: 252-265.

Yorifuji T, Kashima S, Tsuda T, et al. 2013. Long-term exposure to traffic-related air pollution and the risk of death from hemorrhagic stroke and lung cancer in Shizuoka, Japan. Science of the Total Environment, 443 (3): 397-402.

Zhang J J, Smith K R. 2007. Household air pollution from coal and biomass fuels in China: measurements, health impacts, and interventions. Environmental Health Perspectives, 115 (6): 848-855.

索　引